榆阳动植物资源丛书

榆阳昆虫图鉴

李颖超　柳培华　刘一良　雷声坤　尤文功◎著

中国林業出版社

图书在版编目(CIP)数据

榆阳昆虫图鉴 / 李颖超等著. -- 北京 : 中国林业出版社, 2023.11
（榆阳动植物资源丛书）
ISBN 978-7-5219-2425-1

Ⅰ. ①榆… Ⅱ. ①李… Ⅲ. ①昆虫—榆林—图集 Ⅳ. ①Q968.224.14-64

中国国家版本馆CIP数据核字(2023)第223350号

策划编辑：刘家玲
责任编辑：许玮
装帧设计：北京八度出版服务机构

———————————————

出版发行：中国林业出版社
（100009，北京市西城区刘海胡同 7 号，电话 83143576）
电子邮箱：cfphzbs@163.com
网址：www.forestry.gov.cn/lycb.html
印刷：河北京平诚乾印刷有限公司
版次：2023 年 11 月第 1 版
印次：2023 年 11 月第 1 次
开本：787mm×1092mm 1/16
印张：26
字数：716 千字
定价：300.00 元

《榆阳昆虫图鉴》编写工作领导小组

组　长：	李忠宏			
成　员：	高来伟	付　振	王　君	秦　刚
	张生平	李颖超		

《榆阳昆虫图鉴》作者名单

著　者：	李颖超	柳培华	刘一良	雷声坤	尤文功
参　编：	张吴越	汪昕艺	郑熠辉	白文慧	冉浩然
	陈言早	边　磊	周飞梅	朱蔚利	
摄　影：	李颖超	欧阳帆	郑熠辉	刘一良	张　倩

序　言

榆林市榆阳区位于陕西省北部，地处毛乌素沙地与黄土高原交界地带，明长城自东北向西南贯穿而过，以北为风沙草滩区，约占总面积的75%；以南为黄土丘陵区，约占总面积的25%。就地理位置而言，榆阳区处于一个特殊而敏感的生态过渡带，受400mm等降水量线影响，榆阳区集半湿润与半干旱地区过渡带、暖温带与中温带过渡带、落叶阔叶林与草原群落过渡带于一体。复杂的气候条件、多样的土壤类型和丰富的自然环境，造就了榆阳区独特的生境复杂性和生物多样性。

到榆阳区工作之初，我时常感叹于这里的生态建设成就。特别是夏季，下乡调研所过之处，植被丰茂，草木葱茏，不仅沙地植物类型多样，满眼苍翠，而且经常会遇到一些知名或不知名的昆虫、禽类等小型野生动物，良好的生态环境颠覆了我对毛乌素沙地和黄土高原的固有印象。据林业部门的同志介绍，这里曾经是一片不毛之地，新中国成立之初，全区森林覆盖率仅为1.8%，风沙肆虐，老百姓连基本生活都非常困难。70余年来，榆阳人民在党的领导下，栉风沐雨，驰而不息，全力开展“北治沙、南治土、中治水”，生态环境建设取得了举世瞩目的成就，570万亩荒沙得到有效治理，实现了“沙进人退”到“人进沙退”的历史性转折，形成了激励一代代榆阳治沙人顽强拼搏的“治沙精神”，即“战天斗地、百折不挠的奋斗精神；坚韧不拔、锲而不舍的钉子精神；不畏艰苦、矢志不渝的奉献精神；尊重自然、规范有序的科学精神”。特别是“十三五”以来，榆阳区委、区政府牢固树立“绿水青山就是金山银山”理念，深入贯彻落实习近平总书记来陕考察重要讲话精神，坚持把生态环境建设放在更加突出位置，围绕“三环三带七园七廊道”全域生态建设，累计投入17亿元，大力实施“塞上森林城”提质增效行动等重点林业建设工程，全区森林覆盖率达到45.8%，助力榆林市成功创建国家森林城市，良好的生态环境已成为榆阳人民最普惠的民生福祉。

自然环境的持续改善，使得榆阳区境内的动植物资源分布发生了显著的变化，种类更加丰富，数量明显增加。但遗憾的是，全区尚未开展过关于野生动植物资源方面的权威性普查、统计、分类和记录。有鉴于此，全面、系统、准确地摸清区境内维管植物资源、陆生野生动物资源和昆虫资源的家底，保护和合理开发利用这些野生动植物资源，维护区域生态平衡成为当务之急。

从2020年起，榆阳区人民政府与北京林业大学合作，开展了区境内维管植物、陆生野生脊椎动物和昆虫资源调查。承担此项调查任务的刘忠华博士，是北京林业大学副教授、硕士生导师，他的团队长期以来一直致力于植物资源学研究，先后承担过生态环境部、国家林业和草原局等部门的多项重大生态环境调查项目，在国内野生动植物资源调查领域处于领先地位。经过近两年的不懈努力，维管植物调查现已全面完成，在区境内共调查到维管植物706种（包含亚种、变种及变型），并将先行出版《榆阳植物图鉴》；陆生野生脊椎动物调查和昆虫调查将于2022年完成，并形成《榆阳陆生野生脊椎动物图鉴》《榆阳昆虫图鉴》各一册，均由中国林业出版社出版。届时，本套丛书将完整面世，成为榆阳区生态建设史上第一套最全面、最权威记录野生动植物资源的专业类工具书。本套丛书的编研工作基于大量的野外考察和标本采集，积累了众多第一手资料，包含许多新信息、新内容，具有较高的科学价值和指导意义，为陕北地区生物多样性研究提供了翔实的原始数据，为有计划地保护和合理开发利用动植物资源打下了坚实的基础。

2021年10月12日，习近平总书记在《生物多样性公约》第十五次缔约方大会领导人峰会上发表主旨讲话，他指出：“生物多样性使地球充满生机，也是人类生存和发展的基础”“人与自然应和谐共生。我们要尊重自然、顺应自然、保护自然，构建人与自然和谐共生的地球家园”。实践证明，建立人与动植物和谐共处、协调发展的关系，是实现人与自然和谐发展、绿色发展、可持续发展的必由之路，是建设美丽中国的必然选择。希望本套丛书的出版，能够对榆阳区乃至陕北地区动植物资源保护和生态环境协调可持续发展提供有益的借鉴，同时，在宣传和普及动植物科学知识、提高公众对生物多样性的认识、促进全民共建共享生态文明建设等方面发挥应有的作用。

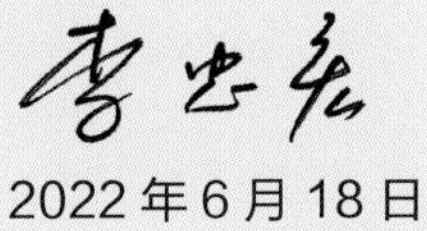

2022年6月18日

前　言

榆阳区地处毛乌素沙地和黄土高原交接地带，行政上隶属于陕西省榆林市，与内蒙古自治区的乌审旗以及榆林辖内的横山、米脂、佳县、神木相毗邻。区域南北最长距离124km，东西最宽距离128km，总面积7053平方km。地理坐标介于东经108°58′～110°24′、北纬37°49～38°58′。地势总体东北高、中南部低，海拔在1000～1300m。大致以明长城为界，形成两大类型地貌布局：长城以北为风沙草滩区，约占总面积的75%；明长城以南为丘陵沟壑区，约占25%。属于典型的大陆性边缘季风气候，四季冷暖分明，干湿各异。年平均降水量365.7mm，年平均气温8.3℃。境内河流属黄河水系，有大小河流837条。现辖鱼河、鱼河峁、上盐湾、镇川、古塔、青云、大河塔、麻黄梁、金鸡滩、牛家梁、马合、巴拉素、芹河、小纪汗14个镇，孟家湾、小壕兔、岔河则、补浪河、红石桥5个乡，以及长城路、鼓楼等12个街道办事处。

新中国成立初期，榆阳区的生态环境恶劣，几乎是一片不毛之地。70多年来，在榆阳区政府和人民的不懈努力下，该区的生态环境不断改善，生态修复效果明显，取得举世瞩目的成就。在生态文明深入推进的今天，如何持续优化榆阳区的生态质量，落实“绿水青山就是金山银山”理念，开展科学合理的评价，需要科学数据的支撑。保护生物多样性是生态文明建设的重要内容，而生物多样性的丰富程度是衡量生态文明建设质量的重要指标。通过开展本地生物多样性调查，获取本地生物多样性数据、摸清生物资源家底显得非常必要且迫切。在生物界，昆虫是种类最多、数量最大的类群，是生物多样性的重要组成部分，在维持生态系统复杂性、多样性和稳定性方面发挥着重要作用。同时，昆虫分布广泛、适应性强，生境的变化很容易通过昆虫种类、数量的变化反映出来。因此，衡量生态保护和修复的效果，昆虫多样性是非常合适的指标。

2020年6月，课题组成员开始了榆阳区昆虫资源的调查，并筹划编撰本书。本书收录了榆阳区昆虫14目164科455属531种（其中66种仅鉴定到属），配有生态照片927张。每种昆虫均提供了中文名、拉丁名、识别特征、分布情况以及生态照片1~4张，部分种类描述了食性、寄主、行为、趋性等生活习性。为方便初学者，本书还提供了目、科两级分类单元的简介。书中的昆虫分类系统主要参考《昆虫分类》（郑乐怡和归鸿，1999）以及各类群最新的系统研究文献、专著等，昆虫的中文名和拉丁名主要参考《中国动物志》等志书。本书可为榆阳区昆虫资源研究、开发和利用提供参考。同时为相关科研人员、农林业工作者和昆虫爱好者识别昆虫提供帮助。

本书的编写得到了北京林业大学、榆阳区林业局及各林场等相关单位的大力支持。中国热带农业科学院的王建赟博士，中国科学院动物研究所的吴超先生，中国农业大学的赖艳博士、郑昱辰先生、揭路兰女士，北京林业大学的王志良博士、郑心怡女士在相关类群的鉴定中给予了重要帮助。中国林业出版社的刘家玲主任在本书出版过程中提供了大力支持。没有他们的帮助，本书无法出版面世，在此深表谢意！

本书得到了“榆阳区昆虫资源调查”项目的资助，在此一并致谢。

由于编者水平有限，书中难免有错误和疏漏之处，敬请广大读者批评指正，以资在日后工作中臻于完善。

著　者

2023 年 5 月 22 日

目　录

016 线痣灰蜻 *Orthetrum lineostigma* (Selys, 1886)
017 黄蜻 *Pantala flavescens* (Fabricius, 1798)
018 方氏赤蜻 *Sympetrum fonscolombii* (Selys, 1840)
019 黄基赤蜻 *Sympetrum speciosum* Oguma, 1915
020 条斑赤蜻 *Sympetrum striolatum* (Charpentier, 1840)
021 赤蜻 *Sympetrum* sp.

革翅目 Dermaptera

蠼螋科 Labiduridae

022 蠼螋 *Labidura riparia* (Pallas, 1773)

球螋科 Forficulidae

024 迭球螋 *Forficula vicaria* Semenov, 1902

襀翅目 Plecoptera

叉襀科 Nemouridae

025 叉襀 *Nemoura* sp.

直翅目 Orthoptera

蛉蟋科 Trigonidiidae

026 斑腿双针蟋 *Dianemobius fascipes* (Walker, 1869)
027 斑翅灰针蟋 *Polionemobius taprobanensis* (Walker, 1869)

蟋蟀科 Gryllidae

028 石首棺头蟋 *Loxoblemmus equestris* Saussure, 1877
029 黄脸油葫芦 *Teleogryllus emma* (Ohmachi & Matsuura, 1951)
030 北方油葫芦 *Teleogryllus infernalis* (Saussure, 1877)
031 迷卡斗蟋 *Velarifictorus micado* (Saussure, 1877)
031 长瓣树蟋 *Oecanthus longicauda* Matsumura, 1904

蝼蛄科 Gryllotalpidae

032 东方蝼蛄 *Gryllotalpa orientalis* Burmeister, 1838

驼螽科 Rhaphidophoridae

033 突灶螽 *Diestrammena* sp.

螽斯科 Tettigoniidae

034 腾格里懒螽 *Zichya tenggerensis* Zheng, 1986
035 中华草螽 *Conocephalus chinensis* (Redtenbacher, 1891)

蚤蝼科 Tridactylidae

036 蚤蝼 *Xya* sp.

广口蝇科 Platystomatidae

228 广口蝇 *Platystoma* sp.

实蝇科 Tephritidae

229 鬼针长唇实蝇 *Dioxyna bidentis* (Robineau-Desvoidy, 1830)

230 会聚星斑实蝇 *Trupanea convergens* (Hering, 1936)

蜣蝇科 Pyrgotidae

230 红鬃真蜣蝇 *Eupyrgota rufosetosa* Chen, 1947

瘦足蝇科 Micropezidae

231 瘦足蝇 *Micropeza* sp.

秆蝇科 Chloropidae

232 三斑宽头秆蝇 *Platycephala umbraculata* (Fabricius, 1794)

茎蝇科 Psilidae

233 中国绒茎蝇 *Chyliza sinensis* Wang et Yang, 1996

斑腹蝇科 Chamaemyiidae

234 小斑腹蝇 *Leucopis* sp.

缟蝇科 Lauxaniidae

234 同脉缟蝇 *Homoneura* sp.

235 长羽瘤黑缟蝇 *Minettia longipennis* (Fabricius, 1794)

眼蝇科 Conopidae

235 条纹叉芒眼蝇 *Physocephala vittata* (Fabricius, 1794)

236 微蜂眼蝇 *Thecophora* sp.

水蝇科 Ephydridae

237 水蝇 *Ephydra* sp.

237 白斑水蝇 *Scatophila* sp.

果蝇科 Drosophilidae

238 黑腹果蝇 *Drosophila melanogaster* Meigen, 1830

239 姬果蝇 *Scaptomyza* sp.

拟果蝇科 Curtonotidae

239 拟果蝇 *Curtonotum* sp.

丽蝇科 Calliphoridae

240 红头丽蝇 *Calliphora vicina* Robineau-Desvoidy, 1830

241 丝光绿蝇 *Lucilia sericata* (Meigen, 1926)

粉蝶科 Pieridae

灰蝶科 Lycaenidae

蛱蝶科 Nymphalidae

尺蛾科 Geometridae

膜翅目 Hymenoptera

昆虫纲
Insecta

昆虫纲(Insecta)隶属动物界(Animalia)节肢动物门(Arthropoda)，起源于约480Ma（四亿八千万年）前的奥陶纪。

昆虫纲绝大多数成虫具有三对足，身体由头、胸、腹三部分构成，这是其与蜘蛛、螃蟹、蜈蚣等其他节肢动物的重要区别。此外，大多数成虫具有两对翅，昆虫是除蝙蝠和鸟类以外唯一一类可以在天空中自由飞翔的动物，这也是昆虫纲的重要特征。

昆虫纲的动物体型变化大，较小的种类如本书中的微蛾只有1mm左右，而体型较大的乌桕大蚕蛾的翅展可达20cm以上。在已灭绝的昆虫中，甚至出现过翅展可超过70cm的巨脉蜻蜓。

昆虫的分布十分广泛，从高山到洞穴，从天空到大海，从北极到南极，几乎地球上的任何陆地生态系统中都有昆虫的存在。昆虫不仅仅是以往认知中的农林业害虫或危害人体健康的害虫，在漫长的生物演化历程中，昆虫已成为生态系统不可缺少的一部分，因此了解和研究昆虫具有重要的现实意义。

昆虫纲是动物界中种类数量最多的一个纲，其已知物种数量超过100万种。

衣鱼目 Zygentoma

俗称“衣鱼”，英文名为silverfish、firebrat。起源于314.6Ma前的古生代石炭纪后期。

小至中型，体长5～30mm。略呈纺锤形，背腹部扁平不隆起。体表多密被鳞片，有金属光泽，呈褐色、银灰色或白色。

头部有分节的丝状触角，复眼小或缺如，无单眼。口器咀嚼式，上颚外露，有2个关节。胸足3对，跗节2～5节。腹部11节，通常腹部第7～9节（少数第2～7节）有成对的刺突，第11节背板向后延伸成细长的中尾丝，有尾须1对。

表变态。幼虫与成虫仅有大小差异。成虫期继续蜕皮。有时发育期长达3年，寿命为2～8年。

在野外以有机碎屑为食，在室内以谷物、纸张、衣物中的淀粉、人造织物等为食。

喜欢潮湿环境，多夜出活动。按生境大致分三个类型：一类生活在土壤中、朽木、落叶、苔藓、砖石下，或树皮、树洞内；一类生活在室内的衣服、纸张、书画、浆糊、谷物，以及橱柜等日用杂物之间；再一类栖息在蚂蚁、白蚁巢穴中。

世界性分布。全世界已知580种，中国已知9种。

衣鱼科 Lepismatidae

体狭长，背腹扁平，多鳞片和毛。

触角长丝状，复眼左右远离，无单眼，口器咀嚼式。腹部11节，第7～9节有成对刺突和泡囊，第11节具1对尾须和正中尾丝，长而多节。雌虫产卵器发达。

喜干燥环境，常自由生活或室内生活。

世界记录10属16种。

001 | 多毛栉衣鱼

Ctenolepisma villosa (Fabricius, 1775)

识别特征：体长10.0～13.0mm。体背密被银灰色鳞片。腹面密被白色鳞片。头前侧缘密列黄色弯毛。复眼黑色。触角丝状，长等于或超过体长。胸部较腹部宽，侧缘有浅色弯毛。腹部10节，每节两侧有3簇长毛。尾须3根，多节，密生倒伏状微毛，有深浅不同的节，分节处生1轮直毛；中尾须约与体节等长。腹部第8～9节腹面有2对黄色刺，超过腹端。各足腿节发达，跗节3节。

生活习性：多生活于室内，取食书籍、动物皮毛等。

分布：榆阳区（鱼河峁镇）；全国各地广泛分布；日本、朝鲜。

蜻蜓目 Odonata

俗称“蜻蜓”“豆娘”，英文名为dragonfly、damselfly。起源于约323.2Ma前的古生代石炭纪中期。

中到大型，体长30～90mm，少数种类可达150mm，翅展可达190mm。多数色彩艳丽。

头大；复眼大而突出；触角刚毛状；口器咀嚼式；颈部小。胸部发达，坚硬；翅2对，发达，前后翅近等长，狭窄，翅脉网状，翅痣和翅结明显，休息时平伸，或直立或斜立于背上；足多刺毛，细长或粗短。腹部细长，筒状或扁平，尾须1节。雄性次生交配器发达，位于第2、3腹节上。性二型现象明显。

半变态。稚虫的下唇特化为面罩，利用直肠鳃或尾鳃呼吸。多数种类1年1代，有的需要3～5年完成1代。温带地区以卵或末龄稚虫越冬。

捕食性。稚虫取食水中的小动物，如蜉蝣及蚊类的幼虫，大型种类还能捕食蝌蚪和小鱼。成虫捕食各类昆虫。

稚虫水生，成虫陆生。稚虫常栖息于溪流、湖泊、塘堰等的砂粒、泥水或水草间。成虫飞行迅速敏捷，多在水边或开阔地上空飞翔；大多数种类白天活动，一些种类在黄昏或黎明时活动，热带种类常在夜间活动。

世界性分布（除南极洲和北极圈高纬度地区），尤以热带地区最多。世界已知6300多种，中国已知800余种。

色蟌科 Calopterygidae

体型较大，体常具很浓的色彩和绿色的金属光泽。

翅宽而透明，有黑色、金黄色或深褐色等；翅脉浓密。足长，具长刺；翅痣常不发达或缺如；方室长，前凸，多横脉；Cu_2脉在方室之后，其基部发出1支Cu_2a脉；M_1a脉与M_2脉紧密平行。

世界记录200余种；中国记录40余种。

002 黑暗色蟌

Atrocalopteryx atrata (Selys, 1853)

识别特征：体大型，体长60～70mm，雄性头部黑褐色。胸部和腹部深绿色，具金属光泽，翅黑色。雌性通体黑褐色，胸部带有金属光泽，在不同的光线条件下可呈现出不同的颜色。

生活习性：常栖息于海拔1500m以下的山间溪流和河流之中。幼体生活在水中，成虫捕食多种昆虫。

分布：榆阳区（鱼河峁镇）；除甘肃、青海、宁夏、新疆以外全国广布；日本、俄罗斯远东、越南，朝鲜半岛。

丝蟌科 Lestidae

体中型，细长。

翅具2条原始结前横脉，原始结后横脉常与后方的横脉连成一条直线；R_{4+5}与IR_3结合点距弓脉比距翅结近得多。盘室短，梯形，前边不及后边的1/2，外角甚尖，具斜脉。雄性上肛附器常较长，下肛附器甚短。

停息时翅常开展，很少翅折叠在体背。

003 三叶黄丝蟌

Sympecma paedisca (Brauer, 1877)

识别特征：体小型，成虫腹长26～30mm。细长。全身棕黄色。合胸背面具有绿色金属光泽的斑纹，侧面具有间断的棕绿色斑纹。腹部棕黄色，背面具绿色金属光泽的斑纹。翅透明，后翅长20～24mm。具棕黄色近四边形翅痣。足棕黄色。

生活习性：栖息于池塘、池沼等静水水系周边的植被中，如挺水植物、灌木、草丛。成虫每年6～8月发生。

分布：榆阳区（大河塔镇、金鸡滩镇、芹河镇、小纪汗镇）；陕西、北京、吉林、辽宁、河北、内蒙古。

扇蟌科 Platycnemididae

体小型至中型，体色以黑色为主，杂有红色、黄色、蓝色斑，很少有金属光泽。

翅中等或窄，透明。翅具2条原始结前横脉；Ac脉位于2个结前横脉之间，中室前缘约比下缘短1/5。外角钝角形。腹部中等长。部分种类的雄性中足及后足胫节甚为扩大，呈树叶薄片状；足具浓密且长的刚毛。

世界记录400多种；中国记录40多种。

004 白扇蟌

Platycnemis foliacea Selys, 1886

识别特征： 体小型，腹长26～29mm。细长。颊黄绿色。额中部、头顶、后头呈黑色。前胸黑色，侧面具淡黄色条纹连接合胸。合胸以中缝为界，上黑下黄绿。腹背面黑色，侧面黄绿色，分别在第3～7节各节端部和基部扩大端环。性二型。雄虫翅透明，翅痣棕褐色。足白色，中、后足胫节强烈横向桨状扩展。雌虫翅透明，翅痣淡黄色。足白色，胫节不扩展。

生活习性： 栖息于低海拔缓流溪流环境。成虫寿命2年。雌虫把小卵块产于水生植物的水上部分，稚虫附着在静水植物上。

分布： 榆阳区（青云镇、牛家梁镇）；陕西、北京、天津、河北、山西、广西、安徽。

005 叶足扇蟌
Platycnemis phyllopoda Djakonov, 1926

识别特征： 体小型，腹长26～29mm。细长。颊半白半褐色。额两侧白色，中部、头顶、后头呈黑色。前胸黑色，侧面具淡黄色条纹连接合胸前肩。合胸以中缝为界，上黑下黄。腹背面黑色，侧面淡黄色，第3～7节具淡黄色基环。翅透明，翅痣褐色。雌雄异色。雄虫足白色，中、后足胫节明显横向扩展呈桨状。雌虫足黄色，两边具尖刺。

生活习性： 栖息于低海拔地区植被茂密的缓流溪流和湿地环境。成虫每年5～9月发生。

分布： 榆阳区（牛家梁镇）；陕西、北京、天津、河北、内蒙古。

蟌科 Coenagrionidae

体型较小，细长。体色多变，有红色、黄色、青色等，无金属光泽，或仅局部有金属光泽。

翅窄长，顶端圆，有翅柄。翅痣多变，一般菱形，有支持脉。方室四边形，其前缘短于后缘，外角尖锐，内无横脉；五边形翅室较多，翅端无插入的分脉。腹部中等或细长。

世界记录1300种；中国记录70余种。

006 心斑绿蟌

Enallagma cyathigerum (Charpentier, 1840)

识别特征： 体型中到大型，体长29～36mm，腹长22～28mm，后翅15～21mm。雄性面部黑色具蓝色斑纹；胸部和腹部大面积蓝色具黑色斑纹。雌性与雄性相似但色彩稍淡。

生活习性： 主要栖息于海拔500m以下水草丰茂的山区静水环境。成虫每年5～9月发生，雄虫常停歇在水面的漂浮物或水边的植物上。

分布： 榆阳区（青云镇、麻黄梁镇、巴拉素镇、补浪河乡）；陕西、北京、黑龙江、吉林、内蒙古、新疆、西藏、宁夏、河北。

007 东亚异痣蟌

Ischnura asiatica (Brauer, 1865)

识别特征：体小至中型，成虫腹长22～24mm。细长。雌雄异色。雄虫面部淡黄色。前胸黑色，合胸淡绿色。合胸背面前方黑色并具1对绿色细条纹，侧面淡绿色，具2条斑纹，贯穿合胸侧面。腹背黑色，第9腹节为蓝色。翅透明，后翅长20～24mm。翅痣由黑色和白色构成。足由黑色和淡绿色构成。雌虫体黄褐色。合胸背面前方具宽黑色斑纹。合胸侧面红褐色。腹部黄褐色，背面黑色。

生活习性：栖息于低海拔多植被的静水环境。

分布：榆阳区（镇川镇、古塔镇、芹河镇）；陕西、北京、黑龙江、辽宁、河北、河南、内蒙古；日本、韩国、俄罗斯。

008 长叶异痣蟌

Ischnura elegans (Vander Linden, 1820)

识别特征： 体小至中型。成虫腹长22～25mm。细长。雌雄异色。雄虫额顶、头顶、后头和复眼上部黑色，复眼下部天蓝色。合胸背面具1对天蓝色条纹。合胸侧面天蓝色，无斑纹。腹9节，第2腹节具有强烈的金属光泽，第7腹节和第9腹节上方黑色、下方蓝色，第8腹节整体为蓝色。翅透明，后翅长18～22mm。前翅翅痣由黑色和蓝色共同构成，后翅翅痣灰白色。足黑色、天蓝色。雌虫全身以淡绿色为主，其余特征与雄虫相似。

生活习性： 栖息于植被茂密的静水环境。成虫每年5～10月发生。雌虫常集群产卵，雄虫具护卵及保护雌虫的行为。常集群于岸边飞行，时常在植被上停歇。

分布： 榆阳区（市区、鱼河镇、鱼河峁镇、青云镇、金鸡滩镇、牛家梁镇、马合镇、巴拉素镇、小壕兔乡、岔河则乡）；陕西、北京、天津、河北、上海、内蒙古；日本、韩国、俄罗斯、印度。

009 蓝壮异痣蟌

Ischnura pumilio (Charpentier, 1825)

识别特征： 体中到大型。体长26～31mm，腹长22～25mm，后翅14～18mm。雄性面部黑色，具蓝色和绿色斑纹；胸部背面黑色，具蓝色肩前条纹，侧面蓝色；腹部主要为黑色，第1～3节和第6～10节具蓝斑。雌性身体主要为橙黄色，具黑色斑纹。

生活习性： 栖息于海拔1000m以下水草茂盛的静水环境，如水稻田等。成虫每年5～9月出现，常停歇在水边的水草之上。

分布： 榆阳区（市区、鱼河镇、岔河则乡）；陕西、新疆、内蒙古。

010 捷尾蟌

Paracercion v-igrum (Needham, 1930)

识别特征： 体小型。成虫腹长22～24mm。细长。第8～9腹节均为蓝色。翅透明，后翅长18～22mm。翅痣淡赭石色。足黑色、蓝色。雄性腹部末端最后两节蓝色，上有“V”形黑色条纹，本种斑纹变化较大，有时“V”形条纹上可能还有两个黑色小点。成熟的捷尾蟌复眼上半部分明显发黑。

生活习性： 栖息于植被较多的静水环境，如湖泊、水库、湿地。成虫每年6～9月发生。群居，不喜长时间飞行，喜在植被上休息。

分布： 榆阳区（马合镇）；陕西、北京、天津、内蒙古、山西、山东。

蜓科 Aeshnidae

体大型至甚大型，飞翔力强，体色多变。

复眼在头背面接触，头部背观两眼互相接触呈1条较长直线。翅透明，有2条粗结前横脉。前后翅三角室形状相似，翅痣内常有1条支持脉、1条径增脉和1个臀套；M_2脉波状弯曲。下唇中叶稍凹裂。雌性具发达产卵器。

世界记录54属500余种；中国记录约100种。

011 | 碧伟蜓东亚亚种

Anax parthenope julius Brauer, 1865

识别特征： 体大型，体长68～76mm。复眼绿色，面部浅黄色，具黑色的额横纹。胸部绿色，足大部分黑色，其中腿节红褐色，翅透明，稍染黄褐色。雄性腹部第2节蓝色，其余各节灰白色，沿腹部中脊具1条甚阔的黑色条纹。雌性多型，按腹部第2节色彩可分为蓝色型和普通型，腹部中脊的宽阔条纹红褐色。

生活习性： 栖息于许多种静水环境，如池塘、湖泊等，在流速较为缓慢的溪流之中也有分布。成虫每年4～10月出现，有迁飞的习性，雄虫会在固定水域巡飞，驱赶其他蜻蜓，雌虫有成群捕食的习性。

分布： 榆阳区（古塔镇）；除新疆外全国广布；日本、朝鲜。

蜻科 Libellulidae

体中型。

前后翅三角室所朝方向不同，前翅三角室与翅的横向垂直，后翅三角室与翅的横向方向相同。亚前缘脉上下方的结前横脉相互连接成直线；翅痣无支持脉；臀套靴形；后翅三角室接近弓脉；径增脉发达。

世界记录1000多种；中国记录140多种。

012 红蜻

Crocothemis serviia (Drury, 1773)

识别特征： 体中型，成虫腹长26～31mm。后翅长35～22mm。性二型。雄虫通体呈红色。头顶部突出，呈深红色。合胸密生黑色或棕黑色细毛，无斑纹。腹部无斑纹或在第3～10腹节背面有突起的黑色斑纹。翅透明，翅痣褐色，顶端具橙黄色边缘。足红色、褐色，具黑刺。雌虫通体呈淡黄色或黄色。复眼上部红色，下部黄绿色。合胸腹部黄色，侧面淡褐色。腹部黄色。个别个体背部有明显的黑色中隆脊。翅基有黄色斑纹，翅痣黄色。足褐色，具黑刺。

生活习性： 栖息于低海拔水草茂盛的湿地环境，高海拔地区不易见到。成虫每年4～10月发生。喜欢选择水旁有植被的地方休息，常活动于小池塘、水池。

分布： 榆阳区（鱼河镇、青云镇）；陕西、北京、浙江、江苏；日本、印度，欧洲、非洲。

013 白尾灰蜻

Orthetrum albistyum (Selys, 1848)

识别特征： 体中型，成虫腹长38～40mm。体淡黄色带绿色。头顶黑色，后缘黄色，具“八”字形黑斑。合胸由黄灰色渐变为灰色并具白色蜡粉，侧面具3条浅褐色至深褐色贯穿条纹。腹部第3～6腹节浅灰色，边缘具黄白色弧形斑。雄虫第7～10腹节完全黑色，肛附器白色。雌虫第7～9腹节为黑色，第10腹节为白色。翅透明，后翅长约40mm，翅痣黑色，具14条结前横脉，前翅三角室内具1条横脉。足黑色，基部黄色。

生活习性： 栖息于湿地、沟渠、湖泊、水库等静水水系。成虫每年4～10月发生。喜欢在特定区域迂回飞行，耐热，常停歇于地面上。

分布： 榆阳区（青云镇）；陕西、北京、黑龙江、甘肃、贵州、海南、重庆、云南、香港、澳门；日本、朝鲜。

014 线痣灰蜻

Orthetrum lineostigma (Selys, 1886)

识别特征：体中型，成虫腹长27～35mm。雌雄异色。雄虫额至整个面部均为白色。头部褐色。复眼蓝灰色。合胸和腹部为蓝灰色。雌虫合胸及腹部为深黄色，合胸背部前端具黑色条纹，腹部淡黄色，第1～8腹节两侧面具黑色斑点，第9腹节黑色，第10腹节黄褐色。翅透明，后翅长32～38mm，翅痣由黄色和黑色构成，雌虫翅端为黄褐色。足黑色，基节至腿节基部黄色。

生活习性：栖息于山地多处或植物丰富的浅水水系。成虫每年5～9月发生。成虫喜单独行动，交配期在溪流、山泉等水系繁殖。

分布：榆阳区（鱼河镇、镇川镇、古塔镇、青云镇、岔河则乡）；陕西、北京、吉林、河北、河南、江苏、云南。

015 黄蜻

Pantala flavescens (Fabricius, 1798)

识别特征：体中型，成虫腹长25～35mm。全身黄褐色。额、前后唇基均为黄色。头部较大，为褐色，中间具突起，顶端为黄色。复眼上红下蓝，内部具有黑色斑点。合胸前为黄褐色，侧面由淡黄色渐变为白色。雄虫腹部背面红色，有黑色条纹或斑点。雌虫腹部黄色，有黑色条纹。翅透明，后翅长35～40mm，后翅较前翅宽大。翅痣淡黄色，具有10～12条结前横脉。足黑色、淡黄色，足腿节及前足、中足胫节具黄线纹。

生活习性：栖息于山地多处或植物丰富的浅水水系。成虫每年5～10月发生。飞行能力极强，飞行速度快，可长时间在空中盘旋。捕食昆虫。除繁殖外，较少在水边飞行。具迁飞习性。

分布：榆阳区（芹河镇）；陕西、北京、吉林、辽宁、河北、河南、山东、山西、江苏、浙江、福建、海南、云南；日本，东南亚。

【注】民间常依据黄蜻飞行的高度判断是否下雨。

016 方氏赤蜻

Sympetrum fonscolombii (Selys, 1840)

识别特征：体中型，成虫腹长24～28mm。后翅长25～30mm。雌雄异色。雄虫面部红色。复眼上红下青。合胸红色，密被细毛，侧面有3条斑纹，第3条下端分叉，呈“人”字形，侧面有一条较长的白色斑块。腹部深红色，侧面有2条黄色斑纹。雌虫翅透明，翅痣红褐色或黑褐色，具8～9条结前横脉。雌虫体黄色，腹部第8、9腹节具黑色斑点。翅透明，基部金黄色，翅痣黑色，具8～10条结前横脉。足黑色，基部黄色。

生活习性：栖息于溪流汇集的湿地附近。成虫每年6～10月发生。

分布：榆阳区（鱼河镇、上盐湾镇、牛家梁镇、巴拉素镇、芹河镇、小纪汗镇）；陕西、北京、河北、云南。

017 黄基赤蜻
Sympetrum speciosum Oguma, 1915

识别特征：体中型，成虫腹长25～28mm。后翅长25～30mm。雌雄异色。雄虫面部及复眼红色。合胸深红色，侧面有2条黑色斑纹。腹部深红色，无斑纹。翅透明，翅痣黑色，具6～9条结前横脉，后翅基部具有较大区域的红色或橙黄色斑纹。雌虫面部黄色，合胸黄色。腹部黄色或深黄色，背面具1条贯穿腹部的黑色斑纹。翅透明，基部有金黄色斑纹，翅痣金黄色。足黑色。

生活习性：栖息于池水、泉眼等静水水系。成虫每年6～9月发生。具较弱的领地意识。喜欢落在地面上休息。

分布：榆阳区（青云镇）；陕西、河北、广西、福建、重庆。

018 条斑赤蜻
Sympetrum striolatum (Charpentier, 1840)

识别特征：体中型，成虫腹长28～32mm。后翅长25～30mm。雌雄异色。雄虫复眼上红下黄。合胸深红色并有细黑色条纹。腹部红色，每个腹节上都有黑色斑纹。翅透明，翅痣黑色或深红色，前缘黄色，具6～8条结前横脉。雌虫体黄色，合胸侧面具2条黑色细条纹。腹部红色。翅透明，前缘黄色，翅痣黑色。足黑色，外侧黄色。

生活习性：栖息于池水、湖泊、水库等静水水系。成虫每年6～9月发生。喜欢趴在土地上或石头上休息。刚羽化的成虫群居并具迁移性。

分布：榆阳区（市区、镇川镇）；陕西、北京、辽宁、内蒙古。

019 赤蜻

Sympetrum sp.

识别特征：体中型，成虫腹长24～30mm。后翅长27～32mm。雄虫腹部有黑色斑，面部白色，略带蓝色。肩条纹明显，翅透明，足基部黄色，其余黑色。本种肛附器未明显翘起且面部呈白色，具体种类有待进一步研究确认。

生活习性：栖息于低海拔湿地附近植被。成虫每年5～10月发生。于秋季进行交配繁殖。喜群居，飞行速度慢。

分布：榆阳区（镇川镇）；陕西。

革翅目 Dermaptera

以前翅革质而得名，俗称“蠼螋”，英文名为earwig。起源于201.3Ma前的中生代侏罗纪初期。

小到中型，体长4～50mm。身体狭长且扁平。

头部通常为前口式咀嚼口器，触角丝状，复眼圆形，个别类群有退化现象，单眼退化或缺少。前胸背板四方形。有翅或无翅，如有翅则前翅革质，无翅脉，后翅膜质，翅脉放射状，休息时折叠于前翅下，常露出在前翅外。足缺刺，跗节3节，具爪。腹部长，有8～10个外露的体节，可以自由弯曲；腹末有坚硬的尾铗。雌雄二型现象显著。

渐变态。若虫与成虫相似，但触角节数较少，只有翅芽，尾铗较简单。温带地区1年1代，常以成虫或卵越冬。

杂食性。多取食植物尸体或腐烂植物，也有的种类取食花被、嫩叶、果实等植物组织；有些种类为肉食性，取食昆虫或其他节肢动物活体或尸体。有些种类营寄生生活，寄生在蝙蝠或鼠类体外。

陆生。喜好夜间活动，有翅成虫飞行能力较弱。白天隐藏在垃圾、土壤、树叶、石块下等阴暗处。少数种类有趋光性。

多分布于热带和亚热带。世界已知1900多种，中国已知290余种。

蠼螋科 Labiduridae

体型狭长，稍扁平。

头部圆隆，头长大于宽，复眼小，稍突出；触角15～36节。前胸背板后缘呈圆弧形，背面前部圆隆，后部平。大部分种类具翅，极少无翅。前翅发达具纵脊。腹部狭长，基部窄，向后逐节变宽；末腹节背板宽大。臀板呈三角形。足发达，腿节较粗，不侧扁。第2跗节延伸至第3跗节的下方。尾铗对称或不对称。

中国记录10余种。

020 蠼螋

Labidura riparia (Pallas, 1773)

识别特征： 体小型，体长12～24mm。体褐黄色，鞘翅褐色。前胸背板长大于宽，前缘横直，后缘圆弧形，背面中央有纵沟。腹部第4～8腹节背面后缘两侧各有1个小瘤突。尾铗较腹部短，基部三棱形，分开，向后变细，末端稍内弯。雌虫尾铗相对尖直，内缘具众多小齿。

生活习性： 在灯下活动，捕食蛾类等昆虫。

分布： 榆阳区（市区、青云镇）；陕西、河北、甘肃、江苏、四川；古北区、新北区。

球螋科 Forficulidae

前后颈片愈合，后颈片后缘和前胸腹板前缘分离。触角12～16节。翅发达，极少完全无翅。第2跗节扩展呈叶状。腹部第3～4节背板有腺褶。肛上板可活动。尾铗对称，但个体间略有变异。

世界记录500种；中国记录100多种。

021 迭球螋

Forficula vicaria Semenov, 1902

识别特征：体小型，体长9～12mm。体暗褐色，鞘翅褐色。前胸背板侧边灰褐色，呈圆弧形。触角、鞘翅和后翅暗红褐色。翅鞘后缘近横直，后翅翅柄稍突出。腹部扁长，第3～4腹节背面后缘两侧各有1个小瘤突。尾铗基部内缘扁扩，后部内缘稍弧弯，顶端尖。雌虫尾铗相对尖直，基部宽，无内扩。

生活习性：具趋光性。

分布：榆阳区（市区、麻黄梁镇、牛家梁镇、巴拉素镇）；陕西、河北、西藏；日本、朝鲜、俄罗斯、蒙古。

襀翅目 Plecoptera

俗称“石蝇”；英文名为stonefly。起源于290.1Ma前的古生代二叠纪早期。

小至大型，体长4～60mm；体柔软，细长而扁平，多为黄褐色。

头宽，复眼发达，单眼一般2～3个；触角丝状，多节；咀嚼式口器。前胸方形，中、后胸等大；翅2对，膜质，前翅大，可动，后翅臀区发达，休息时翅折成扇状，平叠在胸腹背面；跗节3节。尾须1对，多节，丝状，或仅1节。

半变态。稚虫气门消失，用体壁或气管鳃呼吸。小型种类1年1代，大型种类3～4年1代。

稚虫有些捕食蜉蝣稚虫和双翅目（如摇蚊）的幼虫或其他水生小动物，有些取食藻类、苔藓以及其他植物碎片。成虫多数不取食，部分植食性，主要取食蓝绿藻。

稚虫几乎水生，个别种类末龄若虫半陆生，多生活在通气良好的水域。成虫飞行能力弱，很少远离水边，常栖息于流水附近的树干、岩石上或堤坡缝隙间。不少种类在秋冬季或早春羽化、取食和交配。

因喜在含氧量高的溪流中生活，可作为测定山溪水质污染的指示生物之一。

世界性分布（除南极洲）。全世界已知3500多种，中国已知545种。

叉蟦科 Nemouridae

体小型，一般不超过15mm；通常褐色至黑色。

头稍宽于前胸，单眼3个，颈部两侧有1个骨化的侧颈片。前胸背板横方形，Sc_1、Sc_2和R_{4+5}与r-m组成“X”形。前翅Cu_1、Cu_2和M脉间多横脉。第2跗节短，第1跗节和第3跗节等长。

早春，甚至在雪地上便可发现成虫；植食性，成虫取食植物叶片或花粉。

世界记录约450种；中国记录约30种。

022 叉蟦 *Nemoura* sp.

识别特征： 体灰褐色，翅基部、触角基部、前胸背板基部中间黄色。单眼3个，翅半透明，翅脉黑色。腿胫节背面有1条不明显的黑色纵隆线。

生活习性： 稚虫生活于水流缓慢的溪流的砂质底部。

分布： 榆阳区（市区）；陕西。

直翅目 Orthoptera

因前后翅的纵脉直而得名，包括蝗虫、螽斯、蟋蟀、蝼蛄、蚱蜢等。起源于318.1Ma前的古生代石炭纪。

一般中到大型，少数种类小型，体长10～110mm。一般圆筒形，少数种类侧扁或扁平。

口器咀嚼式，一般为下口式，少数种类为前口式；触角丝状，少数为剑状或锤状；复眼大，卵形；前胸背板大。后足跳跃式，少数前足特化为开掘足；跗节3或4节，极个别为5或2节；有翅、短翅或无翅，前翅为覆翅，皮革质，有亚前缘脉，后翅宽阔，臀区发达。雌虫通常有发达的产卵器；尾须短，分节不明显。常有发达的发音器和听器。性二型现象普遍。

渐变态。多数1年发生1～2代，以卵越冬。

绝大多数植食性，取食植物叶片等部分。少数肉食性，取食其他昆虫和小动物。

陆生。多数白天活动；生活于地下的种类夜间活动。大多数生活在地面上，如蝗虫；一部分生活在植物上，如螽斯；少部分生活在土壤中，如蝼蛄。有不少种类能够成群迁飞。

许多种类是农业、林业、园艺等的重要害虫；有些种类是重要的观赏娱乐资源昆虫。

世界性分布，热带地区种类较多。世界已知约29000种，中国已知2700余种。

蛉蟋科 Trigonidiidae

体较小，一般不超过10mm。

头圆形；额突宽于触角第1节；复眼突出；触角细长；足较长；产卵器瓣侧扁，弯刀状，端部尖锐。

023 斑腿双针蟋
Dianemobius fascipes (Walker, 1869)

识别特征： 体长5～7mm。体黑褐色。头部背面淡色，后头具5条暗色纵纹，颜面黑色，下

颚须基部3节暗黑色，端部2节白色，端节的端部常具较明显的暗边。前胸背板背面淡色，侧片暗黑色。前翅褐色。足淡色，前足和中足股节端半部暗黑色，后足股节具3条黑色横带，各胫节具暗黑色环纹。

生活习性：栖息于有石砾的草坪、农田边。

分布：榆阳区（市区）；陕西、北京、甘肃、陕西、河北、河南、山东、安徽、上海、浙江、江西、福建、湖南、湖北、广东、广西、海南、四川、云南、贵州、西藏、台湾；日本；东南亚、南亚。

024 斑翅灰针蟋

Polionemobius taprobanensis (Walker, 1869)

识别特征：体长4.5～5mm。体黄褐色。后头具6条褐色纵纹，颜面黑色；下颚须除第5节黑色外，其余淡黄色。前胸背板背面杂有褐色横条纹，侧片上部具宽的黑色纵带或完全暗黑色。足淡黄褐色，前翅Sc脉带白色，背域具黑色斑，侧域暗黑色，边缘半透明。

生活习性：成虫发生于4～7月。具趋光性。

分布：榆阳区（市区）；陕西、北京、黑龙江、吉林、辽宁、河北、山西、河南、上海、浙江、江西、台湾、湖北、湖南、广西、四川、贵州、云南；俄罗斯、印度、越南、印度尼西亚。

蟋蟀科 Gryllidae

体型大小不等，大的可达40mm。

头大而圆；雄性前翅具镜膜或退化成鳞片状；产卵瓣一般较长，矛状。雄虫前翅上有发音器。

025 石首棺头蟋

Loxoblemmus equestris Saussure, 1877

识别特征：体椭圆形，体长12～16mm。体色黑褐色，具短绒毛；头部颜面呈斜截状，雄性尤其明显，后头具细长的淡色条纹，额突呈角状或圆弧状，额突较宽，端缘较平，侧单眼间具淡色横条纹，触角第1节具突起，突起较短，齿状；前翅斜脉2条，雄性前翅具镜膜，雌性前翅较短，后翅或发达或退化；前足胫节内外侧听器具鼓膜，椭圆形；前腿、中腿较细，有大小不一的黑斑；后腿粗壮、宽阔而长大。2根尾须长度约为体长的1/3，端部很尖；产卵瓣较长，剑状。

生活习性：生活在林荫下的浮土、败叶中和稍微湿润的田园中。

分布：榆阳区（市区、镇川镇）；陕西、辽宁、北京、河北、江苏、上海、安徽、浙江、湖北、江西、湖南、福建、海南、广西、重庆、四川、云南、西藏；日本、印度、菲律宾，朝鲜半岛。

026 | 黄脸油葫芦

Teleogryllus emma (Ohmachi & Matsuura, 1951)

识别特征： 体椭圆形，体长18～26.6mm，产卵管长18～23.5mm。体褐色至深褐色，头顶黑色或黑褐色，带有模糊的浅色纵纹，复眼周围及颜面为土黄色，触角窝四周黑色；前胸背板黑褐色，具左右对称的淡色斑纹，侧板下半部淡色。前翅背面褐色，有光泽，侧面黄色；足褐色或土黄色。两尾须长，超过后足股节，色较体色浅。足粗壮，后足胫节背面有6～7对亚端距，雄虫前翅斜脉4条，发音镜近斜长方形，内有一曲脉分镜为两室，端区发达，规则网状，后翅伸出腹端似尾状。雌虫前翅具10～11条斜纵脉，由横脉分隔成规则网状。

生活习性： 栖息于地表、杂草丛、土石块中。成虫和若虫昼间隐蔽，夜间活动，觅食、交尾。成虫有趋光性。取食多种植物的根、幼苗和嫩茎。

分布： 榆阳区（鱼河镇、青云镇、大河塔镇）；陕西、安徽、北京、福建、广东、广西、贵州、海南、河北、湖北、湖南、江苏、山东、山西、上海、四川、香港、云南、浙江；日本。

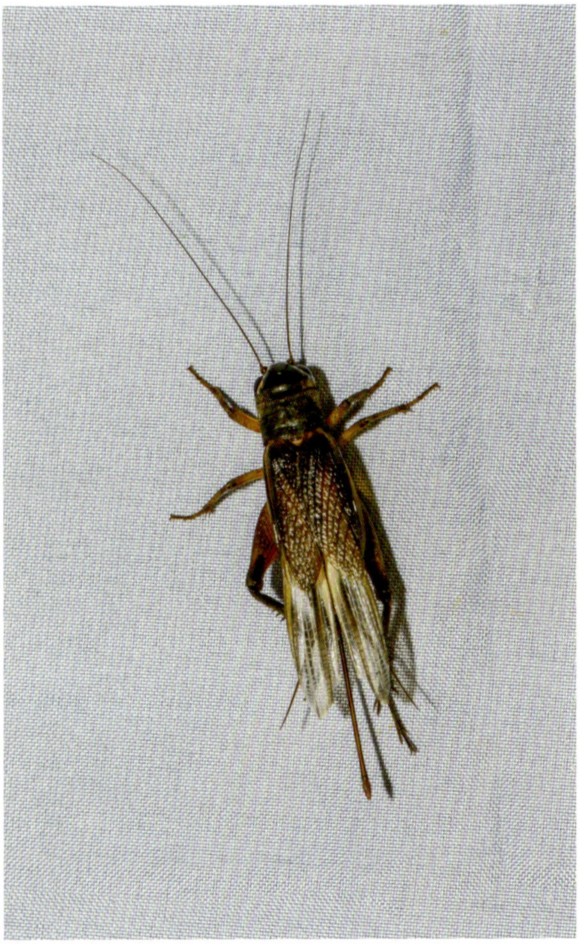

027 北方油葫芦

Teleogryllus infernalis (Saussure, 1877)

识别特征：雌虫体长12.5～25mm。体褐色至黑褐色。头黑色，触角窝上方具黄白色眉状斑1对。后足腿节背面有亚端距5对。雄虫前翅具4条斜脉。

生活习性：成虫发生于8～10月，1年1代。具趋光性。成虫、若虫可取食豆类、瓜类等。

分布：榆阳区（古塔镇、青云镇）；陕西、宁夏、甘肃、内蒙古、江苏等；日本、朝鲜、俄罗斯。

028 迷卡斗蟋

Velarifictorus micado (Saussure, 1877)

识别特征： 体长16～18mm；产卵瓣长10～12mm。体褐色；单眼排列呈三角形，单侧眼间具黄色横条纹，与中单眼区明显分隔，雄性中单眼与唇基间不具三角形淡黄斑；上颚正常，额突与唇基间凸出。前胸背板具绒毛；雄性前翅镜膜具弯曲的分脉，斜脉2条；前足胫节外听器具鼓膜，内听器呈凹坑状，后足胫节具背距；产卵瓣剑状。

生活习性： 栖息于野外地面、土堆、石块和墙隙中，掘洞或利用现成瓦砾石块缝隙而居。食性较杂。具极强的领地占有习性。

分布： 榆阳区（鱼河峁镇）；陕西、北京、河北、山西、山东、河南、江苏、上海、浙江、湖北、江西、湖南、福建、广东、广西、四川、贵州、云南；俄罗斯、日本，朝鲜半岛。

029 长瓣树蟋

Oecanthus longicauda Matsumura, 1904

识别特征： 体长11.5～14mm。体淡绿色。前胸板长，向后稍扩宽。腹面黑褐色。前翅具性二型，雄虫前翅透明，镜膜甚大，具1条分脉，3条斜脉。雌虫前翅狭长。后足胫节端部两侧各具3枚成对刺。爪基部具1个齿突。

生活习性： 栖息于果树或林木上。成虫发生于7～8月。成虫喜停息在叶面上。具趋光性。

分布： 榆阳区（芹河镇）；陕西、河南、福建、广西、贵州；日本、朝鲜、俄罗斯。

蝼蛄科 Gryllotalpidae

个体大，10mm以上。

触角细，顶端尖锐，较体长短。前足开掘足，跗节基部有2齿；后足腿节不发达，非跳跃足；跗节3节。前翅短。发音器不发达，后翅长，伸出腹部末端。尾须长，产卵器不外露。

生活于地下；多食性，取食根、种子、芽等。

世界记录约110种；中国记录11种。

030 | 东方蝼蛄

Gryllotalpa orientalis Burmeister, 1838

识别特征： 体长25～35mm。体背面红褐色。腹部黄褐色，腹部各腹节腹面具1对小暗色印迹。全身密被细毛。前翅褐色，翅脉黑褐色。雄虫前翅达腹部中部。雌虫横脉较多。足浅褐色，前足胫节4个片状趾突依次变短，后足胫节长，外侧背刺1枚，内侧背刺4枚。尾须细长。

生活习性： 栖息于草地、苗圃或农田。成虫发生于4～8月。成虫、若虫喜土中活动。具趋光性。食性广，取食种子、幼芽或幼苗。

分布： 榆阳区（古塔镇、小纪汗镇）；除新疆外广泛分布；日本、朝鲜、俄罗斯、印度，东南亚、大洋洲。

驼螽科 Rhaphidophoridae

身体侧扁。

触角很长，无翅。后足很长；跗节侧扁，4节，无中垫。无发音器和听器。尾须细长而柔软，极少分节。

世界记录约30属250种。

031 突灶螽 *Diestrammena* sp.

识别特征：体圆柱形，呈淡褐色。胸部、腹部上具暗褐色斑点；足淡褐色，股节呈浅色至淡褐色；足胫节具稀刺；触角细长，约为体长的2倍；具尾须，刺状，长度接近后足股节；雌性产卵瓣短于后足股节，长于尾须。

分布：榆阳区（鱼河峁镇）；陕西。

螽斯科 Tettigoniidae

体小至大型；身体较粗壮。

头短圆，通常为下口式；触角较为细长，着生于复眼之间，靠近复眼下缘。触角长超过体长。前翅和后翅发达或退化，雄虫前翅发音器发达；听器在前足胫节基部，跗节4节。产卵器剑状或镰刀状。

世界已知约10000种；中国记录200多种。

032 腾格里懒螽

Zichya tenggerensis Zheng, 1986

识别特征： 体短粗，体长25.1mm；体色淡黄色，触角、复眼暗褐色，背面具2条平行的淡黄褐色纵纹；纵纹自前缘黑色凹窝内侧直到后缘中部黑瘤外侧，沟后区后部中央也具1条细的黄褐色纵纹。腹部具5条不明显的黑褐色纵带。复眼极突出。前胸背板前缘弧形、光滑；沟前区的侧缘具略斜向上方并向后倾斜的强而尖锐的刺，刺的前方有2、3个小刺。前侧角各具1枚短锐刺，在前缘两侧各具1个略呈半圆形的不规则大窝；背后侧角近直角形，后缘具一列尖锐的刺，在后缘中部具2个近圆形的隆起黑瘤。前翅极小，为前胸背板完全覆盖。前、中、后足股节下侧均具小刺。尾须粗短，长柱形。雌性产卵器发达，弯刀状，长度接近体长。

生活习性： 生活于荒漠、草原地区。

分布： 榆阳区（古塔镇、麻黄梁镇、金鸡滩镇）；陕西、甘肃、山西、河北。

033 中华草螽

Conocephalus chinensis (Redtenbacher, 1891)

识别特征： 体呈黄绿色，触角单色为红褐色，前胸背板及翅背呈褐色；头部顶端狭窄，前胸背板后缘圆弧形；侧隆线不明显；前翅发达，远超过后足股节末端，翅端狭圆形，且后翅长于前翅；后足股节无刺，胫节两侧具双刺；尾须粗短，圆锥形，端部尖锐；产卵瓣短于后足股节。

生活习性： 栖息于草丛、洞穴中。1年发生1代。具有趋光性。

分布： 榆阳区（市区）；陕西、黑龙江、吉林、辽宁、内蒙古、河北、江苏、江西；俄罗斯、日本。

蚤蝼科 Tridactylidae

体小型，10mm以下。

口器前伸；触角12节，念珠状，短于身体。前胸背板后缘凸圆状。前翅短，后翅伸出腹部末端；前足开掘足；后足跳跃足，胫节端部有2个能动的长片；尾须2节。

多生活于近水地面，善跳，能在水中游泳。

世界记录80多种。

034 蚤蝼
Xya sp.

识别特征： 长约5mm，黑色光亮，具白色、淡黄色条纹；头部复眼大而远离；触角短，念珠状，黑色。前胸宽于头部，后缘圆弧状，两侧钝角状，白色；背板中部有黑色心形斑纹，上方具2个小黑点，外缘呈黄白色。前翅短，黄白色；后足腿节极粗大，伸达腹端，侧扁而外侧具黄斑。腹端有1对尾须，2节；下方有1对刺突，与尾须约等长；尾须与刺突上具毛。

生活习性： 生活于近水区域，善于跳跃，能在水中游泳（与科相同）。

分布： 榆阳区（市区）；陕西。

蚱科 Tetrigidae

体小型。

触角短，多为线状。前胸背板特别发达，菱形，向后延伸至腹末，末端尖；前翅退化为鳞片状；后翅发达；足腿节上方有脊无沟，跗节式2-2-3，爪间缺中垫；无发音器和听器。

生活在较为潮湿的环境。

世界记录850余种；中国记录近100种。

035 日本蚱

Tetrix japonica (Bolívar, 1887)

识别特征： 体长7～13mm。体黄褐色至深褐色，表面具小颗粒。头部突出于复眼边缘。前胸背板长至后足腿节端部。背面中部有2块黑色近方形斑。后翅短于前胸背板后突。后足上侧和外侧上部有2块黑色横斑，跗节第1节明显长于第3节。

生活习性： 成虫发生于5～8月。植食性，取食地衣、车前草和蔬菜等。具趋光性。

分布： 榆阳区（鱼河镇、牛家梁镇、小壕兔乡）；陕西、北京、宁夏、甘肃、黑龙江、吉林、辽宁、河北、山西、江苏、安徽、浙江、福建、台湾、湖北、湖南、广东、广西、四川、云南；日本、朝鲜、俄罗斯、蒙古、伊朗。

锥头蝗科 Pyrgomorphidae

体小型至中型。

头部圆锥形，颜面向后倾斜；颜面隆起具细纵沟；头顶向前突出较长，顶端中央具细纵沟，头侧窝不明显或缺。触角剑状。前胸背板具颗粒状突起，前胸腹板突明显。前翅、后翅发达。后足腿节外侧中区具不规则的短棒状隆线或颗粒状突起，鼓膜器发达。缺摩擦板。

世界记录400余种；中国记录10多种。

036 | 短额负蝗

Atractomorpha sinensis Bolívar, 1905

识别特征： 体长20～35mm。雌虫较雄虫大。体草绿色，表面具黄色瘤状突起。头部在复眼后具1列联珠状颗粒，经前胸背板边缘直至中足基节。触角剑状，雄虫较雌虫长。前翅草绿色，超出后足腿节末端部分为全翅长的1/3，后翅玫红色或红色。

生活习性： 栖息于杂草丛中。植食性，取食多种农作物和杂草，如水稻、玉米、白菜、小麦、烟草等。

分布： 榆阳区（市区、鱼河镇、鱼河峁镇、上盐湾镇、镇川镇、古塔镇）；陕西、北京、甘肃、青海、宁夏、内蒙古、辽宁、天津、河北、山西、河南、山东、江苏、上海、浙江、安徽、江西、福建、台湾、湖北、湖南、广东、广西、海南、重庆、四川、贵州、云南；日本、朝鲜。

剑角蝗科 Acrididae

体形多种多样，短粗或细长都有，大多数侧扁。

头部圆锥形或球形，颜面倾斜，与头顶呈锐角；头部前端背面中央缺细纵沟；触角剑状，其基部各节宽大于长，向端部逐渐变窄；前胸背板平坦，中隆线较弱；前后翅发达，或缩短，或鳞片状，侧置。后足腿节上基片长于下基片，外侧中区有羽状降线。

中国记录近100种。

037 中华剑角蝗
Acrida cinerea (Thunberg, 1815)

识别特征： 雄虫体长30～47mm，雌虫体长58～81mm。雌虫较雄虫大。体草绿色或褐色。草绿色个体复眼后和前胸背板侧面上部、前翅肘脉域具淡红色纵纹。褐色个体前翅中脉域具黑色纵纹。头圆锥状。前胸背板具细小颗粒，侧隆线近直，后横沟位于背板中部稍后。前翅超出后足腿节末端。

生活习性： 栖息于灌木和草丛之中。具植食性，取食多种农作物和禾本科植物的叶片。

分布： 榆阳区（市区、鱼河镇、鱼河峁镇、镇川镇、青云镇、金鸡滩镇、牛家梁镇、巴拉素镇、芹河镇、小纪汗镇、岔河则乡）；陕西、北京、宁夏、甘肃、河北、山西、河南、山东、江苏、安徽、浙江、福建、湖北、湖南、广西、四川、贵州、云南；日本、朝鲜、俄罗斯。

038 科氏剑角蝗

Acrida kozlovi Mistshenko, 1951

识别特征：体中大型，细长，通体呈绿色，腿胫节及基部、触角、颜面侧隆、翅基部呈红紫色渐变至白色。头钝圆锥形，明显长于前胸背板。头顶较长，自复眼前缘到头顶顶端的距离等于复眼的最大直径，头顶中隆线明显。触角剑状，基部数节较宽。前胸背板较宽平，前胸背板侧片后下角较圆，不向后突出，侧片的后缘平坦，无结节。前翅发达，超过后足股节端部，顶端尖锐，基部具密的网状脉。后翅略短于前翅，三角形。后足股节细长，上具黑色斑点。后足胫节内外侧均具刺，缺外端刺。

生活习性：取食禾本科植物及杂草。

分布：榆阳区（芹河镇、小壕兔乡）；陕西、宁夏、内蒙古、甘肃；蒙古。

039 短星翅蝗

Calliptamus abbreviatus Ikonnikov, 1913

识别特征：雄虫体长14～20mm，雌虫体长22～32mm。雌虫较雄虫大。体褐色或暗褐色。前胸背板侧隆线及前翅臀域具黄褐色纵条纹。前翅具黑褐色斑点，内侧红色，具2个不完整的较大的黑色斑纹。前翅长度基本与后腿节顶端齐平。后翅基部无红色。

生活习性：成虫发生于7～10月。取食禾本科、莎草科植物。

分布：榆阳区（大河塔镇、麻黄梁镇）；全国广布；朝鲜、蒙古、俄罗斯。

040 异色雏蝗

Chorthippus biguttulus (Linnaeus, 1758)

识别特征： 体中小型，体长12～22mm，体绿色、褐色、褐绿色；头部较短，短于前胸背板，头顶宽短，颜面略向后倾斜，通常与头顶形成锐角或近直角，头侧窝明显，呈长方形。触角丝状，顶端不膨大，长度超出前胸背板的后缘。前胸背板具明显的侧隆线。前翅狭长，超过后足股节顶端，翅顶圆形。后足股节内侧具暗色斜纹，后足胫节暗褐色或黄褐色。产卵瓣粗短，尾须为锥形或短棒形。

生活习性： 取食禾本科植物。

分布： 榆阳区（市区）；陕西、宁夏、甘肃、新疆、青海、西藏、河北、黑龙江、吉林、辽宁；蒙古、伊朗、巴基斯坦、俄罗斯，欧洲、非洲。

041 褐色雏蝗

Chorthippus brunneus (Thunberg, 1815)

识别特征：体中小型，体色变异较大，常为黑褐色、黄褐色或黄绿色。雌成虫体长17.6～20.3mm，前翅长13.3～15.5mm；雄成虫体长12.6～14.9mm，前翅长10.3～13mm。头较大，短于前胸背板。雄性触角细长，超过前胸背板的后缘；雌性触角较短，刚到达或略超过前胸背板的后缘。前胸背板前缘平直，后缘呈弧形；中隆线和侧隆线明显；2条侧隆线在沟前区向内弯曲；3条横沟明显，仅后横沟切断中隆线。前翅较长，雄性超过后足股节的端部。后足股节内侧基部具黑色斜纹，后足胫节黄褐色，有时略染红色。雄性腹部末端棕红色；雌性腹部末端常呈黑褐色或黄褐色，少数个体略染棕红色。尾须锥形，顶端尖细。雄性下生殖板钝锥形，末端较平直。雌性产卵瓣粗短，端部呈钩状。

生活习性：取食禾本科植物。

分布：榆阳区（市区）；陕西、内蒙古、河北、北京、山西、宁夏、甘肃、青海、新疆、四川、西藏、黑龙江、吉林、辽宁；中亚、欧洲。

042 日本鸣蝗

Mongolotettix japonicus (Bolívar, 1898)

识别特征：体小型。体黄褐色或淡褐色。雄性前翅前缘脉域基部白色纵纹较宽。雌性前翅径、中脉域具宽的黑色纵纹。触角较短，雄性触角的长度约为头及前胸背板长度之和的1.25倍，雌性则刚到达前胸背板的后缘。中胸腹板侧叶间中隔较宽，中隔的长度约等于最狭处的1倍。雄性前翅到达后足股节的4/5处。雌性前翅鳞片状，侧置。雄性后足股节内侧下线具音齿（103±5）个。雄性腹部末节背板具圆形尾片；下生殖板短圆锥形，顶端明显变体黄褐色或淡褐色。

生活习性：取食禾本科植物。

分布：榆阳区（古塔镇）；陕西、内蒙古、甘肃、吉林、黑龙江、辽宁等；朝鲜、韩国、日本、俄罗斯、蒙古。

043 花胫绿纹蝗

Aiolopus thalassinus tamulus (Fabricius, 1798)

识别特征： 雄虫体长18～22mm，雌虫体长25～29mm。雌虫较雄虫大。体褐色，前胸背板中央有黄褐色纵条纹，两侧具褐色条纹。头略高于前胸背板，头顶顶端呈三角形。翅发达，超过后足腿节端部。前翅前缘近基部有1条绿色或白色条纹，后足腿节内侧有2条黑色斑纹。胫节基部淡黄色，中部蓝黑色，端部鲜红色。后足胫节内侧具11个刺，外侧具10个刺。

生活习性： 成虫常见于杂草丛生处和低洼内涝地带。发生于6～9月。取食多种植物如小麦、玉米、水稻等。具趋光性。

分布： 榆阳区（鱼河镇）；陕西、北京、河北、辽宁、甘肃、贵州、福建、台湾、海南；缅甸、菲律宾、印度、澳大利亚。

044 黑条小车蝗

Oedaleus decorus (Germar, 1825)

识别特征： 体型中等，体淡褐色、黄褐色或在颜面、颊、前胸背板、前翅基部及后足股节处具绿斑；前胸背板“X”形淡色纹明显，前翅基部具大块黑斑2～3个，端部具细碎不明显的褐色斑。后足股节具3个倾斜的暗色横斑，膝部暗色或色较淡。后足胫节基部淡褐色，近膝部具1条较宽的淡色环，不混杂红色，其余为红色或淡红色。头大而圆，略短于前胸背板。头顶宽短，顶端明显向前倾斜，侧缘隆线明显。颜面垂直、隆起宽平，在中央单眼以下略凹，侧缘近平行。复眼卵形，触角丝状，超过前胸背板后缘。前、后翅发达，超过后足股

节顶端，其超出部分约为后足股节长的1/3。后翅宽大，略短于前翅，尾须柱状。雌性较雄性体型粗壮，触角刚到达或略不到达前胸背板后缘。

生活习性：取食禾本科植物。

分布：榆阳区（市区、上盐湾镇、大河塔镇、金鸡滩镇、芹河镇）；陕西、河北、山东、新疆、甘肃、内蒙古；蒙古、俄罗斯。

045 黄胫小车蝗
Oedaleus infernalis Saussure, 1884

识别特征：雄虫体长20～25mm，雌虫体长29～35mm。雌虫较雄虫大。体褐色，少数绿色。前胸背板有1条不完整的“X”形纹，后有1对“八”字纹。前翅长超过后足腿节，散布暗色斑纹。后翅略短于前翅，基部淡黄色。后足腿节具3个黑斑，下侧内缘雄性红色，雌性黄褐色。

生活习性：成虫发生于7～10月，1年1代，取食禾本科植物。

分布：榆阳区（大河塔镇、芹河镇、岔河则乡）；陕西、北京、甘肃、青海、山东；日本、韩国、蒙古、俄罗斯。

046 蒙古束颈蝗

Sphingonotus mongolicus Saussure, 1888

识别特征： 雄虫体长17～21mm，雌虫体长26～27mm。雌虫较雄虫大。体褐色，有暗色横斑。前胸背板前下角呈直角形，后下角呈圆形。前翅基部1/3处和中部具暗色横纹。后翅基部淡蓝色，中部具暗色纹。后足腿节内侧蓝黑色，近端有1个淡色环。胫节内侧具10枚刺，外侧具6～7枚刺。

生活习性： 栖息于砂砾地、荒滩沙地。1年1代，成虫发生于7～8月，具趋光性。取食禾本科和莎草科植物。

分布： 榆阳区（青云镇、大河塔镇）；陕西、北京、甘肃、内蒙古、黑龙江、吉林、辽宁、河北、山西、河南、山东；朝鲜、俄罗斯、蒙古。

047 疣蝗

Trilophidia annulata (Thunberg, 1815)

识别特征： 雄虫体长12～16mm，雌虫体长15～26mm。雌虫较雄虫大。体黄褐色，有黑色斑点。前胸背板中隆线明显隆起，侧观时可见1个齿形突起。翅长超过后足腿节中部。前翅散布黑色斑点。后翅基部黄色，其余部分深褐色。后足腿节上具3个黑色横斑，内侧和下侧黑色，前半部分具2个淡色纹。

生活习性： 栖息于低海拔山区。成虫发生于7～8月，具趋光性。取食禾草、棉花、桑等植物。

分布：榆阳区（上盐湾镇、镇川镇、古塔镇、青云镇）；陕西、北京、甘肃、宁夏、内蒙古、黑龙江、吉林、辽宁、河北、河南、山东、江苏、安徽、浙江、江西、福建、广东、广西、四川、贵州、云南、西藏；日本、朝鲜、印度。

048 中华稻蝗
Oxya chinensis (Thunberg, 1815)

又名：水稻蝗。

识别特征：雄性体中型，体长15.1～33.1mm；雌性体中至大型，较大于雄性，体长19.6～40.5mm。体绿色或褐绿色，或背面黄褐色，侧面绿色，常有变异。头部在复眼之后、沿前胸背板侧片的上缘具有明显的褐色纵条纹。前翅绿色，或前缘绿色、后部褐色。后足股节绿色，膝部之上膝侧片褐色或暗褐色。后足胫节绿色或青绿色，基部暗色。胫节刺的顶端为黑色。雌性头顶宽短，其在复眼间的宽度明显宽于颜面隆起在触角间的宽度。触角略较短，常不到达前胸背板的后缘。前翅的前缘具不明显的刺。腹部第2～3节背板侧缘的后下角缺刺，有时略隆起。

生物学：生活于低洼潮湿或近水边地带。中国北方每年发生1代。主要取食禾本科植物。

分布：榆阳区（市区、鱼河峁镇、大河塔镇）；陕西、北京、天津、河北、辽宁、吉林、黑龙江、上海、江苏、浙江、安徽、福建、江西、山西、山东、河南、湖北、湖南、广东、广西、四川、台湾；朝鲜、日本、越南、泰国。

螳螂目 Mantodea

俗称“螳螂”；英文名为mantid，praying mantid。起源于152.1Ma前的中生代侏罗纪。

中到大型，体长10～150mm。体细长，或圆筒形，或扁平呈叶状；体绿色或褐色、灰色，有的有金属色或花斑。

头能动，三角形；口器咀嚼式；触角长，多丝状；复眼突出，单眼3个，三角排列。前胸长，前足捕捉式，中、后足细长，适于步行；前翅为覆翅，后翅膜质，臀区大，休息时平放于背上。腹部肥大；尾须1对；雄虫第9腹板上有1对刺突。听器和发音器缺如。

渐变态。卵粒为卵鞘所包，卵鞘称为螵蛸，附于树枝或墙壁上。一般1年1代，以卵越冬。

肉食性。能捕食各种昆虫和小动物。

陆生。多数生活在植物上，一些无翅种类生活在地面上，常有保护色和拟态。

重要的天敌昆虫；卵鞘可入中药，是重要的药用资源昆虫。

世界性分布，热带地区种类最为丰富。世界已知2800多种，中国已知约160种。

埃螳科 Eremiaphilidae

体粗壮。两性均短翅型，沙粒色。

中后足细长，适于急行；前胸背板近方形或近梯形，前足胫节有强刺。

分布于非洲北部和亚洲的沙漠或半沙漠区。

049 | 芸芝虹螳

Iris polystictica Fischer-Waldheim, 1846

识别特征： 体中型到大型，雄性体长约32mm，雌性体长约41mm。雌雄异型，雌性体型明显大于雄性。雄性较为纤细，翅长，完全覆盖腹部；雌性体型较大，翅短，只达腹部的一半左右。体褐色或绿色，成虫后翅带有一大块黑斑。

生活习性： 多生活在低矮灌木和荒漠草甸之中。捕食许多其他种类的小型动物，以卵鞘越冬。

分布： 榆阳区（市区、青云镇）；陕西、宁夏、内蒙古、新疆、甘肃。

螳科 Mantidae

体形多样。

头顶通常无粗大的锥状突起；如头顶锥状突起较大，则两复眼旁各有1个小的突起。前胸背板侧缘不明显扩展，如明显扩展则前足腿节前两刺间具凹窝。雌雄两性不同时为短翅类型。前足腿节外列刺一般5枚以上，内列刺为大小刺交替；尾须锥状或稍扁，不扩展呈叶状。

中国记录50余种。

050 | 薄翅螳

Mantis religiosa (Linnaeus, 1758)

识别特征： 体通常呈绿色或淡褐色。雄性触角粗而长，雌性触角细而短。前胸背板较短，略与前足腿节等长，雌性外缘齿列均不明显。前足基节内侧基部有1个中心橙黄色或灰白色的大黑斑；前足腿节具4个中列刺和4个外列刺，中、后足腿节膝部内侧片缺刺。前、后翅均发达，超过腹端，前翅略短于后翅，较薄，膜质透明，仅前缘区有较狭革质且有不规则细的分支横脉；后翅膜翅透明。腹部细长。

生活习性： 栖息于林地，捕食多种昆虫。

分布： 榆阳区（市区、鱼河峁镇、镇川镇）；陕西、河北、北京、山西、辽宁、吉林、黑龙江、江苏、浙江、福建、广东、海南、四川、云南、西藏、甘肃、宁夏、新疆；欧洲、美洲、非洲、大洋洲。

051 中华刀螳

Tenodera sinensis Saussure, 1871

识别特征：体大型。复眼卵圆形，头顶平滑。额盾片略窄，宽大于高。前胸背板沟后区长于前足基节，两侧扩展不明显。前翅狭长，后翅宽大，第一肘脉（Cu_1）3～4分支，横脉周围常具烟褐色。前足各节正常，无扩展，股节具4枚中刺、4枚外列刺。中后足股节膝叶内侧片具1枚刺。尾须细长多毛。

生活习性：重要的捕食性昆虫，成虫、若虫均可捕食，其食虫范围广，食量大，繁殖力高。

分布：榆阳区（市区、大河塔镇）；陕西、辽宁、北京、山东、江苏、上海、安徽、浙江、湖北、江西、福建、台湾、广东、广西、四川、贵州、西藏；朝鲜、日本、越南、美国。

啮虫目 Psocoptera

俗称“啮虫”和“虱”，英文名为book lice，bark lice，sucking lice，bird lice。起源于201.3Ma前的中生代三叠纪末期。

微小到小型，体长0.5～10mm，多数不超过6mm。虱类体背腹扁平。

啮类。头大，活动自如，下口式，Y形头盖缝显著；触角丝状，12～50节，有些有次生环节；复眼凸出，单眼3个；口器咀嚼式，后唇基突出，下颚须4节，下唇须退化，1或2节。前胸小，细缩如颈；有翅或无翅，脉序简单，横脉少，一条或数条翅脉常极度弯曲；足细长，跗节2或3节。无尾须，雌、雄外生殖器均小而显著。

虱类。头小，前口式或下口式，口器咀嚼式或刺吸式；复眼退化或无复眼，无单眼；触角短，3～5节，丝状或端部膨大。胸部分节明显，或中后胸愈合，或前、中后胸均愈合；足短粗，有强爪，跗节1或2节，爪1～2个；无翅。腹部7～10节；气门生在腹面或背面，无尾须。

渐变态。啮类室外种类1年发生1～3代，室内种类周年繁殖；虱类1年多代。

啮类大多为植食性或菌食性，少数为肉食性，还有的为粪食性。虱类取食毛屑或吸食血液。

陆生。啮类常成群生活在树干、叶片或果实上。在树皮、篱笆、墙根、枯叶、苔藓与石头下的潮湿阴暗之处也能发现，一些种类生活在室内、仓库、鸟兽巢穴、羽毛中或菌体中，一些种类生活在草堆、茅屋、蒿秆上。虱类外寄生于哺乳动物、鸟类或人体，具有高度寄主专化性。

虱类引起寄主瘙痒，烦躁不安，传播疾病，是重要的人类卫生害虫或家畜、家禽害虫。

世界性分布，主要分布在温暖地区，部分属分布广泛。世界已知11 000余种，中国已知约2600种。

蝽科 Psocidae

触角13节，但长短不一；跗节2节。

多生活在树上或石壁上。

052 | 皱蝽 *Ptycta* sp.

识别特征：体小型，胸部黑色中间带有白色条纹。头部多黑色条斑，斑纹较杂，腹部背面几乎全为黑色，偶有较小的黄色条纹。

生活习性：具趋光性。

分布：榆阳区（鱼河峁镇）；陕西。

半翅目 Hemiptera

包括蚜、蝉、蚧、粉虱、木虱、蝽，英文名为true bugs、cicadas、hoppers、aphids等。起源于314.6Ma前的古生代石炭纪后期。

小至大型，体长0.8～150mm。体型及体色多样。

复眼大，单眼2～3个，或缺如；触角丝状、鬃状、线状或念珠状，伸出或隐藏在复眼下的沟内；头后口式，口器刺吸式，喙1～4节，多为3节或4节；无下颚须和下唇须。前胸背板大，中胸小盾片发达，外露；前翅半鞘翅或质地均一，膜质或革质，休息时常呈屋脊状放置，有些蚜虫和雌性介壳虫无翅，雄性介壳虫后翅退化成平衡棒；跗节1～3节。雌虫常有发达的产卵器。性二型现象明显。

不完全变态，大多数为渐变态，少数为过渐变态。多数为1年多代，也有1年1代，甚至多年1代。多以卵越冬。

多为植食性，吸食植物汁液。少数可捕食小动物，还有种类吸食血液。

多为陆生，大多生活在植物叶片上、树皮裂缝中；一部分生活在砂土、石块或植物根部。少数水生或湿生，生活在水塘、稻田、溪流或海水中，或水边附近的湿地。有些种类有趋光性。

有些是农、林业害虫或益虫；有些种类可以分泌蜡、胶或形成虫瘿，生产五倍子，是重要的工业资源昆虫，有的有一定药用价值。有的鸣声悦耳动听，有的形态奇特，是重要的观赏工艺昆虫。

世界性分布。渐变态昆虫中的最大类群，全世界已知83000多种，中国已知6100多种。

木虱科 Psyllidae

体小型。头部具颊锥；触角丝状，长于头宽。前翅翅脉二叉状，翅痣明显，前缘具断痕。后足胫节1个基齿或无，端距4枚及以上，少数3枚；基跗节1对爪状距。

世界记录70余属1200余种；中国记录24属289种。

053 | 桑异脉木虱
Anomoneura mori Schwarz, 1896

识别特征： 体长3～3.5mm，翅展9mm，体型似蝉，初期水绿色，后变铜褐色。触角针状10节，顶端具刚毛2根，呈分叉状。中胸盾片有3对黄纹。前翅长圆形，半透明，有咖啡色斑纹。后翅透明。

生活习性： 栖息于同时有桑树和柏树的环境。1年发生1代，主要寄主为桑、蒙桑、柏。

分布： 榆阳区（鱼河峁镇）；陕西、北京、内蒙古、辽宁、河北、河南、山东、江苏、浙江、湖北、重庆、四川等；日本、朝鲜。

054 | 柳红喀木虱
Cacopsylla salicirubera Li, 2011

识别特征： 体连翅长2.8～3.1mm。头胸部红褐色；触角黄褐色，第4～6节端部及第7～10节黑色。中胸前盾片中央具黄白色细纵线，后盾片具4条黄白色细纵线，中间2条直，两侧2条弧形。前翅翅面除脉两侧外布满翅刺，具4个缘纹。雄虫阳基侧突端后角黑色，结构特殊，先伸向内侧，再折向前方呈1刺状突。

生活习性： 寄主为小齿柳、小叶山生柳。

分布： 榆阳区（市区）；陕西、山西、宁夏。

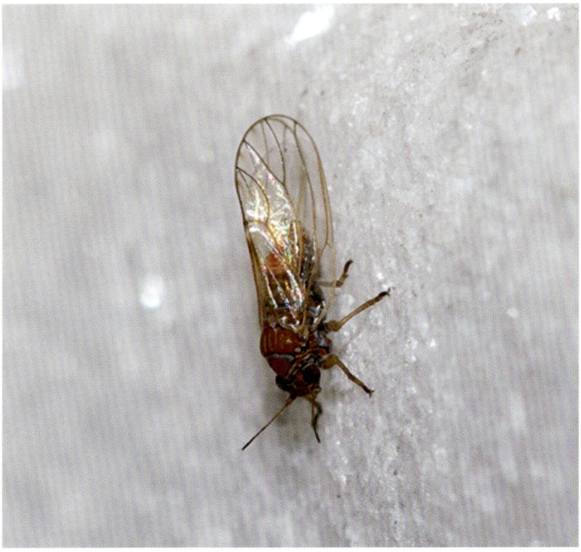

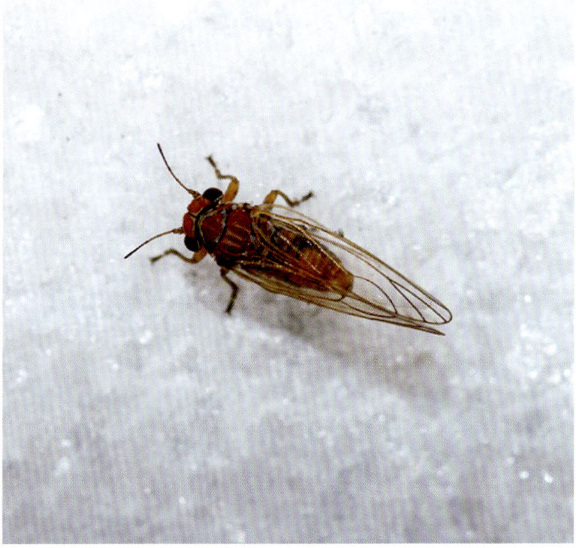

055 槐豆木虱

Cyamophila willieti (Wu, 1932)

识别特征：体长3.0～3.5mm，浅绿色，略带黄色；触角绿色，第3节褐色，第4～8节端及末2节黑色；前翅长椭圆形，具黑色缘纹4条，中间有主脉1条，分3支，各又分2支。冬型成虫体色较深，为深褐色。

生活习性：栖息于多种豆科植物之上。寄主国槐及五叶槐、龙爪槐等，多生活在嫩枝和叶背，若虫排泄物为乳白色絮状物；成虫具趋光性。

分布：榆阳区（市区）；陕西、北京、甘肃、宁夏、青海、内蒙古、吉林、辽宁、河北、山西、河南、山东、江苏、浙江、湖北、湖南、广东、四川、贵州、云南、台湾。

旌蚧科 Ortheziidae

雄性有复眼和单眼；触角9节，末节端部有1个刺状瘤；第7腹节背板有1圈腺孔，分泌细长玻璃状的蜡丝。阳茎鞘短，由2个分离的瓣形成。雌性触角4～9节；足无转节，胫节与跗节间通常无关节；腹部有背气门存在；背腹面的皮肤上分布有大量小尖刺，形成特殊的图案，因不同种类而有区别。通常被有蜡质的片，产卵期身体末端带有蜡质卵袋。

056 荨麻旌蚧

Orthezia urticae (Linnaeus, 1758)

识别特征： 雌成虫触角8节。眼着生在突出的锥柄上。足发达。胸气门2对，腹气门8对。肛环上有很多小孔纹组成宽带，肛环刚毛6根。全身密被粗刺，常组成各种特有的斑带，腹部腹面有横列带。

生活习性： 取食荨麻、菊科、伞形花科、唇形花科、毛茛科等植物。

分布： 榆阳区（马合镇、芹河镇）；陕西、甘肃、宁夏；欧洲。

毡蚧科 Eriococcidae

雌成虫体长椭圆形或卵圆形，后端较细。触角5～8节，少数种退化；端节常粗短，其上有较粗的感觉毛。单眼常有1对，位于触角外侧，有的不明显。口器发达，喙1～3节。胸足3对，跗节1节，且常比胫节长。爪下一般有1小齿，爪冠毛和跗冠毛各1对，细长而端稍膨大。胸气门2对，腹气门无。背面无背孔，腹面无腹脐。尾瓣一般很发达，大且锥状向后突出，顶端长有一尾瓣端毛。肛环在腹部末端，位于两个尾瓣之间，有成列环孔和6～8根环毛。管腺有瓶状腺、柱状腺和微管腺，其中，瓶状腺的存在使本科可与粉蚧科相区别。盘腺以五格腺为最多，也有少数见到其他盘腺。体背面有许多粗刺排成横带，或沿体缘分布，至少在尾瓣上存在。腹面有毛。

此科蚧虫大多在产卵时形成毡状卵囊，虫体栖居囊中并在其中产卵，所以称作毡蚧或绒蚧。

057 沿海榆毡蚧

Eriococcus costatus (Danzig, 1975)

识别特征： 雌虫体长2.1mm；体淡红色至褐色，背面具刺毛，体节明显，腹缘具白色细蜡丝；具卵囊个体体长2.5～3.0mm，白色蜡囊具4条横沟而分为5对突棱，末端蜡突内具一圆形小孔，前端具一叉形蜡突。

生活习性： 寄主为榆。多在榆树的小枝、叶腋处取食。

分布： 榆阳区（牛家梁镇）；陕西、北京、山西、辽宁、山东；俄罗斯。

蚧科 Coccidae

雌虫长卵形，卵形，扁平或隆起呈半球形或圆球形；体壁有弹性或坚硬，光滑，裸露，或被有蜡质或虫胶等分泌物；体分节不明显；触角通常6～8节；足短小；腹部末端有臀裂，肛门有环及肛环刺毛，肛门上有1对三角形肛板。雄虫触角10节；单眼4～10个，一般6个；交配器短；腹部末端有2长蜡丝。第1龄若虫椭圆形，扁平，触角通常6节；足发达。

广泛分布于世界各地，寄生于乔木、灌木和草本植物，多数种类是农业、林业、园林植物害虫。

058 羊茅绒茧蚧

Eriopeltis festucae (Boyer de Fonscolombe, 1834)

识别特征： 体小型，通体黄色，雌虫整体呈馒头形状，头部和腹部末端具有白色的毛。

生活习性： 寄主为大麦、小麦、燕麦、羊草等禾本科植物。

分布： 榆阳区（岔河则乡）；陕西、内蒙古、宁夏。

059 皱大球坚蚧

Eulecanium kuwanai Kanda, 1934

识别特征： 雌成虫半球形或馒头形，体长4～6.7mm，宽3～6.0mm，高3～5.5mm。初成熟虫体黄色或黄白色，体缘黑色，整齐，两侧黄斑中有不规则形、大小不等的黑色斑点5～6个。产卵后死体硬化，呈暗黄色或光亮褐色，高度皱缩，甚至尾列二叶外翻；触角7节，体背缘硬化而有不明显网纹及粗短顶尖缘刺一裂；气门洼和气门刺均不明显，气门刺与体缘很难区分；肛板小，合成正方形，后缘长刚毛成一列6根，后角毛2根；大杯状腺在腹面亚缘呈宽带，多格腺分布于腹面中部，五格腺少，紧靠气门路。雄虫体长约1.7mm，翅展约3.5mm，体紫红色。触角丝状，10节。前翅一对，半透明，有一距翅基约1/8处分叉翅脉；后翅膜质，长片状。腹末交尾器针状，两侧各有长约2mm的白色蜡毛一根。

生活习性：寄主主要有桃、杏、梅、苹果、槐、杨、柳等。1年发生1代。若虫和雌成虫聚集在寄主植物枝干上取食。

分布：榆阳区（市区、古塔镇）；陕西、甘肃、宁夏、新疆、山西、山东、河北、河南、天津；日本。

060 水木坚蚧

Parthenolecanium corni (Bouché, 1844)

识别特征：雌成虫体长3.0～6.0mm，宽2.0～4.0mm，椭圆或近圆形，产卵后死体黄褐色、红褐色或褐色，触角6～8节。雄成虫体红褐色，长1.2～1.5mm，翅土黄色，透明，翅展3.0～3.5mm。腹末交尾器两侧各有1根白色蜡毛。

生活习性：发生世代数因寄主而异，刺槐和葡萄上1年发生2代，其他植物上1年发生1代。取食多种植物，偏好植物幼嫩枝条。

分布：榆阳区（上盐湾镇）；陕西、甘肃、四川；朝鲜，中亚、欧洲、非洲、北美洲。

蚜科 Aphididae

体小型。

头部与胸部之和不长于腹部。无翅蚜复眼3个或多个小眼面；触角4～6节，若3节则尾片烧瓶状。有翅蚜前翅4斜脉。腹管长管状，少数球状或缺，尾片形状多样。

部分种类孤雌生殖，胎生；部分种类两性生殖，卵生。

世界记录5000余种；中国记录1100余种。

061 杠柳蚜

Aphis periplocophila Zhang, 1983

识别特征：无翅孤雌胎生蚜体长2mm，宽1.1mm。墨绿色，附肢多为黑色。前胸和第1、7腹节缘瘤显著。触角6节，长1.3mm。腹管长筒形，长0.35mm。尾片长舌状，长0.16mm，有毛7～8根。有翅孤雌胎蚜体长1.7mm，宽0.8mm。头和胸部为黑色，腹部为绿至深绿色。触角第3节有次生感觉孔5～10个。翅脉正常。

生活习性：寄主为杠柳，多聚集在杠柳嫩梢、幼叶背面及叶柄取食。

分布：榆阳区（麻黄梁镇）；陕西、山东、河南、北京、辽宁。

062 酸模蚜

Aphis rumicis Linnaeus, 1758

识别特征：无翅孤雌蚜体宽卵圆形，体长2.4mm，宽1.4mm。活体黑色。玻片标本背面全骨化，头部和斑纹黑色。前、中胸有全节横带，后胸缘斑与中带分离，腹管、尾片、尾板及生殖板黑色。体表网纹清楚。气门圆形关闭，气门片黑色。节间斑明显，黑褐色。有翅孤雌蚜体卵圆形，体长2.0mm，宽1.2mm。前足胫节端部、中、后足股节端部3/4处及胫节端部、跗节黑褐色，其他节淡色；腹管、尾片、尾板及生殖板黑褐色。体表光滑。气门圆形开放，气门片骨化深色，节间斑淡褐色。缘瘤淡色大型，长与基宽约等。

生活习性：寄主为酸模、大黄，常在叶反面取食。

分布： 榆阳区（青云镇）；陕西、河北、吉林、山东、江苏、浙江、台湾；亚洲、非洲、欧洲、拉丁美洲、北美洲。

063 指管蚜

Uroleucon sp.

识别特征： 无翅孤雌蚜体长2.5～3.6mm：体暗红色，腹管黑色，足黄褐色，腿节端部、胫节基部黑色；触角长于体长，触角第3节稍短于第4、5节之和；腹管细长，可达体长的1/3，约为尾片长的1.8倍。

生活习性： 寄主为菊科植物，多聚集在寄主茎上。

分布： 榆阳区（芹河镇、红石桥乡）；陕西。

064 蓼钉毛蚜爪哇亚种

Capitophorus hippophaes javanicus Hille Ris Lambers, 1953

识别特征： 无翅孤雌蚜体长纺锤形，体长2.30mm，宽0.95mm。活体蜡白色。气门不规则形半开或关闭，气门片淡色。缘瘤不显。中胸腹岔无柄。体背刚毛粗、球顶，甚长。缘端部达中足基节，粗短；后足股节长0.51mm；后足胫节长1.10mm，为体长的0.48倍；后足胫节内侧毛长、尖顶，其他刚毛钉毛状，其长毛为该节基宽的0.70倍。

生活习性： 寄主为沙枣、胡颓子等胡颓子属植物，以及多种蓼属植物。

分布： 榆阳区（小壕兔乡）；陕西、北京、河北、天津、吉林、山东、河南、甘肃、新疆、台湾；朝鲜、日本、印度尼西亚、印度、澳大利亚、新西兰。

065 桃粉大尾蚜

Hyalopterus arundiniformis Ghulamullah, 1942

识别特征： 无翅孤雌蚜体椭圆形，长约2.4mm，绿色，体被白粉；腹管细，圆筒形，光滑，尾片长圆锥形，有长曲毛5～6根。有翅胎生体长卵形，长约2mm，头、胸黑色，腹部黄绿色或者橙黄色，体被白粉。

生活习性：寄主为桃、李、杏等以及禾本科植物。其中，禾本科植物为夏、秋季寄主。无翅胎生雌蚜和若蚜群集于枝梢和嫩叶背取食。

分布：榆阳区（市区、青云镇、岔河则乡）；北起黑龙江，南达两广，西至甘肃，东到沿海各省和台湾地区；几乎呈世界性分布。

066 榆华毛蚜

Sinochaitophorus maoi Takahashi, 1936

识别特征：无翅孤雌蚜体卵圆形，体长1.50mm，宽0.80mm。活体黑色，背中带白绿色，附肢淡色。玻片标本体背全黑色，中胸至腹部背片Ⅱ的中央带淡色，胸部、腹部体缘黑色加深，足股节外侧、胫节端部及跗节灰黑色；腹管黑色，尾片、尾板灰黑色。

生活习性：寄主为榆。成虫和若虫在嫩叶背面和幼梢上取食。

分布：榆阳区（市区）；陕西、北京、河北、辽宁、青海、河南、吉林；俄罗斯、蒙古。

067 白杨毛蚜

Chaitophorus populeti (Panzer, 1801)

识别特征： 有翅蚜长1.8～2.0mm，绿色，体被毛。头、胸黑色，复眼深红色，触角第3节及第4节的大半为淡黄色，余为黑色。腹管淡色。基部周围黄绿色。各足腿节深色，前腿节色较浅。各胫节基部和端部黑色。尾片瘤状，生长毛5根。若蚜黄绿色，头胸部黄褐色，腹部背面有两条深绿色纵纹，足灰褐色。

生活习性： 寄主为白杨、柳。常在幼叶背面、叶柄和嫩梢取食。

分布： 榆阳区（市区、青云镇、小纪汗镇）；陕西、北京、山东、河北、河南、吉林、黑龙江、辽宁、云南、新疆、四川；日本、俄罗斯、印度、伊朗、埃及，欧洲、朝鲜半岛。

068 伪毛蚜

Sipha sp.

识别特征： 无翅孤雌蚜体长1.5～1.9mm；体灰绿色至灰褐色，表面具些许白蜡粉及许多刺毛，具黑褐斑。触角第1节及端节（除基部）褐色，足腿节、胫节端部及跗节褐色，有时胫节基部也为褐色。触角5节。

生活习性： 寄主为禾本科植物，常聚集在寄主叶片上取食。

分布： 榆阳区（青云镇）；陕西。

069 马尾松长足大蚜

Cinara formosana (Takahashi, 1924)

识别特征： 无翅孤雌蚜身体呈卵圆形，体长4.20mm，体宽2.80mm。活体深褐色。玻片标本头部黑色，胸部、腹部稍骨化，黄褐色；触角、腹管、尾片、尾板、生殖板及足各节为黑色；触角第3节基部淡色，足股节基部及胫节中部骨化稍淡。腹部第7背片有1个断续斑纹，腹部第8背片有1个横带分布全节。

生活习性： 寄主为黑松、马尾松、油松、华山松、樟子松等。

分布： 榆阳区（麻黄梁镇、牛家梁镇、巴拉素镇）；陕西、吉林、辽宁、内蒙古、北京、河北、山东、宁夏、甘肃、青海、新疆、江苏、安徽、浙江、湖北、江西、湖南、福建、台湾、广东、广西、重庆、四川、贵州、云南；韩国、日本。

蜡蝉科 Fulgoridae

体中型至大型。体色艳丽而奇特。

头近圆形，有时具突，直或弯，长或短。胸部大，前胸背板横形，前缘凸出，达到或超过复眼后缘。中胸盾片三角形，具中脊线和亚中脊线；肩板大。翅发达，膜质，翅脉呈网状；前翅爪片显著，后翅臀区发达。后足胫节多刺。

世界记录125属700余种；中国记录约30种。

070 斑衣蜡蝉

Lycorma delicatula (White, 1845)

识别特征： 体长14～22mm；前翅基部约2/3为淡褐色，翅面具有10～20个黑斑；端部约1/3为黑色，脉纹白色；后翅基部一半鲜红色，具7、8个黑点。体翅表面附有白色蜡粉。低龄若虫体黑色，具许多小白斑；4龄若虫红白相间，具白斑。

生活习性： 取食多种植物，最喜臭椿。成虫、若虫均有群集性，常数十只至数百只栖息于树干或枝叶上。飞行能力弱，善于跳跃。

分布： 榆阳区（镇川镇）；陕西、北京、甘肃、河北、山西、河南、江苏、浙江、安徽、山东、湖北、广东、广西、四川、贵州、云南、台湾；日本，东南亚、南亚。

瓢蜡蝉科 Issidae

体中小型；体近圆形且前翅隆起，有的外形似瓢虫。

头和前胸背板一样宽或更宽；触角小，不明显，鞭节不分节；前胸背板短，前缘圆形突出，中胸盾片短，通常不及前胸长度的2倍；前足正常，极少种类呈叶状扩张；后足胫节有2～5个侧刺；前翅一般不长，偶尔极短，较厚，革质或角质，通常隆起，有的带有蜡质光泽；前翅前缘基部强度弯曲。

071 鞍瓢蜡蝉
Celyphoma sp.

识别特征： 体棕色，具褐色斑纹。头顶棕色，具浅棕色中带。复眼褐色。前翅棕色，具褐色斑纹。足棕色，具褐色纵带。体背面观卵圆形，侧面呈马鞍形。

生活习性： 有趋光性。

分布： 榆阳区（鱼河峁镇）；陕西。

菱蜡蝉科 Cixiidae

体小型；体略扁平。

头部短，不向前凸出；单眼3个，有的种类无中单眼；前胸宽阔，后缘凹入；中胸盾片很大，菱形，常有3条或5条脊线；翅膜质，静止时翅合拢呈屋脊状；成虫善跳，受到惊扰后迅速跳开。

072 瑞脊菱蜡蝉
Reptalus sp.

识别特征： 雌虫体长5.2mm，体连翅长8.0mm。体褐色至黑褐色，头顶黑色，纵脊及横脊黄色，额黑色，但3条脊线为黄褐色。翅透明，翅脉浅褐色，具褐色颗粒，横脉及两侧黑褐色，翅面散布褐色斑点，在翅中部前具1条短的横带。头顶前缘宽弧形，后头倒“V”形凹入，中央具铁锹形凹陷；额宽大，中部最宽，中脊及两侧脊细矮。中胸背板具5条明显的纵脊。

生活习性： 寄主为蒿属植物。

分布： 榆阳区（市区）；陕西。

飞虱科 Delphacidae

体小型，多灰白色或褐色。

头短小，少数延长。胸部短，一般具中脊线和侧脊线；前胸常领状，中胸三角形。分长翅型和短翅型；前翅通常无前缘室，爪片无颗粒。后足胫节有两大刺，端部有一活动的大距。

世界记录400属2000余种；中国记录160属400余种。

073 | 阿拉飞虱

Delphax alachanicus Anufriev, 1970

识别特征： 长翅型，雄虫体长3.0～3.8mm，雌虫体长4.3～5.0mm；短翅型，雄虫体长5.3～5.6mm。触角长，伸达唇基末端。后足腔距具缘齿36枚。头部、额、颊、唇基和触角黄褐色或褐色，额端部黄白色，且在最宽处有一黄白色横带，并向颊扩展至触角窝。前胸和中胸背板黄白色，侧区各具一黑褐色斜斑。前翅黄白色，从基部至外缘有一呈“S”形的黑褐色斑纹。各足暗褐或褐色，腹部和生殖节黑褐色。雌虫足和腹部黄褐色，其余体色基本同长翅型。短翅型雌虫黄褐色。前胸和中胸背板侧区各有一黑褐色斑。前翅中部有一狭窄的黑褐色或暗褐色纵纹，翅板暗褐色。臀节凹入生殖节内，两臀刺突近等长。

生活习性： 寄主为芦苇、芨芨草。

分布： 榆阳区（市区、青云镇）；陕西、甘肃、新疆。

074 大斑飞虱

Euides speciosa (Boheman, 1845)

识别特征： 长翅型，体长5.6～6.5mm。头、胸部黄褐色，额和颊有一些浅色小圆斑，中胸背板中域黄色。前翅淡黄色，几乎透明，革片基半部具长三角形黑褐色大斑，翅端缘及中部有其他黑褐色斑。

生活习性： 寄主为芦苇。具趋光性。

分布： 榆阳区（市区）；陕西、北京、吉林、河北、江苏、上海；日本、朝鲜、俄罗斯，欧洲。

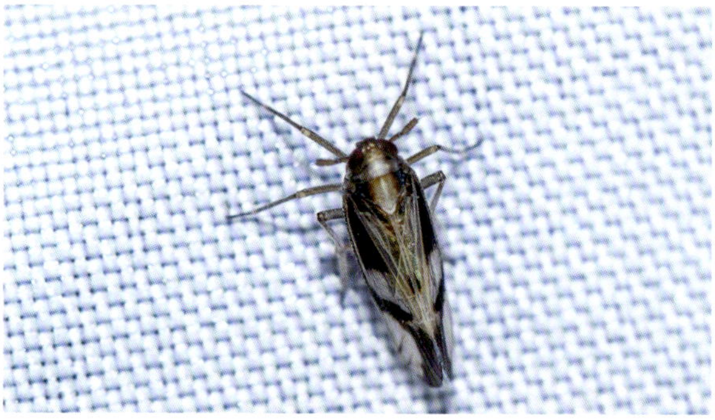

075 灰飞虱

Laodelphax striatellus (Fallén, 1826)

识别特征： 长翅型，连翅体长3.5～4.2mm。雌虫体大，黄褐色；雄虫体小，黑色。头顶略突出；颜面均为黑色；雌虫中胸背板中部淡黄色，雄虫中胸背板全部黑色。

生活习性： 寄主为水稻、小麦、玉米等禾本科植物。

分布： 榆阳区（市区、鱼河峁镇、青云镇）；全国各地均有分布；东亚、东南亚、北非、欧洲。

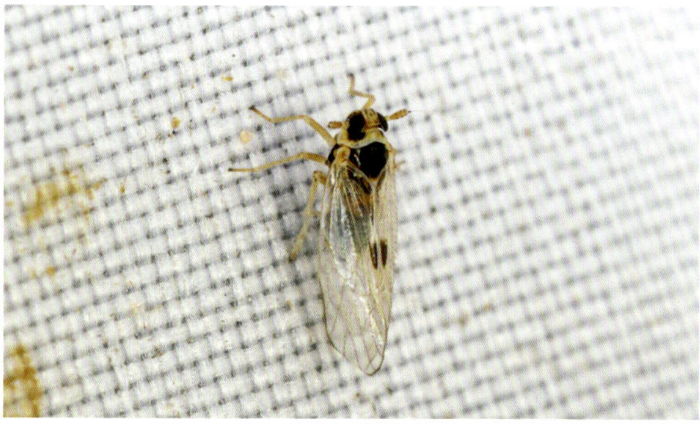

076 | 褐飞虱
Nilaparvata lugens (Stål, 1854)

识别特征： 长翅型体长3.6～4.8mm，短翅型体长2.5～4.0mm。体色多变，黄褐色、黑褐色，有油状光泽。前翅黄褐色，透明，翅斑黑褐色。后足基跗节外侧具数枚小刺。雌虫产卵器第1载瓣片的基部具半圆形小突起。

生活习性： 寄主为水稻。成虫有迁飞习性。

分布： 榆阳区（鱼河峁镇）；陕西、北京、甘肃、吉林、辽宁、河北、山西、河南、山东、江苏、上海、安徽、浙江、江西、福建、台湾、湖北、湖南、广东、广西、海南、四川、重庆、贵州、云南；日本、朝鲜，东南亚至澳大利亚。

袖蜡蝉科 Derbidae

体小型至中型。

头小且窄；颊于触角下侧常具叶状突起；单眼2枚。前胸背板短，中胸盾片大，无明显脊线。翅的长短和脉序多变；前翅无翅，爪片无颗粒；后翅臀区翅脉非网状。后足跗节第1节端部具1列刺。

世界记录159属1700种；中国记录23属60种。

077 | 尾突袖蜡蝉
Produsa sp.

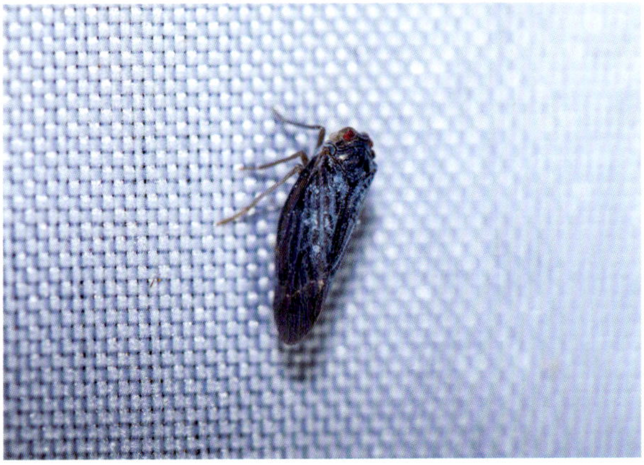

识别特征： 体连翅长5.0mm，前翅长4.2mm。体暗褐色，被灰蓝色粉，额和唇基的中线及两侧褐色，喙（除端节）、足（除前中足端跗节）为淡黄褐色。端头明显窄于前胸背板；额中脊不明显，唇基具明显的中脊；触角下突发达，呈叶片状。前翅纵脉与翅面同色或稍深，横脉中部透明（呈淡白色）或具透明点。

生活习性： 具趋光性。

分布： 榆阳区（市区）；陕西、北京。

尖胸沫蝉科 Aphrophoridae

体小型至中型，褐色或灰色。

触角短，刚毛状；复眼长卵圆形，长大于宽；单眼2枚。前胸背板大且隆凸，前缘显著前突；小盾片较前胸背板短。前翅通常革质，具Sc脉；后翅大，膜质。后足胫节具2粗刺。

世界记录160属990余种；中国记录100余种。

078 鞘圆沫蝉

Lepyronia coleoptrata (Linnaeus, 1758)

识别特征：体连翅长5.3～7.9mm。体灰褐色至暗褐色，腹面颜色较深，多为黑褐色；前翅从前缘中部斜伸2条宽度相近的"V"形深色带，在两翅背面呈近菱形。后唇基大，强烈隆起。后足胫节粗壮，具强大的2枚侧刺和众多端刺。

生活习性：寄主为水稻、芦苇等禾本科植物。

分布：榆阳区（青云镇）；陕西、北京、甘肃、新疆、内蒙古、黑龙江、吉林、河北、山西、江苏、湖北、四川、西藏；日本、朝鲜、俄罗斯、越南，欧洲、北美洲。

079 黄尖胸沫蝉

Omalophora pectoralis (Matsumura, 1903)

识别特征： 体连翅长9.0～10.9mm。体灰黄色至黄棕色。前翅基部2/5前缘常呈浅黄色，此后带暗褐色，有些个体翅中部前具1条稍斜的暗褐色横带，M脉中部常具一个浅黄色斑点。

生活习性： 寄主为多种柳树。具趋光性。

分布： 榆阳区（芹河镇、小纪汗镇）；陕西、北京、甘肃、新疆、内蒙古、黑龙江、吉林、河北、河南、福建、四川；日本、朝鲜、俄罗斯，欧洲。

叶蝉科 Cicadellidae

体小型至中型，体态多变。

头部颊宽大；单眼2枚，少数无单眼；触角刚毛状。前翅覆翅，后翅膜翅，翅脉不同程度退化。后足胫节具棱脊，其上具3～4列刺状毛。

生活在植株上，能飞善跳；主要吸食植物叶片内的汁液。

世界记录1500属20 000余种；中国记录1000余种。

080 大青叶蝉

Cicadella viridis (Linnaeus, 1758)

识别特征：体长7～10mm；草绿色，头顶有1对黑斑；前翅黄绿色，前缘淡白色，端部透明，翅脉黄褐色，具有淡黑色窄边。老熟若虫头部有2个黑斑，胸背及两侧有4条褐色纵纹直达腹部，中胸翅芽后伸，几乎与后胸翅芽等齐，超过腹部第2节。

生活习性：寄主广泛，超过160多种植物，包括多种树木、果树、蔬菜、棉及花卉等。具趋光性。

分布：榆阳区（市区、镇川镇、青云镇、马合镇、芹河镇、小纪汗镇、孟家湾乡）；全国各地均有分布；世界各地均有分布。

081 带纹截翅叶蝉

Chelidinus cinerascens Emeljanov, 1962

识别特征：体连翅长雄虫3.7mm，雌虫3.9mm。体乳白色，具黄褐色至黑褐色斑纹。头冠前缘具八字纹；颜面额部具3～4条黑色纹，复眼后缘具斜黑色纹。雄虫尾节端半部密生粗大刚毛，内缘近上端部向下着生1个骨化的指形突（端尖）。

生活习性：寄主为多种杂草。具趋光性。

分布：榆阳区（市区）；陕西、北京、甘肃、青海、内蒙古、河北；朝鲜、俄罗斯、蒙古、哈萨克斯坦。

082 中华拟菱纹叶蝉

Hishimonoides chinensis Anufriev, 1970

识别特征：体连翅长4.1～4.6mm。头冠前缘中线两侧具2个黄褐色小斑，其后具3块同色横向相连的大斑；颜面淡黄色，额唇基两侧各具1列淡褐色横纹。前胸背板基大部具暗褐色纹，前缘浅色。前翅底色为青白色，沿翅后缘具三角形暗褐色斑，两翅合并成菱形大斑，纹中具葫芦状白色斑，斑内各具黑色点，翅端缘暗褐色。后足第1跗节内侧近端部为黑色。

生活习性：寄主为枣、榆等植物。具趋光性。

分布：榆阳区（鱼河峁镇）；陕西、北京、内蒙古、辽宁、河北、山西、河南、山东等。

083 条沙叶蝉

Psammotettix striatus (Linnaeus, 1758)

识别特征： 体连翅长3.3～4.3mm。颜面两侧有褐色横纹。前胸背板具5条淡黄色纵条纹，间隔成4条褐色宽带。小盾片基部两侧颜色较深，有时具黑褐色斑点，中线两侧具1对小褐色点(或黑色斑)。腹中基部黑褐色。雄虫生殖瓣后缘平截，下生殖板外侧具整齐的长毛列。

生活习性： 1年多代。寄主为多种禾本科植物。成虫善跳跃，趋光性弱。

分布： 榆阳区（鱼河峁镇）；除广东、广西、云南外，各省区均有分布；朝鲜、日本、缅甸、印度、俄罗斯，中亚、欧洲、非洲、大洋洲。

084 沙叶蝉

Psammotettix sp.

识别特征： 体灰褐色，带有许多白色条纹，翅脉白色。前胸背板、头部上方和小盾片上均带有明显的白色条纹。足上胫节上的刺明显。整个头部的俯视图呈心形。

生活习性： 寄主为禾本科植物。

分布： 榆阳区（牛家梁镇）；陕西。

085 | 黑条片角叶蝉
Idiocerus nigrolineatus Kwon, 1985

识别特征： 雄虫体连翅长4.0～4.7mm。体黄褐色，具黑色斑。头冠前缘近复眼处具2个黑色圆斑，头冠具许多黑色相连的褐色斑，或不明显的褐色斑。颜面具3对黑色纵条纹，或呈褐色，或中间的条纹消失。前翅透明，翅脉黑褐色至黑色，一些翅脉具黄白色片段。

生活习性： 具趋光性。

分布： 榆阳区（鱼河峁镇、青云镇）；陕西、北京；朝鲜、俄罗斯。

086 | 片角叶蝉
Idiocerus sp.

识别特征： 形态特征类似黑条片角叶蝉，但体色更浅，翅上有白色翅脉。

生活习性： 多见于柳树树干上。

分布： 榆阳区（古塔镇、巴拉素镇、芹河镇、补浪河乡）；陕西。

087 小绿叶蝉
Empoasca sp.

识别特征：体绿色，头顶具“小”字形淡白色斑，无单眼，部头冠中域有2个绿色小斑点，前胸背板和小盾片具淡白色斑纹，翅端前中部绿色带有白色条纹，末端透明。

分布：榆阳区（鱼河峁镇、青云镇）；陕西。

角蝉科 Membracidae

体小型至中型，形状奇特，多黑色或褐色，少数艳丽。

头顶具突起或无；复眼大，突出；单眼2枚，位于复眼间；触角短，刚毛状。前胸背板发达，向后延伸形成后突起，遮盖小盾片、腹部部分或全部，常具背突、前突或侧突。后足胫节常具3列毛，端部1横列端距。

若虫背上常长满刺，分泌蜜露，常有蚂蚁共生。

世界记录400属3200种；中国记录41属280种。

088 黑圆角蝉
Gargara genistae Fabricius, 1775

识别特征：体长3.9～5.5mm；褐色至黑褐色，密生刻点和黄色细毛；前胸背板呈圆形鼓起，后角尖，末端超过前翅中部；前翅无色、透明，或具浅黄色不规则晕斑，基部褐色至黑褐色。

生活习性：寄主种类多，如槐、枣、酸枣、刺槐、柿、荆条、苜蓿等。

分布：榆阳区（市区、小纪汗镇、岔河则乡）；全国广泛分布；亚洲、欧洲、非洲、北美洲。

黾蝽科 Gerridae

体小型至大型，长椭圆形，暗色无光泽。

无单眼；触角4节，细长；喙4节。中胸发达，长于前胸、后胸之和。翅的多型现象普遍；前翅翅室2～4个，缺爪片缝，不呈典型半鞘翅；或无翅。前足粗短变形，具抱握作用；中后足极细长，向侧方伸开，腿节与胫节几乎等长，跗节2节。除少数种类外，体腹密被银白色拒水毛。

世界记录63属1700余种；中国记录18属75种。

089 圆臀大黾蝽

Aquarius paludum (Fabricius, 1794)

识别特征： 体长11～17mm。体黑色，具浅色斑或纹。前胸背板前叶中央具黄褐色细纵线，后叶两侧缘黄褐色，背面具暗青色毛，腹面具银白色毛。触角第1节长，长于第2、3节之和。后足腿节长于中足腿节。腹部侧接缘黄褐色；腹末具长而明显的侧接缘刺突，超过腹部末端，雄虫较长而直，雌虫短而稍弯曲。

生活习性： 生活在水面，捕食落水或水生昆虫。具趋光性。

分布： 榆阳区（市区、鱼河镇、鱼河峁镇、上盐湾镇、镇川镇、古塔镇、青云镇、巴拉素镇、小纪汗镇、岔河则乡）；全国广泛分布；日本、朝鲜、俄罗斯、蒙古、印度、泰国、缅甸、越南，欧洲。

090 细角黾蝽
Gerris gracilicornis (Horváth, 1879)

识别特征： 体长雄虫10～13mm，雌虫12～15mm。体酱褐色，体两侧明显银白色，具长翅型和短翅型。触角4节，第1节稍弯曲，明显短于第2、3节之和。长翅型的前翅膜区隐约可见不少小白色点。腹部侧接缘具白色斑点。

生活习性： 生活在静水和水流平缓的水面（甚至下雨后路面的水滩），捕食落水的昆虫、小型动物，或其尸体。

分布： 榆阳区（市区、大河塔镇）；陕西、北京、宁夏、河北、山东、福建、台湾、湖北、广西、四川、贵州、云南；日本、朝鲜、俄罗斯、印度、不丹、缅甸。

划蝽科 Corixidae

体小型至中型，体多狭长，呈椭圆形或长椭圆形；体背褐色，具黄色花纹，体腹黄色或灰黄色。头部新月状，宽短，垂直，为明显的下口式；喙极短，分节不明显；触角3～4节，短。前足粗短，跗节为匙状或粗刺状，具长刺毛；后足特化成宽扁的浆状游泳足，具缘毛。

生活于各种静水和流动缓慢的水域，包括大小池塘和湖泊；后足划水，中足附着于水草上；有很强的趋光性，有时数量极大。

世界记录33属500余种；中国记录9属50余种。

091 纹迹烁划蝽

Sigara lateralis (Leach, 1818)

识别特征：体长5.4～5.7mm。头淡黄褐色，复眼暗红色。前胸背板具7～8条黄色横带，宽于其间的黑褐色纹。前翅爪片基部（即近前胸背板后缘中部）具黄色区域，膜片浅色面积大于黑褐色面积。雄虫前足跗节具1列齿，几乎呈直线。后足为游泳足，第1跗节端部及第2跗节黑褐色。

生活习性：生活在池塘、水田等浅水域的底层，捕食摇蚊幼虫等小动物，成虫具趋光性。

分布：榆阳区（市区）；陕西、北京、宁夏、新疆、内蒙古、黑龙江、吉林、辽宁、天津、山西、河南、山东、湖北、四川、贵州、云南；俄罗斯、蒙古、印度，西亚、北非、欧洲。

跳蝽科 Saldidae

体小型，体长2.3～7.4mm；卵圆形，较扁平；体为灰色、灰黑色或黑色，常带有一些淡色或深色碎斑。

眼大，后缘多与前胸背板相接触。

生活在河湖沼泽的岸边和潮间带等处；地表活动，可低飞，行动敏捷，但保护色较好，不易被发现。

092 泽跳蝽

Saldula palustris (Douglas, 1874)

识别特征：体长椭圆形，黑褐色，背面被有银白色平伏柔毛。头部黑色，触角第1节黄褐色，第2节褐色，仅端部呈黄褐色；复眼褐色，单眼亮红色。前胸背板梯形，侧缘略直，较宽平，后缘向前凹入；侧角及前角圆钝；小盾片三角形，黑褐色，顶角较锐。前翅基部呈黑色，爪片呈黑褐色，光泽暗淡，端部有1个倒三角形黄斑；前翅革片斑纹变异较大，膜片淡色。足呈黄白色，基节基半部黑色，前足基节臼具浅色宽边，前胫节背面具连续的褐色条纹。

生活习性：生活在水岸边，具捕食性。成虫具趋光性。

分布： 榆阳区（市区、鱼河镇、镇川镇、古塔镇、青云镇、孟家湾乡、岔河则乡）；陕西、黑龙江、内蒙古、天津、河北、河南、宁夏、甘肃、青海、新疆、四川、云南、西藏等。

猎蝽科 Reduviidae

体小型至大型；形态多样，宽长形至细长形。

头部于复眼后变细，伸长；常具单眼1对；喙3节，粗壮，弯曲或直；触角通常4节。前胸背板被横沟分为前后2叶。前翅膜片M脉和Cu脉形成两大翅室。

捕食性，以各种节肢动物为主要食物。

世界记录930属7000种；中国记录420余种。

093 | 土猎蝽 *Coranus* sp.

识别特征： 体暗棕褐色，被有浓密的灰白色短毛。触角5节，第1节被有长细毛和平伏密短毛，其余4节褐色光滑。足黑色，胫节近基部有一淡色环纹。腹部腹面中央具黑色纵走带纹。

分布： 榆阳区（鱼河峁镇）；陕西。

094 中国螳瘤蝽

Cnizocoris sinensis Kormilev, 1957

识别特征： 体长9.2～10.5mm；雌雄二型；雄虫棕褐色，具黑色斑及淡红色泽，眼及单眼红色，头背面及前胸背板前叶前部、背板中域脊纹、后叶侧角端部黑色，触角第4节长于前3节之和（比例约为1.3：1.0），第3节长于第2节；前胸背板侧角指向侧方；腹部末端中央稍凹入；腹侧接缘第3节黑色，第4、5节端部外侧黑色。雌虫体长椭圆形，色浅于雄虫，头部背面两侧黑褐色，前翅革片红棕色（除外缘淡黄色外），膜片褐色；触角第4节短于前3节之和，腹侧接缘绿色，无明显黑褐色斑；腹末红褐色，后缘中央微内凹。

生活习性： 成虫常在林木上捕食鳞翅目幼虫，尤喜待在植物的花朵上，伏击前来访花吸蜜的昆虫（如蚂蚁、茧蜂等）。

分布： 榆阳区（市区、青云镇）；陕西、北京、宁夏、甘肃、内蒙古、天津、河北、山西。

095 双刺胸猎蝽

Pygolampis bidentata (Goeze, 1778)

识别特征： 体长13～16mm。褐色到暗褐色。触角第1节短于头长或相近。头眼后的侧面具有二叉状向前的突起，前胸腹板两前角各有一个前伸的刺。前翅膜区具不规则斑点。后足腿节长，但不达腹部末端。

生活习性： 捕食小型昆虫。具趋光性。

分布： 榆阳区（市区、小纪汗镇）；陕西、北京、甘肃、新疆、黑龙江、河北、天津、山西、河南、山东、湖北、广西、四川；欧洲。

盲蝽科 Miridae

体小型至中型，形态多样；体较柔弱。

头部或多或少下倾或垂直；除个别种类外，均无单眼；喙4节；触角4节。前胸背板近前缘被横沟分出狭长领片，其后具2个低的突起（胝）。前翅具楔片，缘片不明显，膜片具1翅室或2翅室。跗节2节或3节。

生活在植物上，活泼，善飞翔；喜吸食植物的花瓣、子房和幼果等。

世界记录1300属11 020余种；中国记录150属560种。

096 黑食蚜齿爪盲蝽

Deraeocoris punctulatus (Fallén, 1807)

又名： 黑食蚜盲蝽。

识别特征： 体长3.8～4.6mm；头顶的黑斑可扩大，但不与头顶后缘的黑色横脊相连；触角4节，第3、4节约与第1节等长；前胸背板及小盾片两侧各有1个大黑斑，前翅具数对黑斑。

生活习性： 1年3～4代。捕食蚜虫及螨类、飞虱等小型节肢动物，亦取食少量植物汁液。

分布： 榆阳区（市区、青云镇）；全国广泛分布；俄罗斯、日本、伊朗、土耳其、瑞典、德国、捷克、法国、意大利。

097 三点苜蓿盲蝽

Adelphocoris fasciaticollis Reuter, 1903

识别特征：体长6.3～8.5mm，前胸背板近前缘具2个黑斑，近后缘具1条黑带，或在中间分开呈2个黑斑，或呈4个小黑斑；小盾片(大部)及前翅三角形楔片，组成3个黄白色斑点，故名“三点”。

生活习性：1年1～3代。寄主植物包括多种蔬菜、禾本科作物、棉、马铃薯、苜蓿等。成虫和若虫刺吸寄主叶片及幼嫩部位的汁液。

分布：榆阳区（鱼河峁镇）；陕西、北京、内蒙古、黑龙江、吉林、辽宁、河北、山西、河南、山东、江苏、安徽、江西、湖北、四川。

098 苜蓿盲蝽

Adelphocoris lineolatus (Goeze, 1778)

识别特征：体连翅长6.7～9.4mm。头较宽大，约为前胸背板最宽处的1/2。前胸背板近前缘具2个黑色斑或几乎相连，近中部具1对圆形黑色斑。小盾片中线及前端黄白色。

生活习性：1年1～3代。寄主有多种，主要为苜蓿、棉等。若虫或成虫喜集聚活动，喜食植物幼嫩组织。

分布：榆阳区（金鸡滩镇）；陕西、黑龙江、吉林、辽宁、内蒙古、北京、天津、河北、山西、河南、山东、甘肃、青海、宁夏、新疆、浙江、湖北、江西、广西、四川、云南、西藏；俄罗斯，北非、欧洲。

099 绿后丽盲蝽

Apolygus lucorum (Meyer-Dür, 1843)

又名： 绿盲蜻。

识别特征： 体长4.4～5.4mm；触角4节，第2节短于前胸背板宽度；足胫节刺的基部无小黑点斑；前翅楔片全为绿色，端部无小黑褐斑。

生活习性： 寄主有多种，包括苜蓿等豆科植物、小麦等禾本科植物。

分布： 榆阳区（上盐湾镇）；陕西、北京、甘肃、宁夏、河北、山西、黑龙江、吉林、辽宁、河南、江苏、江西、湖北、湖南、福建、贵州、云南；日本、俄罗斯，欧洲、北非、北美洲。

100 斯氏后丽盲蝽

Apolygus spinolae (H.Meyer-Dür, 1841)

识别特征： 体长4.2～6.0mm，与绿后丽盲蝽很接近，但楔片顶部为褐色或黑褐色。

生活习性： 成虫和若虫吸食枣、月季、榆、山楂、小麦、棉花、玉米、菊花等植物。具趋光性。

分布： 榆阳区（鱼河峁镇、上盐湾镇、古塔镇、金鸡滩镇）；陕西、北京、甘肃、天津、黑龙江、河南、浙江、广东、四川、云南；俄罗斯、朝鲜、日本、埃及、阿尔及利亚，欧洲。

101 萧氏植盲蝽

Phytocoris hsiaoi Xu et Zheng, 2002

识别特征： 雄虫体连翅长5.8～5.9mm。额两侧具多行褐色斜纹，唇基中央黑褐色，两侧象牙白色。触角第1节深褐色，具白色点状斑；第2节褐色，基部和中部色稍浅，端部黑褐色；第3节褐色，基部浅色；第4节褐色。喙端2节暗褐色，伸达腹部第5节。前后足胫节具2个褐色环，而中足胫节无褐色环。

生活习性： 具趋光性。

分布： 榆阳区（小纪汗镇）；陕西、北京、山西。

102 红楔异盲蝽

Polymerus cognatus (Fieber, 1858)

识别特征： 体连翅长3.7～4.5mm。性二型，雄虫体色深，触角粗壮；雌虫体色浅，触角纤细。雄虫前胸背板大部黑色，仅后缘淡黄褐色；雌虫色较浅，前缘两侧具无毛的黑色斑。小盾片端部具浅色斑，雄虫约占1/3长，雌虫可占大部分。前翅爪片至少两端浅急，楔片红色，外缘黑褐色，基部和端部淡黄色。

生活习性： 寄主为苜蓿、藜科杂草。具趋光性。

分布： 榆阳区（市区、鱼河镇、青云镇、小纪汗镇）；陕西、北京、甘肃、新疆、内蒙古、黑龙江、吉林、天津、河北、山西、河南、山东、四川；朝鲜、俄罗斯，中亚、欧洲、北美洲。

103 条赤须盲蝽

Trigonotylus caelestialium (Kirkaldy, 1902)

识别特征：体连翅长5.3～6.0mm。体淡绿色至鲜绿色。头三角形，头顶中央具1条纵沟，两复眼间距约为触角第1节长一半。触角4节，红色，第1节具3条界限分明的红色纵纹。后足胫节的端部1/4和跗节为红色。

生活习性：1年3代。寄主为小麦、水稻、玉米等禾本科植物和菊、胡萝卜等植物。若虫行动活跃，常群集叶背取食。具趋光性。

分布：榆阳区（市区、鱼河峁镇、青云镇）；陕西、北京、甘肃、青海、宁夏、新疆、内蒙古、黑龙江、吉林、辽宁、河北、天津、山西、河南、山东、江苏、安徽、江西、湖北、四川、云南；俄罗斯、朝鲜，欧洲、北美洲。

104 | 杂毛合垫盲蝽
Orthotylus flavosparsus (Sahlberg, 1841)

识别特征： 体连翅长3.7～4.1mm。体背具2种毛：黑色的刚毛和浅色的被毛，另散生鳞片状毛，在前翅上呈现点状。触角第1节淡绿色，余3节黄褐色。喙绿色，端节暗褐色，口针褐色；伸达中足基节前。足绿色，胫节端部浅褐色，跗节端节褐色。

生活习性： 寄主包括棉、马铃薯、狼尾草、牛膝、豚草等。成虫通常在嫩芽、蕾柄、苞叶内或正在开花的花蕊上取食；若虫怕光，大多在苞叶内、嫩芽间或嫩叶背面取食，有群集性。具趋光性。

分布： 榆阳区（市区、青云镇）；陕西、北京、甘肃、新疆、内蒙古、黑龙江、河北、天津、河南、山东、浙江、江西、湖北、四川；日本、朝鲜、俄罗斯，中亚、北非、欧洲、美洲。

105 毛楔离垫盲蝽
Acrotelus pilosicornis (Reuter, 1901)

识别特征： 雄虫体长5.2mm。体以污褐色为主，头、前胸背板、小盾片淡绿色，前翅革片内侧以淡绿色为主（乙醇泡后前胸可显4个黑色纵斑）；体背具粗大近立直的黑色刚毛及很细微的白色小毛。触角第1节超过头端部，近端部具1根近直立粗毛，第2节长，长于后2节之和。喙端节黑褐色，伸达中胸。

生活习性： 寄主为蒿属植物。具趋光性。

分布： 榆阳区（鱼河峁镇）；陕西、北京、甘肃、内蒙古；俄罗斯、蒙古、乌兹别克斯坦、土耳其。

106 异须微刺盲蝽
Campylomma diversicornis Reuter, 1878

又名： 异须盲蝽。

识别特征： 体长3mm，宽0.8mm左右。黄褐色。头顶前端略向前突出。复眼球形较大，深黑色，向头两侧突出。触角基部2节黑色，端部2节为黄褐色。前胸背板淡黄绿色，略呈梯形。小盾片淡黄色，基部色稍深。前翅长超过腹部末端，呈暗褐色；翅膜片淡褐色，半透明。足淡黄褐色，但胫节基部颜色较深。

生活习性： 1年2～4代。依赖于植物的捕食性昆虫，寄主植物为棉、甘草、苜蓿等，捕食鳞翅目昆虫的卵、蚜虫、蓟马等。

分布： 榆阳区（市区、鱼河峁镇、青云镇）；陕西、山东、河南、江苏、安徽、贵州、福建、广东、海南；伊朗、伊拉克、土耳其。

107 | 小欧盲蝽

Europiella artemisiae (Becker, 1864)

识别特征： 体连翅长2.8～3.2mm。体被倒伏的银色丝状毛和半直立的金褐色刚毛。触角第1节黑色。前中足腿节污黄色，后足腿节黑色或暗褐色，各足胫节具刺，刺基具黑色斑。前翅楔片处为浅黄色，膜片在近楔片端角处为浅色。雄性生殖节较长，与前5节腹节之和相近。

生活习性： 寄主为蒿属植物、菊等。具趋光性。

分布： 榆阳区（市区、鱼河峁镇、古塔镇）；陕西、北京、宁夏、新疆、内蒙古、黑龙江、吉林、辽宁、天津、河北、山西、河南、山东、安徽、江西、湖北、四川、云南；日本、朝鲜、俄罗斯，中亚、欧洲、北美洲。

网蝽科 Tingidae

体小型至中型，多扁平，无鲜艳的体色。

头、胸部背面具网状纹。头相对较小；无单眼；喙4节；触角4节，第3节最长，第4节呈纺锤形。前胸背板常凸出呈罩状构造，向前遮盖头部，向后延伸遮盖小盾片，中部具1～5条纵脊。前翅全部形成革质，坚硬，外侧宽大平展；翅脉网状。跗节2节。

多栖息于植物叶片的反面，也有的生活在树皮缝隙、苔藓层下，均为植食性。

世界记录270属2300种；中国记录180余种。

108 | 膜肩网蝽

Hegesidemus habrus Drake, 1966

识别特征： 雌虫体长3.04mm，宽1.16mm。雄虫体长2.88mm，宽1.27mm。头光滑，短而圆鼓，褐色。复眼红色。3枚头刺呈短棒状，黄白色。触角浅黄色，被有短毛；第4节端半部黑色；各节长分别为：0.18、0.11、1.03、0.35mm。头兜屋脊状，末端有2个深褐斑。3条纵脊灰黄色，两侧脊端半部与中纵脊平行。前翅长椭圆形，长过腹部末端；浅黄白色，有许多透明小室；具有深褐色“X”形斑，端部彼此重叠，呈半圆形。

生活习性： 1年4代。寄主为杨、柳等。

分布： 榆阳区（市区）；陕西、北京、河北、河南、山东、江苏、江西、湖北、四川、甘肃、山西、广东。

109 | 杨柳网蝽

Metasalis populi (Takeya, 1932)

识别特征： 体连翅长3.2～3.5mm。触角浅黄褐色，第4节端半部黑褐色。胸部及小盾片上具3条灰黄色纵脊；前翅浅黄白色，具许多透明小室，两翅上具深褐色类似“X”字形斑。

生活习性： 1年3～4代。寄主为杨、柳。成虫和若虫在叶反面取食。

分布： 榆阳区（鱼河峁镇）；陕西、北京、甘肃、黑龙江、天津、河北、山西、河南、山东、江苏、安徽、江西、福建、湖北、广东、香港、四川、重庆、贵州；日本、朝鲜、俄罗斯等。

姬蝽科 Nabidae

体小型至中型，灰黄色或黑色，有时具红色、黄色斑。

头平伸；头部背面2对或3对大刚毛；单眼有或无；喙4节，常弯曲，较细长；触角4节，具梗前节，有时此节较大，使触角看上去像是5节。前胸背板狭长。前翅膜片常具2翅室或3小翅室，其外具放射状翅脉。前足为捕捉足；跗节3节。

多栖息于植物上，捕食蚜虫等小型节肢动物。

世界记录20属500种；中国记录14属80余种。

110 类原姬蝽

Nabis punctatus mimoferus Hsiao, 1964

识别特征： 体长5.8～7.6mm。体浅黄褐色，略带灰色粉被。头背面中央、复眼后部两侧、前胸背板前叶中线两侧、小盾片基部及中面黑色，前胸背板后叶黑褐色中央纵纹伸达后缘；小盾片两侧中部淡黄色，胸部具黑色斑。触角第1节短于头长。前翅革片端半部具3个黑褐色斑点。

生活习性： 成虫和若虫捕食蚜、叶蝉、盲蝽、叶螨等。具趋光性。

分布： 榆阳区（鱼河峁镇、青云镇）；陕西、北京、宁夏、甘肃、新疆、内蒙古、黑龙江、吉林、辽宁、河北、天津、山西、河南、四川、贵州、云南、西藏；俄罗斯、哈萨克斯坦、阿富汗、印度。

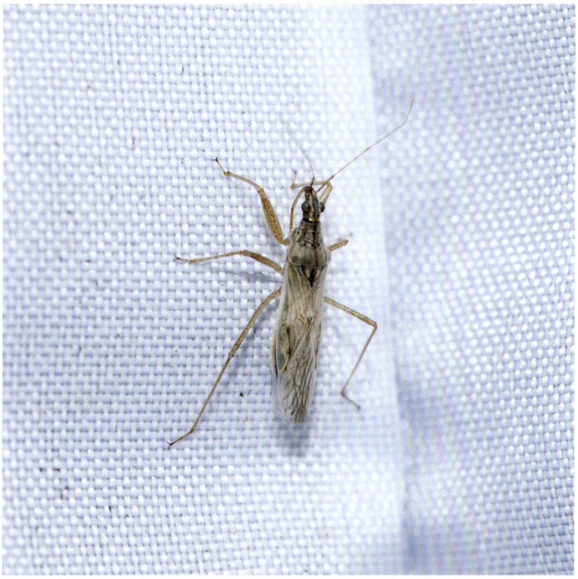

花蝽科 Anthocoridae

体小型。椭圆形，背面扁平。

头平伸，向前伸出于眼前。触角4节。喙4节，第1节极短小，不显著，故常认为只有3节。后胸侧板常有范围较广的臭腺挥发域。前翅具明显的前缘裂和楔片。膜片基部沿基缘有一横脉，末端为桩状短脉；有简单的纵脉2～4条，常只隐约可见痕迹，或全无。后翅R+M端段为单一的脉，不分叉。各足跗节3节，前足胫节可具海绵窝。部分类群（小花蝽亚科Oriinae）爪下有爪垫。腹部各节背板均分出侧背片。雄虫腹部常向一侧扭转，呈强烈的左右不对称。

栖居于植物上，多见于花器、树皮、叶腋、针叶树球果果鳞下等处。部分种类在地被物和动物巢穴中生活，多为捕食性，捕食蚜虫、螨类等。

111 | 原花蝽

Anthocoris sp.

识别特征： 体长3.9mm；头、前胸背板及小盾片黑色，触角黑褐色，第2节中部棕色，前翅透明。

分布： 榆阳区（鱼河峁镇、古塔镇、青云镇）；陕西。

112 | 小花蝽

Orius sp.

识别特征： 体长1.9～2.3mm；头黑色，喙大部黑色；触角4节，端2节常颜色较深；前胸背板光亮，被毛，后缘弓形内凹；足淡褐色，但腿节颜色较深，尤其后足；雄虫前足胫节具1排小齿。

生活习性： 有趋光性。

分布： 榆阳区（市区）；陕西。

侏长蝽科 Artheneidae

体小型。体椭圆形，触角不特长。

体长在2.5～5.0mm之间，大部分种类是长翅型，背部具刻点，头部毛点缺失，前胸背板侧缘扩展，后翅具一钩脉和扇间脉。世界总计52种，中国记载3属5种。侏长蝽科在古北区多样性最高，主要分布在古北区南部干旱地区；在南半球分布于澳大利亚东部和新西兰。

113 | 大沟顶长蝽

Holcocranum saturejae (Kolenati, 1845)

识别特征： 体长3.2～3.9mm。体淡褐色。头部中、侧叶之间的沟较长，几乎到达头的后缘。触角基节近于卵形，较粗。前胸背板后缘明显宽于前缘，两侧具浅灰白色边。雄虫抱握器基干宽大，端部斜切。

生活习性： 取食水烛（蒲草）的雌花序。具趋光性。

分布： 榆阳区（市区）；陕西、北京、内蒙古；土库曼斯坦、以色列、约旦、土耳其，欧洲、北美洲、非洲。

大眼长蝽科 Geocoridae

体狭长，长椭圆形到卵圆形，或长椭圆形，具奇特的装饰。

复眼通常为肾形，有时具柄。具单眼。触角和喙4节。腹部第2～4节气孔位于背面，第5～7节气孔位于腹面。若虫腹气门位于第4、5和第5、6腹节背板之间。后翅扇间脉缺失，钩脉缺失或者退化。

中国记录4属27种。

114 黄纹大眼长蝽

Geocoris ater (Fabricius, 1787)

识别特征： 体长3.2～3.5mm，宽1.4～1.5mm；黑色，具光泽，椭圆形。头横宽，单眼前具一凹沟，复眼大而突出，向外向后斜伸，黑色，触角4节。前胸背板梯形，具稀疏、均匀的刻点，前后缘直，侧缘具白边，中央有一条黄色纵中线。小盾片黑色，三角形，具刻点，前翅除膜片外全部黑色，爪片狭窄，膜片短于腹末，淡色透明，腹部黑色，足黑褐色。

生活习性： 捕食蚜虫、飞虱等小型昆虫。

分布： 榆阳区（马合镇）；陕西、内蒙古、新疆；俄罗斯、阿富汗、叙利亚，欧洲。

长蝽科 Lygaeidae

体小型至中型，形态多样，多近长椭圆形；色暗，或红色具黑斑。头多数平伸；具单眼；触角4节。前翅革片刻点少，具4纵脉或5纵脉，不分支，极少种类有1个或3～4个翅室；后翅具钩脉。腹部气门全部位于背面。

生活在地表和地被物间，以及植物上；很多喜吸食果实、种子及植株的浆液；很多种类的若虫拟态蚂蚁。

世界记录110属近900种。

115 横带红长蝽

Lygaeus equestris (Linnaeus, 1758)

识别特征： 体长12～14mm。体红色具黑色斑。头顶红色，眼周黑色；触角黑褐色，各节末端略带红色。前胸背板前叶、中纵线向后突出部和后缘具黑色斑；胸部侧板每节各具2个黑圆斑。前翅红，爪片中部具椭圆形黑斑，端部黑褐色；革片中部具不规则大黑斑，在爪片末端相连成1条横带；膜片黑褐色，革片端缘两端斑点、中部圆斑以及边缘白色。腹部红，腹每侧节前部黑色斑纹形成2列，1列位于近侧接缘，1列位于腹中线两侧。

生活习性： 1年1～2代。寄主为十字花科蔬菜及豆科牧草、榆、沙枣、刺槐等。

分布： 榆阳区（孟家湾乡）；陕西、宁夏、内蒙古、甘肃、新疆、青海、西藏、河北、山西、黑龙江、吉林、辽宁、江苏、浙江、山东、四川、云南；蒙古、日本、印度、俄罗斯、英国，非洲。

116 角红长蝽

Lygaeus hanseni Jakovlev, 1883

识别特征： 体长8～9mm。前胸背板黑色，仅中线和两边的端半部为红色。前翅膜片黑褐色，基部具不规则的白色横纹，中央有1个圆形白斑，边缘灰白色。腹部红色。

生活习性： 寄主广泛，包括板栗、酸枣、月季、枸杞、柳、榆、洋白蜡、落叶松、油松等木本植物和小麦、玉米、菊花、大麻等草本植物。

分布： 榆阳区（市区、鱼河峁镇、上盐湾镇、镇川镇、大河塔镇、牛家梁镇、小纪汗镇）；陕西、北京、甘肃、宁夏、内蒙古、黑龙江、吉林、辽宁、河北、天津；朝鲜、俄罗斯、蒙古，欧洲。

117 小长蝽
Nysius ericae (Schilling, 1829)

识别特征： 体长3.5～4.8mm。头淡褐色，或微带红褐色色泽，或棕褐色不等，头顶基部处有时较淡，各侧在单眼处有1条黑色宽纵带。前胸背板污黄褐色，密布黑色粗刻点；前翅膜质部几无色，透明，具5条纵脉，无翅室。

生活习性： 寄主为玉米、高粱、粟、芝麻等农作物和野苋、刺儿菜等杂草，常常数量很多，群集在一起，被害叶呈白色斑点状；具趋光性，有时大量上灯。

分布： 榆阳区（市区、鱼河镇、鱼河峁镇、镇川镇、青云镇、金鸡滩镇、芹河镇、小纪汗镇、孟家湾乡、小壕兔乡、岔河则乡、红石桥乡）；陕西、北京、天津、河北、河南、山东、江苏、上海、浙江、江西、台湾、湖南、广东、四川、西藏；印度、印度尼西亚，中亚、欧洲、北非。

尖长蝽科 Oxycarenidae

体小，扁平，形态复杂多样，在不同属间差异很大。
头一般突出。具单眼。前翅具平展的侧边。不同钩脉。
世界已知27属140余种。

118 淡色尖长蝽
Oxycarenus pallens (Herrich-Schaeffer, 1850)

识别特征： 体连翅长3.9mm。头栗褐色；触角第1节褐色，接近头的前端，第2节色最浅，第3、4节黑褐色。前胸背板黄白色，近前缘具栗褐色横带；小盾片基部下陷，栗褐色。头及胸背面具粗大刻点。腹面、头、胸部以栗褐色为主，腹部黄褐色，两侧色稍深。前足腿节膨大，具3枚刺。

生活习性： 寄主为多种菊科植物，如小蓟、矢车菊等。

分布： 榆阳区（古塔镇、金鸡滩镇）；陕西、北京、河北、内蒙古、天津、山西、新疆；印度，西亚、中东、欧洲、北非。

皮蝽科 Piesmatidae

体小，扁平，椭圆形，背面具网状刻点。

头侧叶发达，通常伸出于头中叶前方，眼和触角间具刺状突起，有单眼；触角4节，第3节细长，第4节纺锤状，喙4节，伸达或超过前足基节。前胸背板具2、3或5条纵背；有前胸侧板窝。跗节2节，具爪垫。臭腺孔及臭腺沟不明显。雌虫受精囊为缠绕的长形管，不成对植食性。雄虫抱窝器对称。

全世界已知4属37种。

119 | 皮蝽
Piesma sp.

识别特征： 小型种类，体长不及3.5mm。头平直，头刺突单或双，雄性头侧叶长，雌性则短，单眼常退化。有长翅型和短翅型，短翅型前翅膜片退化或消失。后胸腹板明显，窄宽形状不一。

分布： 榆阳区（鱼河镇）；陕西。

地长蝽科 Rhyparochromidae

体小型至中型。

头部复眼附近常具“毛点毛”。前足腿节常膨大，下侧具刺。腹部第4、5腹节多少愈合，节间缝两侧向前斜伸，止于侧缘附近的“毛点沟”，一般不达侧缘；少数第4、5节间缝完整且直，伸达侧缘。

世界记录420属2100余种。

120 | 短胸叶缘长蝽
Emblethis brachynotus Horvath, 1897

识别特征： 体长5mm左右，体暗褐色。头部深褐色，密布刻点。触角浅褐色。喙伸达中足基节。小盾片布有黑刻点，侧角处各有小黑斑2个。膜片淡灰色，各脉中央有宽黑褐带，脉黑褐，上有白色小圆点斑。翅伸长达腹端。侧缘不外露。足暗褐色，有黑色横纹和斑点，后足第1跗节约为第2跗节与第3跗节的2倍。腹下两侧具鲜黄褐色长形斑。

分布： 榆阳区（红石桥乡）；陕西、内蒙古、天津、河北、新疆、四川、云南、西藏；蒙古、俄罗斯、韩国，中亚。

红蝽科 Pyrrhocoridae

体中型至大型，近椭圆形，多鲜红色，具黑斑。

头部平伸；无单眼；触角4节。前胸背板侧缘微上卷。前翅膜片多纵脉，可具分支，或呈不规则网状，基部2～3翅室。后胸侧板无臭腺孔。腹部气门位于腹面。产卵器退化。

植食性，生活于植株上，或在地表爬行；主要寄主于锦葵科或其近缘科，取食果实或种子。

世界记录37属300余种；中国记录约40种。

121 先地红蝽

Pyrrhocoris sibiricus Kuschakevich, 1866

识别特征：体长8.0～9.5mm。长椭圆形，土黄色，具稀疏黑刻点。头三角形，除侧叶为土黄色外，余均为黑色；触角4节，触角、前胸背板胝区、腿节、胫节腹面、跗节和爪及身体腹面均为黑色。前胸背板较横宽，刻点稀少，前缘部有较大的黑褐色横斑2块；小盾片三角形，顶端光滑，具稀疏黑刻点，近基部中央有2个暗色椭圆斑纹；中胸侧板后缘具明显的白色带纹。前翅接近或伸达腹端，翅脉连结呈不规则网状。

生活习性：成虫常待在枯草落叶、土缝中，取食多种植物的种实。

分布：榆阳区（市区、古塔镇、青云镇）；陕西、辽宁、北京、河北、内蒙古、湖南、青海、四川、甘肃；日本、俄罗斯。

蛛缘蝽科 Alydidae

体中型，多狭长。

头平伸，向前渐狭；小颊短，不超出触角着生处；具单眼；触角细长，第1节不短缩。前翅膜片翅脉多。后胸侧板臭腺沟缘明显。腹部第5～7腹板毛点近侧缘，第3～4腹板毛点近中央。

世界记录54属280余种；中国记录15属37种。

122 黑长缘蝽

Megalotomus junceus (Scopoli, 1763)

识别特征： 体长12.5～14.5mm。体黑色。头中叶及前胸背板前角亦黑色，前翅褐色，前缘和各足胫节为浅褐色。腹部侧接缘各节基部和腹面基部中央纵纹均为浅褐色。触角4节，第4节长为第2、3两节之和。前胸背板侧角呈刺状，其后缘极度凹陷。后足腿节腹面具刺，胫节不弯曲，腹面顶端无齿。

生活习性： 寄主为豆科植物。

分布： 榆阳区（市区）；陕西、山东、北京、河北、江苏；朝鲜、俄罗斯、蒙古、哈萨克斯坦、伊朗，欧洲。

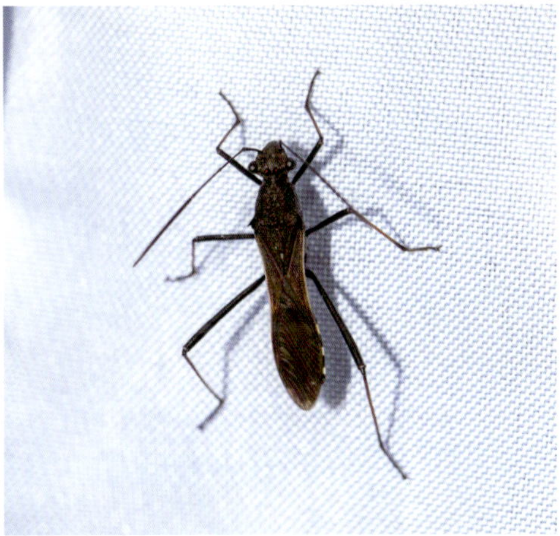

123 点蜂缘蝽

Riptortus pedestris (Fabricius, 1775)

识别特征： 体长15～17mm。体黄棕色至黑褐色。头、胸部侧面黄色斑呈点状或消失无斑。腹部腹面具黑色粒状点；侧缘基部1/4为暗黄色，端3/4为黑色。后足腿节内侧具数枚小齿，后足胫节向内弯曲。

生活习性： 1年2代。成虫飞行时会产生蜂鸣声。最喜欢豆科植物。

分布： 榆阳区（镇川镇）；陕西、北京、河北、山西、河南、山东、江苏、浙江、安徽、江西、福建、台湾、湖北、四川、云南、西藏；缅甸、印度尼西亚、印度。

缘蝽科 Coreidae

体中型至大型。大型种类身体坚实；形态多样，多为椭圆形。

头较小，唇基向下倾斜，或与头部背面垂直；具单眼；触角4节。相当种类的触角节与足有扩展的叶状突起；前胸背板侧方常有各式叶状突起。小盾片小，短于前翅爪片。前翅膜片基部通常有1条横脉，并由此发出名条平行或分叉纵脉，无翅室。后胸具臭腺孔。后足腿节和胫节通常膨大或扩展；后足胫节有时弯曲。

全部为植食性，栖息于植物上，喜吸食植物营养器官、嫩芽等；常分泌强烈的臭味。

世界记录270属1900余种；中国记录63属200余种。

124 波原缘蝽

Enoplops potanini (Jakovlev, 1890)

识别特征： 体长12.0～13.5mm，黄褐色，背面具细密刻点；触角基内侧各具1棘，两者相对向前伸，触角基部为3节三棱形，第4节长纺锤形，第2节最长；前胸背板侧角约140°。

生活习性： 寄主有多种，包括马铃薯、大豆等。

分布： 榆阳区（古塔镇）；陕西、北京、甘肃、内蒙古、河北、山西、湖北、湖南、四川、云南、西藏。

姬缘蝽科 Rhopalidae

体中型，宽短，呈椭圆形；橙黄色至红色，具黑斑，密被浅色细毛。

头近三角形，于复眼后方收狭；中叶长于侧叶。单眼着生处隆起，但两单眼并不靠近。触角第1节较短，短于头的长度。前胸背板前端横沟宽，不达侧缘。腹部腹面中央及两侧各有1列黑点。

生活于植物上，尤以低矮植物为主；植食性，以植物营养器官、种子和花为食。

世界记录18属209种；中国记录14属39种。

125 开环缘蝽

Stictopleurus minutus Blöte, 1934

识别特征： 体长6.0～8.2mm。前胸背板前缘沟的两端通常弯曲呈环形，但前端不封闭，故名“开环”；沟的前缘无光滑的横脊；体毛短而疏，前胸背板和小盾片上的直立毛不长于触角第2节直径的2倍。

生活习性： 1年发生1～2代。寄主为多种植物，包括向日葵、菊花、黄花草木樨、白桦、艾蒿等。

分布： 榆阳区（市区、镇川镇、青云镇、大河塔镇）；陕西、黑龙江、吉林、辽宁、北京、河北、河南、山东、甘肃、新疆、西藏、内蒙古、江苏、浙江、安徽、江西、湖北、福建、广东、四川、贵州、云南、台湾；日本、朝鲜。

126 闭环缘蝽

Stictopleurus viridicatus (Uhler, 1872)

识别特征：体长5.8～7.5mm。体灰绿色或浅黄棕色，被白色短毛。头三角形，宽稍大于长。触角4节，第1～3节具棕红色或黑色斑点。前胸背板前端横沟两端弯曲成环，横沟前方横脊粗，脊前部分较窄，具2列黑色细刻点。前翅革片中央透明，翅脉显著，近内角翅室呈四边形；膜片黄色透明，超过腹部末端。各足腿节粗大，基部稍弯曲；胫节细直，末端背侧具2枚黑色小齿。

食性：寄主主要为禾本科植物。

分布：榆阳区（鱼河镇、马合镇、巴拉素镇、岔河则乡）；陕西、吉林、辽宁、内蒙古、北京、河北、山西、甘肃、新疆、宁夏；中亚、东亚、北美洲。

异蝽科 Urostylidae

体小型至中型，长椭圆形，常较扁平，底色多为绿色或褐色；相较蝽总科其他类群身体显得较弱。

头短小，中叶长于或等长于侧叶；单眼多互相靠近；触角细长，等于或长于体长，4～5节，第1节很长。前胸背板为梯形；小盾片为三角形，一般不超过前翅长度的1/2，被爪片包围。前翅膜片具6～8条纵脉，平行且简单。后胸臭腺沟缘刺状或片状。臭腺发达，可发出强烈的臭气。足较长。雄虫生殖器大，开口处常有较复杂的突起等结构，非常明显，故亦称“异尾蝽”。

植食性；栖息于乔木之上，喜静伏于叶面背后，两触角相互靠近，向前直伸。

世界记录4属约100种。

127 红足壮异蝽

Urochela quadrinotata (Reuter, 1881)

识别特征： 体长15～16mm。体背扁平，赭色略带红色。触角黑色，5节，第1节粗，稍向外侧弯曲，第3节最短，第4、5节的基半部呈污黄色。翅革质部很发达，具2个黑斑。足红色。

生活习性： 1年1代。寄主为榆、榛、桑、梨等。成虫有时会群集取食，偶尔可见于灯下。

分布： 榆阳区（市区、镇川镇、青云镇、大河塔镇）；陕西、北京、甘肃、黑龙江、吉林、辽宁、河北、天津、山西、四川、云南；日本、朝鲜、俄罗斯。

土蝽科 Cydnidae

体小型至中型，褐色至黑色，少数具白色或蓝白色斑。体厚实，略隆起，体壁坚硬，常具光泽。

头平伸或前倾，宽短，背面较平坦，前缘多呈圆弧形；触角粗短，5节，偶有4节。前胸背板侧缘具毛列；小盾片发达。后胸侧板臭腺沟长。胫节扁粗，或变成勺状、钩状等，跗节3节。各腹板每侧2根毛点毛呈纵列。

栖息于地表或地被物下，或土壤表层、土缝之中；吸食植物根部或茎部的汁液；有些种类有成虫护卵和若虫聚集的习性；部分种类有趋光性。

世界记录88属750种；中国记录25属61种。

128 领土蝽
Chilocoris sp.

识别特征： 体黑色。触角5节。小盾片相对较小，长和宽几乎相等，长度不达革片的一半。前胸背板侧缘不呈锯齿状。

分布： 榆阳区（古塔镇）；陕西。

129 长点阿土蝽
Adomerus notatus (Jakovlev, 1882)

识别特征： 体长4.4～5.4mm。体黑色（包括小盾片顶端）。头突出，侧叶长于中叶；触角5节，第2节短于第3节。前胸背板侧缘、腹部侧缘和各足胫节背面具白色条纹。前翅上的白色斑条形，长为宽的3倍多。

生活习性： 见于地面或某些植物上。

分布： 榆阳区（青云镇、小纪汗镇）；陕西、北京、青海、内蒙古、河北；蒙古、俄罗斯。

蝽科 Pentatomidae

体小型至大型，椭圆形，较平，体色多样。

具单眼；触角5节，有时第2、3节之间不能活动，偶有4节。前胸背板常为六角形。小盾片常为三角形，约为前翅长度之半，少数小盾片极发达，向后延至体末端。前翅膜片具多条纵脉。跗节3节。腹部第2腹节气门不可见。

大多为植食性，喜吸食果实或种子，也可吸食植物的汁液；益蝽亚科（Asopinae）的种类为捕食性，口器较粗壮。

世界记录900属4700种；中国记录130属400种。

130 实蝽

Antheminia pusio (Kolenati, 1846)

识别特征： 体长9～11.5mm，宽5～6mm，体背面黄褐色，前翅革片的淡红褐色不显著；体腹面淡黄褐色，密集无色刻点。头侧缘波曲，边缘具整齐的黑色条带，头顶中央具2条细小黑色刻点组成的纵带，该纵带不甚显著，其余部分黄褐色并布无色刻点。触角第1、2节基部为暗红褐色，其余部分漆黑，第2节长于第3节。

生活习性： 1年2代。寄主为达乌里胡枝子、向日葵、甜菜、莜麦、柠条等。

分布： 榆阳区（小纪汗镇、小壕兔乡）；陕西、吉林、辽宁、内蒙古、河北、山西、新疆；蒙古、俄罗斯。

131 多毛实蝽

Antheminia varicornis (Jakovlev, 1874)

识别特征： 体长9～11mm，宽5.0～6.3mm，头、前胸背板前半部分及小盾片为淡黄褐色并具黑色纵带，前胸背板后半部分、爪片及前翅革片为红褐色；体腹面为淡黄褐色，部分具刻点黑色。触角第1节除端部黑色外，其余部分均为淡黄褐色，第2～5节漆黑，触角基上方具1条黑色条带。

生活习性： 1年2代。寄主为麻花头、狭叶青蒿、莜麦、莎草科植物。

分布： 榆阳区（小壕兔乡）；陕西、黑龙江、内蒙古、天津、河北、山西、青海、新疆；朝鲜，欧洲。

132 楚蝽

Chlorochroa juniperina (Linnaeus, 1758)

识别特征： 触角基部绿色，其余部分黑色。前胸背板边缘白色。小盾片的末端有明显的白色。足大部黑色，跗节末端黑色。翅和腹部边缘亦呈白色。

分布： 榆阳区（镇川镇）；陕西；俄罗斯，欧洲。

133 斑须蝽

Dolycoris baccarum (Linnaeus, 1758)

识别特征： 体长8～13.5mm，宽约6mm，椭圆形，黄褐色或紫褐色，密布白绒毛和黑色小刻点。触角丝状，第1节、第2～4节基部及端部和第5节基部为白色至淡黄色，成黑白相间状；小盾片近三角形，末端钝而光滑，黄白色；前翅革片淡红色或暗红色，膜片黄褐色透明，超过腹末，腹部侧接缘黑黄或黑白相间；足黄褐色，散生黑点。

生活习性： 在北方每年发生1～2代，南方发生3～4代，寄主广泛，包括烟草、水稻、豆类、蔬菜等多种植物。成虫具弱趋光性、趋嫩性和假死性，但怕阳光，多在清晨和傍晚活动，白天潜伏于烟茎、叶隐蔽处为害。初孵若虫群集。

分布： 榆阳区（古塔镇）；陕西、黑龙江、吉林、辽宁、内蒙古、河北、山西、山东、河南、宁夏、甘肃、青海、新疆、江苏、浙江、湖北、江西、湖南、福建、广东、海南、广西、四川、贵州、云南、西藏；古北区、北美洲。

134 横纹菜蝽

Eurydema gebleri Kolenati, 1846

识别特征： 体长6～9mm，椭圆形；体黄色或红色，头部黑色，复眼前方具1红黄色斑，前

缘近黄色，边缘黄红。前胸背板黄桔红色，有4块大形黑斑，前列2个三角形、后列2个横长，后列的2个黑斑从端部1/3处缢缩，有时缢缩处断裂成2个斑，则形成后列4个斑，前胸背板中央具1黄色隆起“十”字形纹；小盾片有1大三角形黑斑，近端处两侧各有1小黑斑，端部橘红色；革片黑色，末端具1白色并夹杂黄色斑；侧接缘全黄；腹下黄色，各节中央有1对黑斑，近边缘处每侧有1黑斑。

生活习性：1年发生2～3代。寄主为十字花科植物。在叶片、茎、花取食。初孵若虫群集在卵壳四周。

分布：榆阳区（市区、大河塔镇）；陕西、吉林、内蒙古、山西、山东、江苏、浙江、江西、福建、广西、四川、贵州、云南、西藏；朝鲜、俄罗斯、蒙古、哈萨克斯坦，欧洲。

135 | 茶翅蝽

Halyomorpha halys (Stål, 1855)

识别特征：体中型，体长14～17.5mm。背面较平，体色变异较大，从棕褐色、半金绿色到全金绿色不等。腹面黄色或橙红色。头背面密布刻点，复眼前方各有1个光滑的黄褐色椭圆形斑，复眼大且突出。触角第1～3节端部为黄褐色，布黑色点斑；第3节基部大半黑色，第4节中央黑色，两端橙黄色，基部略带黑色；第4节基部橙黄，其余黑色。头腹面两侧具若干金绿色小碎斑。前胸背板胝区后方各有2个黄褐色光滑胝斑，刻点密集但分布不均匀。小盾片三角形，宽大于长，基角具黄褐色小圆斑，基缘中央有时具1小黄斑。革片刻点分布较为均匀，略带红褐色，膜片烟褐色，翅脉色略深，膜片端部超过腹末。胸部腹面橙黄色或橙红色，侧板外侧具不同程度的金绿色斑块及密集的刻点，足黄褐色，股节除端部外、胫节布黑色小点斑。

生活习性：1年发生1～2代。寄主植物多，如葡萄、枣、梨、苹果、桃、泡桐、榆、朴、拐枣、核桃、侧柏、油松、月季，以及大豆等多种农作物及杂草。

分布：榆阳区（市区、镇川镇、青云镇）；陕西、黑龙江、吉林、辽宁、内蒙古、河北、山西、河南、江苏、安徽、浙江、湖北、江西、湖南、福建、台湾、广东、广西、四川、贵州、云南、西藏；日本、越南、缅甸、印度、斯里兰卡、印度尼西亚、美国。

136 北曼蝽

Menida disjecta (Uhler, 1860)

识别特征：体长10～11.5mm，宽5～5.5mm，体椭圆形，青灰色，密布黑色刻点，腹部腹面淡黄褐色。头、前胸背板胝区及两侧区黑，带有铜绿光泽。头中叶略长于侧叶，侧缘微翘，上具若干黄白色纵纹；触角黑色，第1基节大部分、第4节两端及第5节基部黄色。前胸背板前侧缘几乎直，边缘具黄狭边，微翘，侧角钝圆。小盾片基部具1大三角形黑斑，基缘处具3个小黄斑，中央1块，两侧各1块，两侧缘近端部处又各具1小黑斑，端部黄色。前翅膜片色淡、透明，长过腹末。侧接缘黄黑相间。足淡黄褐色，腿节端部刻点较密，胫节两端及跗节第3节褐色。

生活习性：有时室内可见。1年1代。寄主为玉米、高粱、梨、榆等植物。成虫具趋光性。

分布：榆阳区（市区、鱼河峁镇、巴拉素镇）；陕西、宁夏、北京、河北、山西、内蒙古、辽宁、黑龙江、江西、山东、湖北、湖南、广西、四川、贵州、云南、西藏、青海；日本、朝鲜、俄罗斯。

137 宽碧蝽

Palomena viridissima (Poda, 1761)

识别特征：体长12～14mm，宽7～9mm。体宽椭圆形，鲜绿色至深绿色，略带金属光泽，全身背面布满均匀黑色刻点。头部中片短于侧片，侧片在中片前会合，形成小缺口。触角基部外侧具1片状突起遮盖触角基，触角基部3节和第4节基部绿色，第4节基部外和端部为红褐色。喙浅绿色，伸达后足基节间。复眼周缘浅黄色，中间紫红色；单眼深红色。小盾片三角形，伸过腹部中央。前胸背板侧角伸出较少，末端圆钝。前胸背板侧缘、侧角外缘及前翅革质部前缘基部、腹部侧接缘外缘为浅黄褐色。腹部侧接缘外露，上密布黑色刻点。各足腿节外侧近端处具1小黑点，爪端半黑色。体腹面浅绿色，气门周围黑色。

生活习性：1年1代。食性较广，可取食柳、杨、油松、榆、洋白蜡、落叶松栎等树木，以及玉米、大豆、歪头菜等草本植物。

分布：榆阳区（大河塔镇、小纪汗镇）；陕西、山东、黑龙江、山西、河北、甘肃、青海、云南；俄罗斯，欧洲。

138 珠蝽

Rubiconia intermedia (Wolff, 1811)

识别特征：长5.5～8.5mm，宽4～5mm，体卵圆形。体背除头部黑褐或紫褐外，均为黄褐或灰褐色，腹面淡黄褐，密被黑色刻点，背面比腹面刻点更细密。头具金绿光泽，触角黄褐或黑褐，末3节色更深，有的为黑色。前胸背板两侧角稍显隆起的横脊，前侧缘具玉白色边，胝区色深，有时可成黑色方形斑块。小盾片三角形，末端圆，基角处常具1不明显的小黄斑，有时缺少，末端边缘为玉黄白色；胸足淡黄、密被黑点。翅革质部外缘基半具玉黄白边，腹部腹面两侧缘各节间具1小黑点。

生活习性：1年3代。寄主植物有苹果、水稻、荆条、菜豆等，也可在桃、藜、葎草、益母草、猫薄荷等植物上发现成虫。

分布：榆阳区（古塔镇）；陕西、北京、宁夏、甘肃、青海、东北、河北、天津、山西、河南、浙江、江苏、江西、湖北、湖南、广东、广西、四川、贵州；日本、朝鲜、俄罗斯、蒙古。

脉翅目 Neuroptera

以丰富的翅脉而得名，中文名一般以“蛉”结尾，包括草蛉lacewings、蚁蛉antlions、螳蛉mantid flies或mantispids、粉蛉dustry wings、水蛉spongilla flies。起源于295.5Ma前的古生代二叠纪早期。

小型至大型，体长1～55mm，翅展3～155mm。形态多样，体壁通常柔弱，生毛或覆盖蜡粉。

复眼大，具金属光泽；口器咀嚼式；触角长，一般为线状、杆状、棒状及栉齿状等。翅膜质，前后翅的大小、形状和翅脉均相似，大多数种类脉相原始，横脉多，翅脉在翅缘二分叉；足通常细长，跗节5节。腹部10节，无尾须。

完全变态。幼虫寡足型，头部具长镰刀状上颚，口器为吮吸式，胸足发达，无腹足。蛹为强颚离蛹，在丝质茧内化蛹。一般1年2代，有的更多。多以老熟幼虫作茧越冬，少数以成虫越冬。

食性复杂，绝大多数为捕食性，捕食蚜虫、蚧、木虱、粉虱、叶螨，以及其他昆虫。也有植食性和寄生性。

成、幼虫均陆生，少数水生或半水生。成虫飞行能力弱，多具趋光性。

农林害虫的重要天敌，不仅对控制害虫种群、保持生态平衡具有重要意义，而且在害虫生物防治中有重要应用价值。

世界性分布。世界已知约6000种，中国已知762种。

草蛉科 Chrysopidae

体中型至大型，多绿色。

头部多具黑斑；口器上颚发达。复眼半球形，突出于头两侧，金黄色。触角细长多节，线状。前胸梯形或矩形；中后胸粗大。翅宽大透明，后翅较窄；翅无缘饰，Rs脉仅1条与R脉相连再分为多条，横脉较多，前缘横脉不分叉，阶脉2～3组，中脉形成1内中室，有伪中脉和伪肘脉。足细长。卵有细长的丝柄。

幼虫称为“蚜狮”，有些种类可以把吸食之后的蚜虫等空壳粘贴在背上作伪装。

世界记录1300多种；我国记录251种。

139 丽草蛉

Chrysopa formosa Brauer, 1850

识别特征： 体长8～11mm；体绿色；头部黄绿色，9个黑斑，触角间1个，头顶、触角下方、颊部和唇基各1对；触角第1节绿色，第2节黑褐色，鞭节褐色；前胸背板绿色，两侧有褐斑和黑色刚毛；足绿色，胫端、跗节和爪褐色；前翅前缘横脉列黑色，翅基部的横脉亦为黑色。

生活习性：1年发生4～6代。捕食蚜虫、叶螨及鳞翅目害虫的卵和幼虫等。成虫具趋光性、向上性，幼虫在食料不足时有自相残杀的习性，成虫有自食其卵的习性。

分布：榆阳区（市区、鱼河峁镇、镇川镇、青云镇、金鸡滩镇、小纪汗镇、小壕兔乡）；陕西、黑龙江、辽宁、吉林、北京、河北、山东、山西、河南、湖北、天津、甘肃、新疆、上海、四川、陕西、海南、广东、云南、西藏；日本、朝鲜、蒙古、俄罗斯；欧洲。

140 大草蛉

Chrysopa pallens (Rambur, 1838)

识别特征：体长11～14mm；体绿色，较暗。头部黄绿色，具2～7个黑斑，以4个或5个为常见，头顶无斑；触角短于前翅，第1、2节与头同色，后面的鞭节褐色；足跗节和爪褐色前翅前缘横脉列黑色。

生活习性：1年多代。成虫和幼虫捕食多种小昆虫，如蚜虫、蚧虫、粉虱等。

分布：榆阳区（市区）；全国广泛分布（除西藏）。

141 叶色草蛉
Chrysopa phyllochroma Wesmael, 1841

识别特征： 体长8～10mm。头部绿色，具9个黑褐色斑，其中中斑近长方形。触角第1节绿色，第2节黑褐色，鞭节黄褐色，端部颜色加深。前胸背板宽大于长，淡黄绿色，侧缘为绿色，有不同的褐色斑点，背板四周都长有黑色刚毛，以两侧为多。足从基节到腿节为绿色。胫节基部绿色，端节绿褐色；跗节及爪黄褐色，爪简单，基部不弯曲。前翅端部钝圆，翅面及翅缘有黑褐色的毛。前翅的前缘横脉列只有靠近亚前缘脉的1端黑色，余均绿色。径中横脉连于内中室的顶角，不呈直线。腹部绿色，密生黑色毛。

生活习性： 1年发生4代。成虫可捕食各种蚜虫，也可捕食棉铃虫等鳞翅目害虫的卵和低龄幼虫。幼虫有自相残杀的习性。

分布： 榆阳区（镇川镇、古塔镇、补浪河乡）；陕西、北京、宁夏、甘肃、新疆、黑龙江、吉林、辽宁、内蒙古、河北、山西、河南、山东、江苏、安徽、浙江、福建、湖北、湖南、四川、西藏；日本、朝鲜、俄罗斯，欧洲。

142 日本通草蛉
Chrysoperla nipponensis (Okamotao, 1914)

识别特征： 体长9.5～10.0mm。头部黄色，具黑褐色颊斑和唇基斑，触角第1～2节黄色，鞭节黄褐色。前胸背板中央为黄色纵带，两侧绿色，前胸背板边缘褐色；足黄绿色，具褐色毛；胫节、跗节及爪呈褐色，爪基部弯曲。腹部背面为黄色纵带，两侧绿色，腹面浅黄色，具灰色毛。滞育的越冬成虫变为土黄色，并具红褐色斑。

生活习性： 1年多代。成虫和幼虫捕食多种蚜虫、蚧虫、粉虱、红蜘蛛及鳞翅目小幼虫和卵等。成虫具较强的趋光性。

分布：榆阳区（市区、鱼河峁镇、古塔镇、芹河镇）；陕西、北京、河北、山西、内蒙古、辽宁、吉林、黑龙江、江苏、浙江、福建、山东、广东、广西、海南、四川、贵州、云南、甘肃；日本、朝鲜、俄罗斯、蒙古、菲律宾。

143 榆林通草蛉

Chrysoperla yulinica Yang et Yang, 1989

识别特征：雌虫体长8.2mm。头顶黄色，有2条褐色条斑，额颊沟褐色，上唇及唇基两侧红色，颊斑红褐色；下颚须的第1节与其他各节背面为褐色，腹面黄绿色，第5节端部褐色，下唇须背面褐色，腹面黄绿色，整个颚唇须的背面具褐色毛；触角第1节的背面及内侧、第2节皆红色或者红褐色，鞭节缺损。腹背中央为黄色纵带，两侧褐色；前胸背板有1中横脊，脊下中纵线凹陷，在中横脊两端侧后向各1黄色条斑。足布褐色毛，黄绿色，跗节黄褐色，爪褐色，基部不弯曲。前翅前缘横脉列20条，黄绿色，近Sc端有褐色；翅黄褐色；径横脉11条，近R端稍有褐色；Rs的分支10条，绿色；Psm-Psc间8条，绿色；内中室三角形R-M位于其外；阶脉黄绿色；Cu脉1～2褐色，3近Psc端褐色。后翅前缘横脉列16条，除1～5浅绿色外，余皆浅褐色；径横脉9条，近R端褐色；阶脉绿色。腹部除第1、2节的背腹面为黄色外，余皆褐色，整个腹部具灰色毛。腹部末端第8背板宽短，小于第7背板。

分布：榆阳区（市区）；陕西。

144 尼草蛉

Nineta sp.

识别特征： 体长16mm。头黄色，无斑。触角第1节黄绿色，长大于宽，鞭节浅黄褐色。前胸背板绿色，中央为黄色纵带，前端两侧各具1个褐色斑；足淡黄绿色，跗节黄褐色，末端及爪褐色，足上的毛短，黑色，爪基部弯曲。前翅翅脉多绿色，仅基部数条脉褐色，Sc及R脉明显分开；阶脉两组。腹部细长。

分布： 榆阳区（市区）；陕西。

145 弓弧叉草蛉

Apertochrysa prasinus (Burmeister, 1839)

识别特征： 体小至中型，体长11～13mm。头部几乎完全黄绿色，具黑褐色斑点，两触角间有斑点，额区无斑点，颊斑狭小，从侧面观呈近似三角形或矩形状，下颚须、下唇须除基部淡黄色外，其余部分皆黑褐色；触角无斑，短于前翅，不超过翅痣顶端；柄节和梗节黄绿色，鞭节淡赭色；颈部淡黄色到淡绿色，两侧具黑褐色斑点。胸部几乎完全淡绿色，具明显淡褐色斑点；背面无中纵带，前胸背板长等于宽；足半透明，淡黄色；跗节淡赭色；爪淡褐色，强烈弯曲，在基部膨大，呈矩形。翅脉黄绿色，有部分黑色，腹部淡黄绿色。

分布： 榆阳区（市区）；陕西、黑龙江；日本、朝鲜、俄罗斯，欧洲。

146 贺兰俗草蛉
Suarius helana (Yang, 1993)

识别特征： 雄虫头顶具莲花瓣褐斑，额唇基、颊斑及唇基斑黑褐色；触角第1节内侧及第2节黑褐色，余黄褐色。前胸背板黄色，两侧黑褐色；中、后背板中部黄褐色，两侧具黑褐色斑，后胸小盾片具1对褐色斑。前翅所有的横脉及阶脉皆黑褐色。前翅前缘横脉列17条，径横脉9条。腹部褐色，足黄色，爪基部不弯曲。

分布： 榆阳区（市区、青云镇）；陕西、宁夏。

褐蛉科 Hemerobiidae

体小型至中型，翅展在7～15mm，最大可达34mm；体褐色或前翅有褐色斑纹，并常有金属光泽。

触角长过翅的1/2，或者约等于翅长，线状或念珠状，端部不加粗。前胸短阔，两侧多有叶突；中胸粗大，小盾片大；后胸小盾片小。翅形多样，卵形或狭长；前后翅形状、脉序相似，翅缘各脉之间有短小缘饰，脉上常多毛。前翅Rs至少有2条直接从R主干分出，其间横脉阶状，前缘横脉列多分叉。足细长，基节长，胫节有小距，跗节5节。

世界记录600多种；中国记录130余种。

147 全北褐蛉

Hemerobius humulinus Linnaeus, 1758

识别特征：成虫体长5～7mm。头部黄色，复眼前后两侧为深褐色；下颚须及下唇须黄褐色；触角黄色。胸部黄褐色，前胸两侧红褐色，中、后胸背板两侧褐色，头顶至后胸背中央呈黄色宽带。足黄褐色，跗节端部褐色。腹部黄色，背板褐色，但前3节背中央有黄色纵带与胸部黄带相连。前翅黄褐色半透明，密布灰褐色断续的波状横纹，在翅脉上呈现一个个黑点；Rs分3支，分支处有黑点；阶脉两组均为黑褐色，M、Cu横脉处有一大黑点，Cu分叉处有1小黑点，两黑点相近极为明显。

生活习性：成、幼虫捕食多种蚜虫、蚧虫和螨等。成虫飞翔力弱，有假死性、趋光性。幼虫爬行迅速，有互相残杀的习性。

分布：榆阳区（市区、小纪汗镇）；陕西、北京、甘肃、内蒙古、吉林、辽宁、河北、山西、山东、江苏、浙江、江西、湖北、四川；日本、俄罗斯，欧洲、北美洲。

148 | 日本褐蛉

Hemerobius japonicus Nakahara, 1915

识别特征：前翅长8.0mm。头黄褐色，复眼前后部分、上颚（除基部）、颚唇须（除端节）暗褐色；触角黄褐色，短，远不及翅长。前胸背板黄褐色，两侧暗褐色。前翅透明，具许多褐色纹，多呈齿形相连；翅脉具黑褐色斑点，肘脉上尤其明显。

生活习性：成、幼虫捕食多种蚜虫、蚧虫和螨等。具趋光性。

分布：榆阳区（鱼河峁镇）；陕西、北京、甘肃、河北、河南、西藏；日本。

149 | 双钩齐褐蛉

Wesmaelius bihamitus (Yang, 1980)

识别特征：体长5～7mm。头部黄褐色，额区在触角下方两复眼间为1大块黑褐色斑，头顶黄白色具小褐点；触角黄褐色。胸部黑褐色，背中有黄白色纵带，并具褐色斑纹。足黄褐色，前足胫节近端部有明显的褐斑。前翅黄褐色，密布暗褐色波纹及黑褐斑点，后缘色更深，有明显的斜纹，阶脉2组及Cu脉均为黑色且具黑边，Rs分3支；后翅淡黄褐色，脉黄褐色，部分为褐色，R与M二者的分叉齐头并进。腹部背板和腹板均为暗褐色。

生活习性：成、幼虫捕食多种蚜虫、蚧虫和螨等。具趋光性。

分布：榆阳区（金鸡滩镇）；陕西、宁夏、河北、天津、四川、西藏。

150 贺兰丛褐蛉

Wesmaelius helanensis Tian & Liu, 2011

识别特征： 体长6.1～6.4mm。头黄褐色，头顶呈黄白色，密生黄色长毛，并且生有小褐点；复眼乌黑并有金属光泽；两复眼之间有1大块黑褐色斑；上唇黄褐色两侧边缘各有1灰褐色斑纹；触角黄褐色，密生短毛，基部两节呈深褐色，其余各节色浅，各节中间有1灰色环斑。胸呈黑褐色，密生黄色并相间有黑色刚毛。背部中央有1贯穿前胸、中胸和后胸的黄白色纵带，并有褐色斑纹。足呈黄褐色。密生长毛，3对足胫节均生有褐斑，尤以前足最为明显。前翅呈黄褐色，密布褐色波状纹，后缘色深且密布褐色斑点；纵脉呈深褐色，上面有浅褐色断点，使纵脉成黑白相间的点线状。背板和腹板均呈黑褐色，密生黄白色长毛。

分布： 榆阳区（鱼河峁镇、金鸡滩镇、巴拉素镇）；陕西、内蒙古。

151 角纹脉褐蛉

Micromus angulatus (Stephens, 1836)

识别特征： 体长3.8～7.0mm。头部灰褐色，两复眼之间具2道粗的黑色斑纹；触角呈浅褐色，各节均密生短毛；触角窝呈浅黄色，周围颜色较深，额及唇基浅黄色，额颊沟，颊下沟，额唇基沟及前幕骨陷，呈深褐色。前翅密布大小不等的褐色斑和黄褐色波状纹，沿阶脉尤其明显，翅脉呈黄褐色。

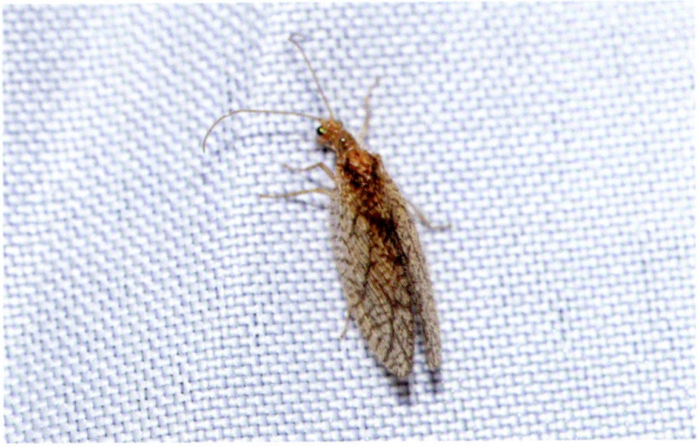

生活习性： 成、幼虫捕食多种蚜虫、蚧虫和螨等。具趋光性。

分布： 榆阳区（市区）；陕西、内蒙古、北京、河北、河南、宁夏、浙江、湖北、台湾、云南；日本、英国。

粉蛉科 Coniopterygidae

体小型，体长2～3mm，翅展3.5～10mm。

全身均覆盖灰白色蜡粉。口器咀嚼式。触角呈念珠状，约16～43节。前后翅相似，翅脉简单，无翅痣。

粉蛉科成、幼虫多生活于果园和林木上，主要捕食粉虱、红蜘蛛、蚜虫、蚧虫等。幼虫在植物上爬行觅食，老熟后在树干或叶片上做茧化蛹。黄昏时成虫有群飞习性，并有较强的趋光性。

世界记录460多种；中国记录79种。

152 囊粉蛉

Aleuropteryx sp.

识别特征： 雄虫体长约3mm。头暗褐色，下唇须黄褐色，触角黄褐色；胸部褐色，足淡褐色。触角25节，柄节粗大，梗节长是柄节的2/3，近端部腹面有1明显刺突。前翅M脉上的2条脉鬃不明显生于瘤上，R_{4+5}由横脉或直接相连，其前支M_{1+2}与径分脉的后支相连，后翅径横脉R连接在径分脉Rs的主干上。

分布： 榆阳区（市区）；陕西。

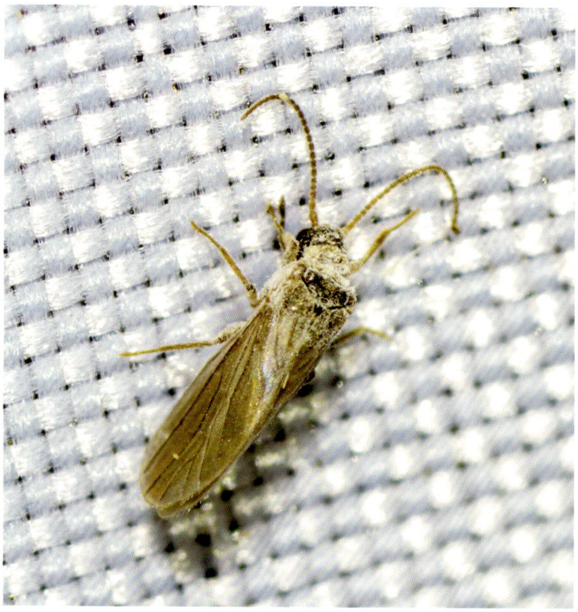

蚁蛉科 Myrmeleontidae

体大型，前翅长20～40mm，最大翅展可达150mm。

触角短，短于前翅长的1/2，端部渐膨大，呈棒状或匙状。头部和胸部多长毛，足粗短且有毛，胫节有发达的爪状端距，翅狭长，翅脉网状，前缘横脉列简单或分叉，翅痣下方有1延长的翅室。腹部很长。

幼虫称为“蚁狮”，多在沙土中做漏斗状穴，捕食滑落的昆虫。

世界记录1500多种；中国记录127种。

153 朝鲜东蚁蛉

Euroleon coreanus (Okamoto, 1926)

识别特征：体长31～38mm。体头部淡棕色，具多个黑斑，头顶有6个黑斑，中间2个被中线略分开；胸部黑褐色，前胸背板两侧及中央各有1黄白纵纹，近端部还有1对小黄白斑；翅透明，翅痣乳白色，翅脉多为黑色，间杂黄色，前翅具10多个褐斑，大小有变化，翅中部具5个明显黑斑，排成1纵列。

生活习性：捕食鳞翅目、鞘翅目等幼虫，以及蚂蚁、蚜虫、叶螨等。

分布：榆阳区（市区、鱼河峁镇、青云镇）；陕西、辽宁、内蒙古、北京、河北、山西、河南、山东、宁夏、甘肃、新疆、湖北、湖南、四川、贵州；蒙古、朝鲜。

154 蒙双蚁蛉

Mesonemurus mongolicus Hölzel, 1970

识别特征： 体长16～27mm。头顶隆起，黄色，中央具1黑色纵带，纵带两边各有1黑色斑点；复眼黑灰色，有黑斑；触角窝及其周围褐色，触角棒状，末端膨大，各节黑黄相间。前胸背板长大于宽，黄色，具2黑色纵带，其两侧各有1黑色圆形斑点；中、后胸黑色，具稀疏黄色斑纹，腹面两侧具稀疏白色柔毛。足黄色至棕色，较粗壮；胫端距浅红棕色，爪浅红棕色，其中，前足与中足腿节基部内侧具1长感觉毛，长度不超过腿节。翅透明狭长，中部略宽；前翅翅脉黑黄相间，翅痣黄褐色。后翅略短于前翅，稍窄，翅脉黑黄相间，翅面透明，几乎无黑斑，翅痣淡黄色，内侧有1小黑色斑点。雄性腹部明显长于后翅，雌性腹部短于后翅，黑色，具稀疏白色刚毛。

分布： 榆阳区（市区、马合镇、芹河镇、小纪汗镇、红石桥乡）；陕西、内蒙古、宁夏、青海；蒙古。

155 卡蒙蚁蛉

Mongoleon kaszabi Hölzel, 1970

识别特征： 体长17～23mm。头顶黄色，具5棕色或黑色斑点；颜面黄色，唇基上有2黑色斑点；触角基部褐色，端部黑色，触角窝上方具2黑色横纹，下方为2黑斑点。前胸背板长大于宽，黄色，具3黑色纵纹；中、后胸背板黄色，在中央和两侧有一些黑色纵纹；腹板黄色，有一些黑色斑纹，被稀疏白色柔毛。足细长，生有稀疏黑色与白色短刚毛；前足基节黄色，具黑色斑点，腿节棕色，胫节黄色，中足胫节外侧具棕色斑点，端部棕色；后足胫节黄色。前翅狭长，透明，翅脉大部分黑黄相间，R与Rs脉上有一系列褐色碎斑，在近外缘的区域有许多散碎褐斑。腹部短于后翅长，黄色，具3黑色纵条纹，密被白色刚毛。

分布： 榆阳区（青云镇、牛家梁镇、小纪汗镇）；陕西、内蒙古、宁夏；蒙古。

156 黑瑙蚁蛉

Nohoveus atrifrons Hölzel, 1970

识别特征： 体长22～32mm。头顶黄色，具黑色中线，与头顶前缘黑斑相连；唇基及上唇黄色，唇基上具稀疏黑色刚毛；触角黑色，触角窝周边至头顶前缘黑色，触角窝上方中间有1黄斑。前胸背板黄色，具3黑色细长纵纹，且侧面两条不延伸至背板前缘；中胸与后胸背板黄色各具3粗短黑色纵纹；腹板黄色，具少量黑色斑纹，生有稀疏白色柔毛。足黄色，生有稀疏黑色刚毛；腿节外侧具浅棕色条斑。翅透明而宽大；前翅大部分翅脉黑黄相间，翅痣黄色。腹部背板黄色，具3黑色纵纹，生有浓密白色长毛，腹板黑色，具1黄色纵纹；雄性

第6、7腹节背板后缘两端各具1对毛刷，雌性腹部无毛刷。

分布： 榆阳区（市区、古塔镇、巴拉素镇）；陕西、内蒙古、北京、宁夏、甘肃、青海；蒙古、伊朗、土耳其。

鞘翅目 Coleoptera

因前翅为鞘翅而得名，俗称“甲虫”，英文名为beetles。昆虫纲中种类最多、分布最广的一个目。起源于298.9Ma前的古生代二叠纪早期。

小至大型，体长0.3～200mm。体壁坚硬，形态多样，体色多种。

头壳坚硬，前口式或下口式；复眼发达，大多种类无单眼，少数种类具1个中单眼，或具2个背单眼，位于头顶两侧靠近复眼；口器咀嚼式，触角形状多变化。前胸发达；前翅鞘翅，后翅膜质，休息时鞘翅平置于胸、腹部背面，盖住后翅。足常为步行足，跗节3～5节；腹部可见腹板5～8节；雌虫无产卵器，雄性外生殖器有时部分外露。

完全变态。幼虫多为寡足型或无足型。一般1年发生1～4代，或数年1代。多数种类以成虫越冬，一些种类以幼虫或卵越冬。

食性复杂，有植食性、捕食性、菌食性、腐食性、寄生性等。许多为植食性，取食木本或草本植物；捕食性种类捕食昆虫、蜘蛛等小动物；腐食性种类清除动植物残体与粪便、土壤中腐殖质；少数种类寄生性。

陆生或水生。有的栖息在土壤、木材、菌体中，或和其他昆虫、动物共栖。很多种类的成虫具有假死性。有的类群具有拟态。

捕食性甲虫在害虫生物防治中得到利用；取食动物的毛、皮的甲虫是仓库、居室和动物标本室内的害虫。腐食性甲虫在物质循环和能量转换中具有重要意义。

世界性分布。世界已知超过40万种，中国已知约2.3万种。

龙虱科 Dytiscidae

体长1.0～50.0mm。体色多为黑色；体背、腹面均隆凸；椭圆形至长卵形或水滴形。

头小，部分隐藏于前胸背板下。

触角11节，多数超过前胸背板，丝状。外咽缝2条，有前胸背侧缝和前胸腹侧缝。前足、中足基节突之间距离小于后足基节突距离。足较短，后足远离前中足。雄性前足跗节膨大，形成抱握足，用分泌出的黏性物质抱住雌虫；前足第1、第2跗节具吸盘或吸附毛，后足特化为游泳足。腹板背观可见8节，腹观仅见6节。

世界性广布。幼虫、成虫均水生。捕食水生昆虫，对控制蚊虫有重要作用，但也加害鱼苗。世界记录188属4300多种；中国记录44属约340种。

157 小雀斑龙虱

Rhantus suturalis (Macleay, 1825)

识别特征： 体长10～12mm。体翅黄褐色，额及头顶黑色，但复眼间具1个或大或小的黄褐色斑，并常与前方浅色区相通，前胸背板中央或前后缘具黑色或黑褐色斑，有时两侧具黑褐色圆斑；小盾片黑色。鞘翅除侧缘外，满布微小黑褐色斑点，相连呈云纹状，鞘翅近末端处常有1个小黑斑。

生活习性： 捕食水中小动物。具趋光性。

分布： 榆阳区（鱼河峁镇）；全国广布；古北区、东洋区、澳洲区。

158 | 中国真龙虱

Cybister chinensis Motschulsky, 1854

识别特征： 体长35～40mm。体背黑色，带绿色光泽，前胸和鞘翅侧缘黄色，翅端不呈钩形，腹面黄色，后胸中部黑褐色，腹节前后缘具黑边。后足跗节两侧均具游泳毛。

生活习性： 捕食水中小动物。具趋光性。

分布： 榆阳区（麻黄梁镇）；陕西、北京、黑龙江、吉林、辽宁、河北、山东、福建、台湾、广东、海南；日本、朝鲜半岛、俄罗斯。

步甲科 Carabidae

体长1.0～85.0mm。扁平或长圆形；多数黑色，少数褐色、棕色或绿色，少数艳丽，有黄色花斑；具金属光泽或无。

头窄于前胸，前口式，唇基窄于触角基部；眼凸圆或退化。触角11节，丝状。可见腹板6～8节。鞘翅一般隆凸，表面多具刻点行或瘤突；后翅一般发达，土栖种类的后翅退化，随之带来的是左右鞘翅愈合。足细长，适于行走，有些类群前足、中足特化为开掘足；跗节5-5-5式。

分布于亚北极至热带地区的所有陆地生境类型中。大多数生活在土壤、落叶中或地面，有时会攀爬灌丛活动。许多栖息于洞穴或山岩中的裂缝内。极少数具两栖生活方式。多为捕食性，少数取食植物。

世界记录37 600余种；中国记录3000多种。

159 多型虎甲

Cicindela hybrida Linnaeus, 1758

识别特征：体长11.5～17.5mm，宽5.0mm左右，体背铜色，稍具紫或绿色光泽。复眼大而凸出。上唇横宽，前缘中央的尖齿较小。触角丝状，细长，11节。鞘翅具淡黄色斑，基部和端部各有1个弧形斑，有时基斑还分裂为2个逗点形斑，中部还有1个波曲的横斑。体腹面蓝紫色或蓝绿色，具强烈金属光泽和粗密长白毛。

生活习性：2年1代。成虫、幼虫均为捕食性，捕食棉铃虫、地老虎、红铃虫等。

分布：榆阳区（鱼河镇、牛家梁镇、巴拉素镇、芹河镇、小纪汗镇、岔河则乡）；陕西、辽宁、吉林、黑龙江、河北、河南、山东、山西、甘肃、新疆、内蒙古、青海、福建、江苏、安徽、广东；日本、俄罗斯，朝鲜半岛。

160 斜纹虎甲

Cylindera obliquefasciata (Adams, 1817)

识别特征： 体长10～11mm，体宽3～3.5mm。体墨绿色，有金属光泽。头顶和额部密被纵形皱纹。上唇黄白色，宽约为长的2.5倍，下颚须和下唇须基部黄白色；末节黑色，有光泽。上颚基部黄白色，端部黑色，内侧有3个尖齿。前胸背板长、宽约相等。小盾片三角形，褐绿色。鞘翅底色为铜绿色，上密被金蓝色或金绿色大小不等的刻点或颗粒；从鞘翅外侧中部斜向内侧各有1白色斜斑；在中部稍前方常有1很小的圆形斑点；沿端缘有1条白色弧形斑。各足基节金绿色，转节橙黄色，腿节金绿色，胫节、跗节橙黄色。

生活习性： 成虫、幼虫均为捕食性，捕食鳞翅目幼虫、蚂蚁、小蜘蛛等小型节肢动物。

分布： 榆阳区（青云镇、小纪汗镇）；陕西、山东、内蒙古、河南。

161 皮步甲

Corsyra fusula (Fischer von Waldheim, 1820)

识别特征： 体小型。头、胸部黑色，密布刻点和短毛。鞘翅浅黄色具黑斑。上唇前缘毛6根，唇基前角各具1根长毛，眉毛2根。触角棕红色。前胸背板呈倒梯形，两侧缘弧形边缘较宽上翘，侧缘中部具长毛1根，盘区密布刻点和棕色绒毛鞘翅刻点行9条。

生活习性： 捕食小型土壤动物。

分布： 榆阳区（市区）；陕西、宁夏、内蒙古；哈萨克斯坦、乌克兰、俄罗斯、蒙古。

162 广胸婪步甲

Harpalus amplicollis Ménétriés, 1848

识别特征： 体长8～8.5mm。体黑色有光泽。口须、触角、腿节棕色。前胸背板侧缘、后角及基区、鞘翅侧缘至端缘红棕色。复眼突出，眼内具眉毛1根。触角自第3节被毛。下唇须亚端节里缘有3根以上刚毛。前胸背板隆，宽于长。鞘翅长于宽，鞘翅第9行距毛穴连成1行。前足胫节具3根刺，后足腿节、跗节腹面具刚毛。雄虫前跗节腹面粘毛排成2列。

生活习性： 捕食鳞翅目幼虫和金龟幼虫（蛴螬）。

分布： 榆阳区（市区）；陕西、宁夏、北京、河北、内蒙古；日本、韩国、俄罗斯，欧洲。

163 棒婪步甲
Harpalus bungii Chaudoir, 1844

识别特征：体长6.5～8.5mm。体黑色，雄性具光泽，雌性无光泽，口器、触角、足为暗红色至浅褐色，前胸背板后侧缘暗红色，鞘翅后侧缘常带红色。

生活习性：捕食昆虫或腐食动物尸体，具趋光性。

分布：榆阳区（青云镇）；北京、陕西、内蒙古、黑龙江、辽宁、山西、四川；日本、俄罗斯、蒙古，朝鲜半岛。

164 黄鞘婪步甲
Harpalus pallidipennis Morawitz, 1862

识别特征：体长8.8～9.5mm。体背雄虫具光泽，雌虫无光泽，触角、足黄色至黄褐色，头及前胸黑褐色，鞘翅黄褐色，有时较浅或较深。触角达鞘翅基部。前胸背板宽大于长，近中部最宽，基部具粗密刻点。鞘翅具9列沟，无毛。

生活习性：捕食蝇类幼虫、粪金龟幼虫和取食植物幼芽。具趋光性，可迁飞。

分布：榆阳区（市区、鱼河峁镇、青云镇）；陕西、宁夏、甘肃、内蒙古、西藏、北京、河北、山东、广西、福建；日本、俄罗斯、蒙古，朝鲜半岛。

165 | 四斑锥须步甲

Bembidion morawitzi Csiki, 1928

识别特征： 体长约4.5mm。具绿色金属光泽，鞘翅暗褐色，有4个淡黄褐色斑纹，触角基部、足黄褐色。鞘翅具小刻点沟，后方消失。

生活习性： 捕食小型昆虫。

分布： 榆阳区（镇川镇）；陕西、宁夏；俄罗斯、朝鲜、日本。

扁股花甲科 Eucinetidae

小型甲虫，体长0.8～4.0mm，体暗黄色到深褐色或黑色。一般卵形或长椭圆形，稍扁平，鞘翅有细短柔毛。

触角11节，锯齿状，生于眼的前方。后足基节扩展呈板状，伸达两侧。跗节5-5-5。

主要生活在真菌生长的树皮或碎屑中，幼虫和成虫均取食霉菌和大型真菌的子实体。

世界记录11属50余种。

166 | 红端扁股花甲

Eucinetus haemorrhoidalis (Germar, 1818)

识别特征： 体长2.7～3.6mm。体黑色，体背被毛，头部前端、翅端黄棕色至深棕色，口器、触角及足棕色。触角11节，各节均长大于宽。前胸背板盖住头部。鞘翅具明显纵行，表面具微小的横纹。

生活习性： 生活于朽木、枯枝落叶层。具趋光性。

分布： 榆阳区（鱼河峁镇、青云镇）；陕西、北京、河南；朝鲜半岛、俄罗斯远东至欧洲、北美。

隐翅虫科 Staphylinidae

体小型至中型，狭长至卵形，强烈隆凸至平扁。体表光滑，或被直立或卧毛。体壁强烈骨化。

触角通常11节，部分10节、9节或3节，丝状或弱棒状。鞘翅末端平截，常短，不遮盖第5～6腹节；偶长，完全覆盖腹部。跗式5-5-5，少数3-3-3、4-4-4、2-2-2或异跗式。腹部一般可以背腹弯曲运动；有6节或7节可见腹板，前1个或2个腹节背板膜质。

分布于除南极外的所有大陆和主要岛屿。栖息于森林、草原、灌丛、荒漠等地；有些栖息于鸟巢或啮虫目动物巢穴及社会性昆虫与非社会性昆虫的窝内。食性复杂，多为腐食性，也有捕食性、菌食性和植食性。

世界记录3750属64 000余种；中国记录578属6486种。

167 | 红翅异形隐翅虫

Oxytelus piceus (Linnaeus, 1767)

识别特征：体长3.7～4.6mm。头、前胸背板、鞘翅基部及鞘缝、腹部褐色至黑褐色（或黑色），口器、触角基部4节、鞘翅和足黄褐色。触角较短，第5节后各节具绒毛，前胸背板宽大于长，中央具3条纵沟，中沟直，两侧沟在中部稍内折。鞘翅宽明显大于长，表面具纵向的刻纹。雄虫第7腹板后缘中部突出，端部平截；第8腹板后缘中央两侧具2个缺刻。后缘3分叶，中叶宽，近方形，端缘广角形，中叶中央具骨质突起。

分布：榆阳区（市区）；陕西、北京、黑龙江、吉林、辽宁、河北、山西、江苏、上海、江西、湖北、重庆、贵州、云南、新疆；日本、俄罗斯，朝鲜半岛、中亚至欧洲、非洲。

168 梭毒隐翅虫

Paederus fuscipes Curtis, 1826

识别特征：体长6.5～7.5mm。体黄褐色，具金属光泽。头、中后胸及腹部第5节后黑色。鞘翅青蓝色，密布粗刻点。触角11节，端大部褐色或黑褐色。前胸背板比头略窄，长大于宽，表面光滑有光泽。两鞘翅合拢长略大于宽，后端平截，表面布满刻点，密被黄白色短毛。

生活习性：喜欢潮湿环境，如湖边、水沟、池塘。爬行迅速。成虫捕食多种小型昆虫，也可捕食红蜘蛛。具趋光性。

分布：榆阳区（鱼河峁镇）；陕西、北京、天津、河北、山东、河南、江苏、江西、湖北、四川、台湾、福建、广东、广西、贵州、云南；广布于古北区和东洋区。

169 利氏毒隐翅虫

Paederus licenti Bernhauer, 1938

识别特征：头部黑色，带有金属光泽，体被较稀疏的刚毛。足黑色，鞘翅短，仅覆盖胸部，腹部基部红色，末端黑色。

分布：榆阳区（大河塔镇）；陕西、甘肃、四川。

170 异突眼隐翅虫

Stenus alienus Sharp, 1874

识别特征：体长4.8～5.2mm。体黑色，触角黑褐色（基节黑色），下颚须褐色，端节黑褐色，足褐色至暗褐色，鞘翅中后部具橙黄色斑。复眼大，占满头侧，额部具粗刻点。前胸背板后部中央具明显纵沟，不达基缘。鞘翅宽稍大于长，橙黄色斑约占翅宽的1/3。足细长，第4跗节不呈叶状。

生活习性：多见于水边，数量很多、很活跃。可捕食跳虫等多种小型昆虫。

分布：榆阳区（古塔镇）；陕西、北京、宁夏、甘肃、青海、内蒙古、黑龙江、吉林、辽宁、山西、河南、浙江、台湾、湖南、四川；蒙古、俄罗斯、韩国、日本。

171 小黑突眼隐翅虫

Stenus melanarius Stephens, 1833

识别特征：体长3～4mm。体黑色。刻点较密，相互轻度愈合，刻点间具微刻纹。腹部具明显的侧背板，第3～5腹背板基部向后具4条纵脊，后足第4跗节简单。雄性第8腹板后缘中部圆弧形凹入，第9腹板端侧角锐突。

生活习性：多见于水边。可捕食跳虫等多种小型昆虫。

分布：榆阳区（鱼河镇、镇川镇、补浪河乡）；陕西、黑龙江、吉林、辽宁、北京、天津、山西、河南、宁夏、上海、江苏、安徽、浙江、江西、湖南、福建、台湾、广东、海南、广西、四川、贵州、云南；蒙古、俄罗斯、朝鲜、日本、伊朗；中亚地区、欧洲、北美洲。

172 粗糙突眼隐翅虫

Stenus scabratus Puthz, 2008

识别特征： 体小型，体附有许多黑色凸起。头部复眼巨大，呈半球形，触角黑色，末端加粗。胸部的鞘翅上有两个明显的黄色斑点，足黑色，胸部较细长。腹部背面黑色。

分布： 榆阳区（鱼河镇、镇川镇、大河塔镇）；陕西、黑龙江、山西、宁夏。

牙甲科 Hydrophilidae

体小型至大型，近椭圆形，背隆，腹平；黑色或黑褐色。

下颚须细长，等于或长于触角；触角短，6～9节，端部第3～4节锤状。部分种类中胸腹板具长中脊突。足被长毛，跗节5节。腹部可见腹板，一般5节。

分布于除南极外的世界各大动物地理区。水生或半水生，生活在淡水、沼泽、植物残体中，陆生种类可在蚁巢等更干燥的环境中栖息。成虫腐食性，幼虫多数为肉食性，可捕食小鱼、蝌蚪等水生动物。成虫有趋光性。

世界记录177属2900多种；中国记录55属330种。

173 乌苏苍白牙甲

Enochrus simulans (Sharp, 1873)

识别特征：体长4.5～5.0mm。体（标本）淡黄棕色；头黑色，具眼前斑；前胸背板具4个小黑点，排列近方形，此范围内黑色或有时黑斑扩大，仅侧缘黄棕色；腹面黑色。下颚须细长，长于触角，第2～3节等长，端节稍长于前节之半，端部黑褐色触角9节，棒节黑褐色，端节与前2节长之和相近。鞘翅具10行沟列，第3、5、7、9行间具粗大刻点。雄虫前足爪强烈弯曲具大基齿，雌虫爪无基齿，稍弯曲。

生活习性：成虫取食腐殖质及水草，具趋光性。

分布：榆阳区（小纪汗镇）；陕西、北京、甘肃、黑龙江、辽宁、河北、河南、山东、上海、安徽、浙江、江西、福建、湖北、四川；日本、俄罗斯、蒙古，朝鲜半岛。

174 钝刺腹牙甲

Hydrochara affinis (Sharp, 1873)

识别特征：体长14～15mm。体黑色，触角红褐色，棒节除基部外其余黑色；下颚须红褐色，端节端部黑褐色；足腿节基部以下为黑色，余红褐色。前胸腹板隆脊后端无长刺腹部中央的腹刺端侧面观端部不尖，圆突。

分布：榆阳区（市区）；陕西、北京、甘肃、黑龙江、辽宁、河北、河南、山东、上海、安徽、浙江、江西、福建、湖北、四川；日本、俄罗斯、蒙古，朝鲜半岛。

葬甲科 Silphidae

体小型至大型，卵圆或较长，平扁；多数光洁，常暗色。

触角11节，端部第3～6节膨大，呈棒状，末3节有时橙黄色；第9节和第10节有时梳状，有时触角膝状。小盾片很大。鞘翅或具橙红色斑纹，末端平截或波形。腹部末端第2～3背板常露出鞘翅之外。

除南极外，世界性广布。多以动物尸体为食，也有捕食蜗牛、蝇蛆、蛾类幼虫，有些取食各种植物，特别是甜菜，少数对粪便和真菌有趋性。

世界记录17属近200种；中国记录14属75种。

175 | 滨尸葬甲

Necrodes littoralis (Linnaeus, 1758)

识别特征： 体长15～25mm。体黑色，触角球杆末端3节橙黄色。前胸背板近圆形，前缘近于平截，侧缘和后缘弧形。鞘翅具3条较深的纵沟，长几乎均至鞘翅后缘，雄虫翅端几乎平截，雌虫宽弧形。雄虫后足腿节粗，中后足胫节弯曲。

生活习性： 取食动物尸体，或捕食其上的蛆等昆虫。具趋光性。

分布： 榆阳区（鱼河峁镇）；陕西、北京、甘肃、青海、新疆、黑龙江、河北、安徽、浙江、江西、福建、湖北、湖南、广东、广西、四川、云南、西藏；日本、俄罗斯、印度，朝鲜半岛、中亚至欧洲。

粪金龟科 Geotrupidae

体小型至大型，卵圆形至圆形。体色多为黑色、黑褐色或黄褐色，不少种类有蓝、紫、青等金属光泽，或有黄褐色、红褐色等斑纹。体腹面多毛。

头大，前口式；唇基大，上唇横阔，上颚大而突出，背面可见。复眼部分或完全被眼眦分开；唇基常具角突或结节；触角11节，鳃片部3节。前胸背板强烈拱起；小盾片可见，近三角形。鞘翅多有深显纵沟纹，完全覆盖臀板。腹部可见腹板6节，具8对功能性气门。前足胫节扁大，外缘多齿至锯齿形；跗节通常较弱，爪成对简单；有些属性二态现象显著，其雄体之头面、前胸背板有发达角突及横脊状突。

主要分布于北极、新热带区和澳大利亚。成虫、幼虫均以哺乳动物粪便为食，亦有成虫危害葡萄的嫩芽、叶和藤的记载。成虫有趋光性。

世界记录108属1000多种；中国记录13属114种。

176 波笨粪金龟

Lethrus potanini Jakovlev, 1890

识别特征： 体长16mm，较圆隆，深黑褐色，光泽弱。唇基近梯形，表面粗糙，头、眼脊片凹凸不平、中间凹陷，布杂乱刻点，眼上刺突发达，呈三角形，有刻点；上颚发达，具致密刻点，内缘有4～5个小齿，左上颚外缘下面生1强直长角突，右上颚下面有疣突；触角鳃片部顺序套置呈圆锥形。前胸背板横宽，密布刻点和小突，背面中段有1条纵沟纹，边框明显，前侧角钝，后侧角圆。鞘翅圆隆，纵纹弱，有杂乱刻点和大小瘤突。前足胫节外缘有7～8枚齿突，各足具爪1对，中、后足胫节各有端距2枚。

生活习性： 取食牛、羊粪。

分布： 榆阳区（鱼河镇）；陕西、宁夏、山西、甘肃；蒙古。

锹甲科 Lucanidae

体长小型至巨大型，体形和体色多变。体长椭圆形或卵圆形，背腹颇扁圆。体多为棕褐色、黑褐色至黑色，或有棕红色、黄褐色等色斑，有些种类有金属光泽，通常体表不被毛。大多具显著性二型和雄性多型现象。

头前口式；上颚发达，雄性常特化，呈鹿角状；复眼通常不大。触角膝状，10节，鳃片部3～6节，呈栉状；前胸背板横大于长，小盾片发达显著。鞘翅发达，盖住腹端，多具短毛、刻点或纵脊。跗式5-5-5，爪成对简单。腹部可见腹板5节。

世界性广布，栖息于腐烂的木材、针叶林与落叶林的落叶中。成虫一般取食树汁液、花蜜或腐烂的水果，偶尔也危害幼嫩的枝条。幼虫以朽木或腐殖质为食，能帮助分解朽木，加速物质在生态系统中的循环。

世界记录约120属1500种；中国记录约30属300种。

177 戴维刀锹甲

Dorcus davidis (Fairmaire, 1888)

识别特征： 雌体长22mm。体黑色，前足腿节基部具棕色小斑。上颚向内弯曲，内侧中部具1大齿，上方稍近基部具1向上的小齿。前胸背板上的刻点较鞘翅上的细、稀。雄虫上颚较强大，略短于头和前胸之和，近端部具1端部稍内凹的齿。

生活习性： 啃食柳树小枝，具趋光性。

分布： 榆阳区（市区）；陕西、北京、宁夏、甘肃、青海、内蒙古、吉林、辽宁、河北、山西；蒙古。

金龟科 Scarabaeidae

体小型至巨大型，体形、体色多变。常光亮，有或无金属光泽。

头通常较小；触角8～10节，端部3～8节向前延伸呈栉状或鳃片状；前口式，口器发达。前胸背板多样；小盾片可见或无。鞘翅扁平或凸；后翅通常发达，善于飞行。腹部可见腹板5～7节，具5～7对功能性气门。

世界性广布。食性呈现显著的多样化：取食粪便、腐肉、真菌、活体植物、白蚁、蚂蚁；或大部分取食腐殖质或粪便，有些成虫、幼虫植食性或栖息于腐烂的原木中；有些成虫以植物的花、叶为食，幼虫以植物的根和腐烂植物为食；有些成虫以块茎、玉米或花为食，幼虫主食植物的根和腐殖质；有些几乎完全取食树木、果汁和花蜜；有些取食社会性昆虫的食物或被其抚育，或栖息于粪便和白蚁巢、鸟巢中，幼虫以其中的碎屑为食；还有成虫几乎完全取食花粉和花蜜，与白蚁生活在一起。

世界记录约1600属30000种以上。

178 | 直蜉金龟

Phaeaphodius rectus (Motschulsky, 1866)

识别特征： 体长5.4～6.0mm。体黑褐色至黑色。鞘翅多黄褐色，每侧具卵形大斑，黑褐色（体色有变化，鞘翅可全黑）。头部近前缘具3个横列丘突，在雄虫中强而在雌虫中弱。小盾片三角形，每鞘翅具10条刻点列。

生活习性： 成虫和幼虫均取食牛粪、腐烂秸秆、垃圾等。

分布： 榆阳区（鱼河镇、孟家湾乡、岔河则乡）；陕西、北京、内蒙古、辽宁、河北、山西、河南、山东、台湾；日本、俄罗斯、蒙古，朝鲜半岛。

179 边黄蜉金龟
Labarrus sublimbatus (Motschulsyk, 1860)

又名： 黄缘蜉金龟。

识别特征： 体长4.3～4.7mm。体褐色，体背常具黑褐色至黑色区域，大小不等。唇基前缘平截，中央稍内凹；雄虫头背具3个不明显的瘤突，中瘤突稍大，雌虫不明显。前胸背板宽大于长，具大、小2种刻点，大刻点稀疏。鞘翅具10条刻点列。

生活习性： 生活在牛、羊等动物粪便和腐烂的有机质中。具趋光性。

分布： 榆阳区（青云镇）；陕西、北京、内蒙古、黑龙江、吉林、辽宁、天津、河北、台湾；日本、俄罗斯，朝鲜半岛。

180 德国蜉金龟
Rhyssemus germanus (Linnaeus, 1767)

识别特征： 体长2.8～3.3mm。体黑色，唇基前缘、头腹面包括触角、足红棕色。唇基前缘浅"V"形内凹，表面粗糙。前胸背板具4条横隆脊，前2条完整，后2条在中部断裂，隆脊光滑无刻点，后缘和侧缘密生片状刚毛，端部不尖。鞘翅行沟明显，无毛。

生活习性： 在土层中生活，多在沙土地，取食腐烂的植物。具趋光性。

分布： 榆阳区（青云镇）；陕西、北京、甘肃、内蒙古、辽宁、天津、山东、河南；俄罗斯，中亚至欧洲、北美。

181 白星花金龟

Protaetia brevitarsis (Lewis, 1879)

识别特征： 体长18.0～22.0mm。体色多变，古铜色、铜黑色或铜绿色，具光泽，前胸背板及鞘翅具众多条形、云状和点状白色绒斑。头方形，唇基前缘微凹，个别中凹（南方个体常平直），稍向上翘。

生活习性： 白天活动，飞翔力强。成虫可取食苹果、桃、梨、柑橘、玉米等多种植物成熟的果实和穗，偶见访花；幼虫取食腐殖质。

分布： 榆阳区（古塔镇）；陕西、北京、青海、新疆、内蒙古、黑龙江、吉林、辽宁、河北、山西、河南、山东、江苏、浙江、江西、福建、台湾、湖北、湖南、云南、西藏；日本、俄罗斯、蒙古，朝鲜半岛。

182 福婆鳃金龟

Brahmina faldermanni Kraatz, 1892

识别特征： 体长9.0～12.2mm。体栗褐色，鞘翅略浅，体被密毛。唇基前缘横直，额头粗糙，近头顶具皱褶状横脊。触角10节，雄虫鳃部等长于前6节之和。前胸背板侧缘钝角形，中部最突出，侧缘锯齿状。后足跗节第3节短于第2节，爪端部深裂。

生活习性： 1年1代。取食苹果、桃、李、杏、荆条等叶片。成虫趋光性较弱。幼虫可为害小麦、花生等植物的地下部分。

分布： 榆阳区（市区、镇川镇）；陕西、北京、辽宁、河北、山西、河南。

183 黄绿单爪鳃金龟

Hoplia communis Waterhouse, 1875

识别特征： 成虫体长5.5～8.5mm，宽3.0～4.0mm。体卵圆形、饱满。褐色至黑色，足黑色，有时红褐色。前胸背板、小盾片、鞘翅上密布黄绿色近圆形的鳞片，臀板、身体腹面密布银白色近圆形有光泽的鳞片，腿节上分布较密集的椭圆形、长条形银白色鳞片，胫节上分布较稀疏的长条形银白色鳞片；银白色鳞片明显大于黄绿色鳞片。前胸背板中区两侧、鞘翅侧缘及后缘附近翅面上有许多斜生的小黑刺。

生活习性： 成虫常集结于草丛的花中。

分布： 榆阳区（青云镇）；陕西、河南。

184 东方玛绢金龟

Maladera orientalis (Motschulsky, 1857)

又名： 东方绢金龟。

识别特征： 体长6～9mm。体黑褐色至黑色，晦暗而具丝绒般的光泽。触角9节，少数10节，鳃部3节，雄虫鳃部长，约为前5节之和的2倍。胸部腹板密被绒毛，腹部每节腹板具1排毛。

生活习性： 成虫喜食榆叶、杨叶及柳叶，幼虫以腐殖质和嫩根为食。

分布： 榆阳区（巴拉素镇、芹河镇、小纪汗镇、岔河则乡）；陕西、北京、宁夏、甘肃、内蒙古、吉林、辽宁、河北、山西、山东、江苏、安徽、浙江、福建、台湾、湖北、湖南、广东、海南；蒙古、朝鲜、日本、俄罗斯。

185 阔胫玛绢金龟

Maladera verticalis (Fairmaire, 1888)

识别特征：体长6.7～9.0mm，宽4.5～5.7mm。长卵圆形，浅棕或棕红色，有丝绒状闪光。唇基近梯形，有明显纵脊。触角10节，片部3节。雄虫鳃片部长于柄节1倍。前胸背板短阔，侧边后段直，后边无边框。小盾片长三角形。每鞘翅有9条刻点沟，沟间弧隆，布少量刻点，后侧缘有明显折角。前足胫端具2外齿，后足胫节十分扁阔，表面光滑几无刻点。

生活习性：1年1代。成虫取食榆、杨、梨、苹果等叶片；幼虫取食植物的地下部分。

分布：榆阳区（市区、青云镇）；陕西、辽宁、吉林、黑龙江、山西、河北、山东、江苏、江西、浙江、台湾、河南；朝鲜半岛。

186 弟兄鳃金龟
Melolontha frater Arrow, 1913

识别特征： 体长22～26mm。体淡褐色，密被乳白色或灰白色针尖形毛。雄虫触角鳃部7节，长，但短于前胸背板，雌虫6节，短小。雌雄两性第3节均很长，明显长于第2节。鞘翅具4条纵肋，其中最外1条短。中足基节之间的中胸腹板具短小锥形突，不伸达前胸。雄虫前足胫节外缘具2齿，雌虫具3齿；爪近基部具小齿。

生活习性： 4年1代。幼虫取食马铃薯、豆类、禾本科作物的地下部分。

分布： 榆阳区（麻黄梁镇）；陕西、北京、宁夏、内蒙古、黑龙江、吉林、辽宁、河北、山西、河南；日本，朝鲜半岛。

187 大皱鳃金龟
Trematodes grandis Semenov, 1902

识别特征： 体长约20mm，黑色，光泽较强。头阔大，头顶部平坦具刻点。唇基长大，近梯形，侧缘近斜直，边缘折翘，密布圆形刻点。触角10节，鳃片部3节。前胸背板后侧角向侧下方延展，近直角。小盾片短阔，基部两边散布刻点。鞘翅长大，肩凸较大，具4条纵肋和大刻点。后翅长条形。臀板短阔微皱，雄虫腹下宽浅纵凹。末腹板水平浮雕呈半圆形或半椭圆形。中足、后足胫节有2道具刺横脊。各足跗节端部2爪大小差异明显。

生活习性： 2年1代。取食沙蒿、柠条、花棒等沙生植物。

分布： 榆阳区（芹河镇、小纪汗镇）；陕西、内蒙古、宁夏、甘肃。

188 贝氏绢金龟

Serica benesi Ahrens, 2005

识别特征： 体长8.30～10.10mm。体椭圆形。体红棕色，触角黄色，额区和鞘翅上的斑点深褐色，背侧无光泽，具稀疏软毛。上唇基近矩形，前缘微上翻，额唇基沟明显，横直不弯曲。触角9节。后足胫节细长，宽与之比为0.21～0.25。背侧边缘剧烈隆起，具两簇刺，基部一簇近中部，端部一簇位于胫节的3/4处；腹侧边缘具小锯齿，着生两根粗刺。后足跗节第1节略短于第2和第3跗节长度之和，略长于背侧距长度的2倍。

分布： 榆阳区（小纪汗镇）；陕西、甘肃、青海、四川、宁夏。

189 茸喙丽金龟

Adoretus puberulus Motschulsky, 1853

识别特征： 体长10.0～13.5mm。体深褐色，头黑褐色，体背具针尖形白色绒毛。头宽大，长于前胸，唇基半圆形。触角10节，鳃部长大，雄虫长于前5节之和，雌与前5节之和相近。前胸背板短阔，前侧角呈锐角形前伸，后侧角呈圆弧形，前缘和后缘的中央均向外突出，小盾片半椭圆形，鞘翅隐约可见4条纵肋。

生活习性： 1年1代。成虫取食苹果、槭等树叶，具趋光性。幼虫取食植物的根。

分布： 榆阳区（市区、青云镇）；陕西、北京、甘肃、河北、山西、河南。

190 黄褐异丽金龟

Anomala exoleta Faldermann, 1835

识别特征： 体长14～18mm。体黄褐色，略带铜绿色光泽，有些个体呈铜绿色。唇基近长方形，前侧缘上翘。触角9节。雄虫鳃部长，约为前5节的1.5倍。前胸背板前缘中央稍内凹，后缘中央后突，侧缘弧形。鞘翅具3条纵肋，不明显，密生刻点。前足胫节外侧具2齿，胫节内侧近端部（外侧第2齿对面）具1距；前中足具2爪，其中大爪端部分叉；后足大爪不分叉。

生活习性： 成虫不取食；幼虫地下生活，取食多种林木、果树及玉米、大豆、花生等农作物的根。

分布： 榆阳区（小纪汗镇）；陕西、北京、甘肃、青海、内蒙古、黑龙江、辽宁、河北、山西、河南、山东。

191 分异发丽金龟

Phyllopertha diversa Waterhouse, 1875

识别特征： 体长9.0～10.5mm，宽4.5～6.0mm。长椭圆形，体态雌雄差异大：雄虫鞘翅除翅缘、肩凸、端凸为黑色外，均为黄褐色；雌虫背面浅橘黄色，头部具2个黑斑、前胸背板具4个黑斑。触角9节：雄虫片部为2～6节总和长；雌虫片部明显短于2～6节总和长。前胸背板短阔、光亮，散布细浅刻点；雄虫刻点具毛，雌虫刻点粗，无毛；前角尖锐，后角近直角。小盾片近半圆形。鞘翅纵肋不显，可见4条刻点沟，沟间散布刻点。前足胫节外缘2齿，前、中足大爪分叉。

生活习性： 1年1代。成虫取食玉米、高粱、大豆等叶片。

分布： 榆阳区（马合镇）；陕西、辽宁、吉林、山西、山东、河南、湖北；日本，朝鲜半岛。

192 苹毛丽金龟

Proagopertha lucidula (Faldermann, 1835)

识别特征： 体长9.0～12.0mm。体黑色或黑褐色，具紫铜色或青铜色光泽，鞘翅呈茶色或黄褐色，翅侧常具淡橄榄绿色光泽。触角9节，鳃部3节，雄虫鳃部长于柄部，雌虫短于柄部。前胸背板具长毛和刻点，鞘翅油亮，具9条刻点列。体腹面及臀板密布长毛。中胸腹突明显，但长短不一。

生活习性： 1年1代。成虫取食苹果、梨、桃、樱桃、李、杏、海棠等花蕾、花芽、花瓣，或蔬菜，以及杨、柳、桑等树叶。幼虫在地下取食腐殖质或植物的细根。

分布： 榆阳区（古塔镇、巴拉素镇、芹河镇）；陕西、北京、甘肃、内蒙古、黑龙江、吉林、辽宁、河北、山西、河南、山东、安徽、江苏、四川；俄罗斯，朝鲜半岛。

193 小驼嗡蜣螂

Onthophagus gibbulus (Pallas, 1781)

识别特征： 体长9.5～10.0mm，宽约5.5mm，近长卵形。除鞘翅黄褐色，上有散乱黑褐色小斑点外，全身黑至棕褐色。头长大：雄虫近三角形，唇基前端高高折翘，额唇基缝呈微隆弧形横脊，头顶向后上斜行延长成条板，条板上端急剧收狭呈指状突，突端向后下弯曲，侧视板突呈“S”形；雌虫呈梯形，前缘近横直或略中凹，有2道近平行的横脊。触角9节。前胸背板横阔，雄虫十分隆拱，具短毛刻点，前中部有光亮倒凸形凹坑；雌虫隆拱缓。小盾片缺。鞘翅刻点沟7条浅阔，沟间带疏布成列短毛。臀板三角形端圆钝，疏布云纹状横皱。前足胫节外缘具4个大齿，中、后足胫节端部呈喇叭形。

生活习性： 栖息在牲畜粪便中。成、幼虫均粪食性。

分布： 榆阳区（镇川镇）；陕西、辽宁、吉林、黑龙江、河北、山西、内蒙古；蒙古、俄罗斯；中欧、南欧、小亚细亚。

194 中华嗡蜣螂

Onthophagus sinicus Zhang & Wang, 1997

识别特征： 体长4.6～5.6mm。短阔椭圆形，背腹隆拱、厚实，体深棕褐色至黑色，密布具毛刻点。头近横椭圆形。头面密布深刻点。唇基前缘弯翘，额唇基缝呈横脊。头顶复眼间有1横脊，雄虫波形，雌虫横直。触角9节，鳃片部3节，近心形，密布刻点和茸毛。前胸背板阔，前伸、近直角，侧缘弧扩。鞘翅前阔后狭，具7条刻点沟，沟间密布椭圆刻点。臀板短阔三角形，末端圆钝，臀上框横脊形。

生活习性： 成、幼虫均粪食性。

分布： 榆阳区（岔河则乡）；陕西、内蒙古、河北、山西。

红金龟科 Ochodaeidae

体小型，背隆，多毛。黄色、棕色、红棕色或黑色，偶见双色者。

上颚发达，背观可见；触角9节或10节，鳃片部3节。小盾片发达。鞘翅完全遮盖臀板，常9刻点行。腹部可见腹板6节。中足、后足胫节各2端距。

分布于除澳大利亚和新西兰之外的世界其他地区。主要栖息在半干旱沙地，也有栖息在蚁穴中。腐食性类群，通常生活于动物尸体中。成虫有趋光性。

世界记录15属110种；中国记录2属9种。

195 锈红金龟

Codocera ferruginea (Eschscholtz, 1818)

识别特征： 体长6.0～8.0mm。体锈红色，密被金黄色绒毛，以触角柄节、唇基、鞘翅周缘和足上为长。上颚发达，背面可见，唇基半圆形，突出。触角第2节少毛，鳃部3节，黄色。前足胫节外缘具3齿，基齿弱小，远离中齿；中后足第1跗节为第2跗节的2倍长。

生活习性： 生活于动物尸体和粪便中。腐食性。具趋光性。

分布： 榆阳区（市区）；陕西、北京、宁夏、新疆、内蒙古、黑龙江、吉林、辽宁、河北、山西、河南；俄罗斯。

隆金龟科 Bolboceratidae

因前胸背板独特的隆起而得名，又称厚角金龟、锤角金龟。

触角11节，末端三节膨大。前胸背板的隆起可以看作极粗的胸角，雌雄均有头角和胸角，但雌性的角不如雄性的发达。

成虫以真菌的子实体为食，幼虫以腐殖质为食。

世界记录40属约500种。中国记录6属12种。

196 戴锤角粪金龟

Bolbotrypes davidis (Fairmaire, 1891)

识别特征： 体长8～13mm。体近半球形，黄褐色至棕红色。前胸背板中部前方具1陡直斜面，其上方中间具横脊。鞘翅缝肋宽，背面具10条深刻点沟。腹面密被细毛。

生活习性：幼虫以粪便为食。成虫有趋光性。

分布：榆阳区（市区）；陕西、北京、内蒙古、黑龙江、吉林、辽宁、河北、山西、河南、山东、江苏、台湾；越南、老挝、柬埔寨。

吉丁科 Buprestidae

体小型至中型，少数大型，常具强烈金属光泽。

头部较小，下口式，嵌入前胸；触角11节，多锯齿状。前胸背板后侧角圆。前胸腹板突端部嵌入中胸腹窝；前胸、中胸连接紧密，不能活动。鞘翅长，到端部逐渐收狭。足细长，跗式5-5-5，第4节双叶状。腹部可见腹板5节。

世界性分布。成虫喜阳光，白天活动；幼虫在树木中钻孔或食叶，生活于干旱、半干旱的种类取食植物根部。

世界记录489属14 600余种；中国记录66属700余种。

197 绿窄吉丁
Agrilus viridis (Linnaeus, 1758)

识别特征：体长6～9mm。体色有变化，蓝绿色、铜黄色，体表无明显绒毛斑。前胸背板前缘稍直，后缘双曲状，背面密布刻纹，中央后部具纵向浅凹。小盾片具横脊，其前方为扁五角形斜面，脊后为小三角形。鞘翅两侧中前部近平行，后1/3处稍膨大，翅顶圆弧形（稍尖），端缘具细齿。末节腹板端部呈圆形。

生活习性：1年1代。寄主为桦、槭、山毛榉、杨、柳等。成虫喜光，喜在阳光充足的林木上活动。幼虫孵化后即蛀入皮层，蛀食为害，在木质部表层和浅层蛀成不规则的弯曲蛀道，木屑和排泄物均堵塞在蛀道内。

分布：榆阳区（牛家梁镇）；陕西、北京、新疆、内蒙古、黑龙江、吉林、辽宁、河北、山西、河南、山东、福建、湖北、云南、西藏；日本、蒙古，中亚至欧洲、北非。

丸甲科 Byrrhidae

体长1.50～15.00mm。

卵圆形，或拱曲。体表被毛或稀或密，或为倒伏的鬃毛，或为直立刚毛等。体多暗褐色，略带绿色金属光泽或无光泽。头部不完全隐藏于前胸背板之下；触角11节，柄节是梗节长度的2～3倍，末端几节逐渐膨阔呈棒状。

丸甲科昆虫常以苔为食，遇敌能假死。

世界记录约40属430种；中国记录9属110种。

198 丸甲

Byrrhus sp.

识别特征： 中型昆虫，体卵圆形，略拱凸。体黑褐色或棕色，无金属光泽。触角较短，末端几节膨大。头和前胸背板具刻点，或疏或密。鞘翅明显具几列纵沟或不规则的褶皱，被毛，间隙有刻点。鞘翅被毛浓密，常形成纹饰。足胫节较扁宽，前、中后足胫节凹槽均可收纳跗节。腹面通常具可以容纳腿节的槽，假死时可将腿节收入。

分布： 榆阳区（青云镇）；陕西。

泥甲科 Dryopidae

体小型至中型，短椭圆形，常黑色。

触角短，栉状，末端棒状，8节以上。鞘翅窄长，具刻点行。足细长，前足基节横形，具基转节；后足基节板状，遮盖腿节；跗式5-5-5或4-4-4。

几乎世界性分布。成虫栖息于水中、河岸或陆地。幼虫大多数陆生，栖息于潮湿的土壤、沙子和腐烂的植物组织或木材中。

世界记录33属约280种；中国记录7属20种。

199 丝光泥甲

Praehelichus sericatus (Waterhouse, 1881)

识别特征： 体长5.6～7.8mm。体黑色，被淡黄色短绒毛，整体看上去呈暗灰色，触角、口器呈黄棕色，足红棕色。触角11节，基部2节短大（其中第2节明显大于基节），鞭节长栉状。前胸背板宽大于长，后角尖突，后缘中央内凹，前胸腹板突前缘圆突，两侧几乎平行。小盾片心形。前胸背板和鞘翅上刻点明显。

生活习性： 具趋光性。多生活在潮湿环境，取食腐殖质。

分布： 榆阳区（市区、青云镇）；陕西、北京、内蒙古、河南、江西、新疆、四川。

长泥甲科 Heteroceridae

小型甲虫。头大，于眼后缘嵌入前胸内，头为水平向或稍向下方，上颚突出，触角短形。10～11节，端7节合成扁锯齿状。鞘翅全蔽腹端。生活于水边的泥土中，成虫有挖掘习性。植食性。足粗短，胫节有刺，跗节4节。

世界已知15属500余种。中国已知2属10种。

200 长泥甲

Heterocerus sp.

识别特征： 体小型。体黑褐色，具黄褐色斑纹，前胸背板侧缘鞘翅侧缘、后缘黄褐色。鞘翅基部具2个纵斑，其中内侧1个与基缘相通，中部具1近于倒钩形的斑，近端部具1纵斑与后缘的黄褐色相通。足黄褐色，胫节外缘黑褐色。前足胫节加粗有刺。

分布： 榆阳区（鱼河峁镇）；陕西。

叩甲科 Elateridae

体小型至大型，多长形。体色多灰暗，体表多被细毛或鳞片状毛，组成不同的花斑或条纹，也有体色艳丽、光亮无毛的。

头多为前口式，深嵌入前胸。触角着生靠近复眼，通常为11节，锯齿状，少数栉状或丝状；有的雌雄异形，雄虫锯齿状，雌虫栉齿状、梳齿状。前胸背板后侧角尖锐且突出；前胸腹板突嵌人中胸腹窝；前胸、中胸连接不甚紧密，可做叩头运动。前胸腹板前缘具半圆形叶片向前突出，腹后突尖锐，插入中胸腹板的凹窝中，形成弹跳和叩头关节。足较短，活动自如，跗式5-5-5。腹部可见腹板常5节，偶6节。

世界性分布。成虫取食植物汁液；幼虫腐食性、植食性或捕食性。栖息于土壤、枯枝落叶、白蚁巢或腐烂的木材中。

世界记录400属12000种；中国记录约130属1400种。

201 泥红槽缝叩甲
Agrypnus argillaceus (Solsky, 1870)

识别特征： 体长12.5～15.5mm。体背颜色有变化，密被红褐色至朱红色鳞片状扁毛。前胸背板中部宽大于长，中部纵向略低凹，近后缘尤为明显，两侧最宽处位于中部之前，并向前角明显收窄；前胸腹侧缝凹陷成沟槽，可放置触角基部1～5节。鞘翅两侧平行，后1/3处渐向端部变窄。

生活习性： 幼虫可取食华山松、核桃、核桃楸等植物的细根和苗木的根茎。

分布： 榆阳区（岔河则乡）；陕西、北京、甘肃、内蒙古、吉林、辽宁、台湾、湖北、广西、四川、贵州、云南；蒙古、俄罗斯、朝鲜、越南、柬埔寨。

202 角斑贫瘠叩甲

Drasterius agnatus (Candeze, 1873)

识别特征： 体长4.3～4.5mm。体黄红色至栗红色，头黑色。前胸背板具黑色中纵带（大小有变化）。鞘翅基部具三角形黑斑，近翅端具“M”形黑色斑带，此2斑可扩大，并相连。

生活习性： 具趋光性。

分布： 榆阳区（青云镇）；陕西、北京、甘肃、辽宁、江西、湖北；日本，朝鲜半岛。

花萤科 Cantharidae

体小型至大型，扁且软；体色多变，全黑色至红色、橙色或黄色，极少数有蓝色或绿色金属光泽；前胸背板和（或）鞘翅常具警戒色。

头方形或长方形，大部外露；触角11节，多丝状，少数锯齿状或栉状。前胸背板多为方形，少数半圆或椭圆形。鞘翅软，有长翅和短翅两种类型。中足基节相近；跗式5-5-5，第4跗节双叶状。腹部可见腹板7～8节。

世界性分布。栖息于森林、草原、热带稀树草原和山地草甸。成虫捕食无脊椎动物或取食花蜜和花粉；幼虫生活于落叶、植物残骸、石下、松散的土壤中或腐烂原木松散的树皮下等相对湿度较高的微生境中，捕食蚯蚓及其他昆虫的卵、幼虫和成虫等无脊椎动物，有些种类的幼虫杂食性，取食植物。

世界记录173属6000余种；中国记录41属约700种。

203 红毛花萤

Cantharis rufa Linnaeus, 1758

识别特征： 体长9～11mm。鞘翅呈红棕色或大部黑色，仅翅缘棕色，触角基部2节棕色，余黑色（基部大多棕色）。前胸背板前缘弧形外突，后缘较直，宽大于长。

生活习性： 幼虫和成虫捕食性。具趋光性。

分布： 榆阳区（小纪汗镇）；陕西、北京、青海、新疆、内蒙古、黑龙江、吉林、辽宁、河北、西藏；俄罗斯，朝鲜半岛、中亚、欧洲、北美。

薪甲科 Latridiidae

体长1～15mm。窄至宽卵圆形，中度隆起或扁平，或近半球形和球形；淡褐色至近黑色；光滑或被绒毛。

头突出，触角11节，末端3节膨大成棒状；前胸背板明显窄于鞘翅基部、两侧圆形；鞘翅盖及腹端，翅面具粗的刻点行或脊线；足细长，前足基节窝关闭；跗节3-3-3，雄虫有的2-3-3；腹部可见5～6节。

一般发现于落叶下、蚁巢中、菌物间、薪材里，也有大面积为害苹果、梨等果树的报道。

世界记录30属约1100种；中国记录11属40余种。

204 隆背花薪甲
Cortinicara gibbosa (Herbst, 1793)

识别特征：体长1.0～1.5mm。体褐色，被毛。触角11节，基部2节和端部3节粗大，其中以基节和端节最大，第3～8节长大于宽。前胸背板近方形，宽稍大于长，侧缘在中部前最宽，具微小齿突。雄虫前足胫节近端部具1小齿。鞘翅具细小刻点列，每翅中部计有16列（除盾片短行刻点外），每刻点均有1卧毛。

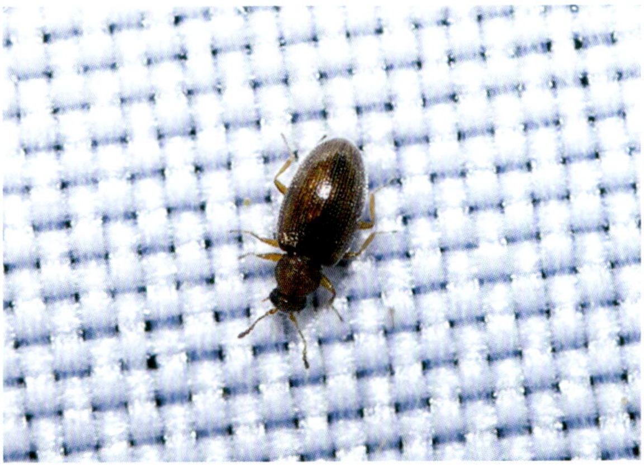

生活习性：1年4～5代。取食腐殖质或菌类，国内报道为害果树、蔬菜、棉花、玉米、高粱等。

分布：榆阳区（市区、鱼河峁镇）；陕西、北京、黑龙江、河北、山东、河南、福建、台湾、湖南、香港；全北区。

瓢虫科 Coccinellidae

体长0.8～18.0mm。通常为卵圆形，偶长形；体色多变，黑色、深灰色、灰色或棕色，常具鲜艳色斑。

头部通常被前胸背板覆盖，仅部分外露；下颚须通常斧状；触角11节，少数7节，锤状、短棒状等。前胸背板横宽，表面隆凸；鞘翅完全遮盖腹部；足腿节一般不外露，跗节4-4-4，伪3节，第2节多为双叶状，第3节小，位于其间，有些类群跗节为3-3-3式或4-4-4式（第3节并不缩小）。腹部可见腹板5～6节。

世界性分布。其食性大致可分为植食性、菌食性和肉食性3类。肉食性种类上颚具基齿，端部对裂或不分裂；背面光亮植食性和菌食性种类，上颚无基齿，端部分成许多小齿；无光泽或弱光泽。肉食性种类占总种数的80%以上，成虫、幼虫主要捕食蚜虫、蚧虫、粉虱、螨类等。

世界记录360属6000种；中国记录98属725种。

205 | 二星瓢虫

Adalia bipunctata (Linnaeus, 1758)

识别特征： 体长4.5～5.3mm。前胸背板斑纹多变，或白色具1个“M”形黑斑，或黑斑扩大，只剩前侧角白色，或黑斑缩小，呈1个“八”字形黑斑，或只剩2个黑斑。本种鞘翅斑纹多变，典型的二星型鞘翅红色，每鞘翅中部各具1个黑斑；或鞘翅具3列黑斑，呈2+3+2排列，斑纹或融合，或消失；黑色型鞘翅底色为黑色，具红色斑纹，鞘翅上具6个、4个或2个红斑。

生活习性： 捕食多种蚜虫，如桃粉蚜、棉蚜、槐蚜、麦二叉蚜，以及吹绵蚧、粉虱、瘿螨等。

分布： 榆阳区（鱼河峁镇、上盐湾镇、大河塔镇、巴拉素镇）；陕西、北京、宁夏、甘肃、新疆、河北、山西、河南、山东、江苏、浙江、江西、福建、四川、云南、西藏；亚洲、欧洲、非洲北部和中部、北美、澳大利亚及南美。

206 展缘异点瓢虫
Anisosticta kobensis Lewis, 1896

识别特征：体长3.8～4.1mm。体扁平拱起，黄白色至深黄色。头基部具2个黑斑，前胸背板具6个小黑斑，排成前后2列，有时两侧的斑纹变小或消失；鞘翅上共有19个黑斑，其中位于小盾片处的构成缝斑，有时鞘翅上的斑纹会消失。

生活习性：主要生活于水生的禾本科植物如水稻、莎草、芦苇等上，也可在麦田、玉米田、菜田中发现。取食蚜虫。具趋光性。

分布：榆阳区（市区）；陕西、北京、内蒙古、黑龙江、天津、河北、河南、山东、江苏、浙江；日本、俄罗斯，朝鲜半岛。

207 黑缘红瓢虫
Chilocorus rubidus Hope, 1831

识别特征：体长5.8～7.2mm。头和前胸背板黑色，鞘翅周缘黑色，背面中央枣红色，枣红色区域的大小在不同个体中不同，有些个体枣红色区域很小，或扩大，整个鞘翅中缝也是枣红色。

生活习性：1年1代。多见于阔叶树上。捕食蚧虫、蚜虫等。

分布：榆阳区（市区、镇川镇）；陕西、北京、宁夏、甘肃、内蒙古、黑龙江、吉林、辽宁、河北、山西、河南、山东、江苏、浙江、福建、湖南、海南、四川、贵州、云南、西藏；日本、朝鲜、印度、尼泊尔、印度尼西亚、俄罗斯、澳大利亚。

208 七星瓢虫

Coccinella septempunctata Linnaeus, 1758

识别特征： 体长5.2～7.2mm。前胸背板黑色，两前角上各有1个近于四边形的白斑。鞘翅黄色、橙红色至红色，共有7个黑斑。

生活习性： 1年多代。喜欢在低矮的植物上生活，多见于草地及农田，也见于灌丛和乔木，捕食60多种蚜虫、蚧虫等；在食物蚜虫短缺时，也会取食植物的花粉等植物性食物。

分布： 榆阳区（市区、鱼河镇、鱼河峁镇、镇川镇、古塔镇、青云镇、牛家梁镇）；全国广布（除海南、香港）；印度、新西兰，北美、古北区、东南亚。

209 中国双七瓢虫
Coccinula sinensis (Weise, 1889)

识别特征：体长3.0～4.2mm。头白色或黄棕色，仅头顶黑色（雄虫），或头黑色，仅在复眼附近具白色或黄棕色斑；鞘翅黑色，各具7个白色或黄棕色斑，其中鞘翅中部近鞘缝处的2个斑呈明显的横向长形。

生活习性：成虫和幼虫常在草丛中捕食多种蚜虫，也会访花。

分布：榆阳区（市区、鱼河峁镇、青云镇）；陕西、北京、甘肃、宁夏、内蒙古、黑龙江、吉林、辽宁、河北、山西、河南、山东、四川；日本、俄罗斯、蒙古，朝鲜半岛。

210 异色瓢虫
Harmonia axyridis (Pallas, 1773)

识别特征：体长5.4～8.0mm。体色和斑纹变异大。前胸背板斑纹多变，或白色，有4～5个黑斑，或黑斑相连形成“八”或“M”形斑，或黑斑扩大，仅侧缘具1个大白斑，或白斑缩小，仅外缘白色，或仅前角的两侧缘浅色。鞘翅可分为浅色型和深色型两类，每鞘翅上最多9个黑斑和1个小盾斑，这些斑部分或全部可消失，出现无斑、2、4、6、9～19个斑等，或扩大相连等；深色型鞘翅黑色，通常每鞘翅具2或4个红斑，红斑可大可小，有时在红斑中出现黑点等。大多数个体在鞘翅末端7/8处具1个明显的横脊。

生活习性：1年多代。捕食多种蚜虫、蚧虫，以及叶甲、蛾类幼虫等，食物不足时可捕食其他瓢虫，甚至自相残杀，或取食植物的花粉、花瓣或子房等。具趋光性。

分布：榆阳区（市区、鱼河镇、鱼河峁镇、上盐湾镇、镇川镇、古塔镇、青云镇、大河塔镇、麻黄梁镇、金鸡滩镇、马合镇、巴拉素镇、芹河镇、小纪汗镇、小壕兔乡）；除香港外全国广布；日本、俄罗斯、蒙古、越南，朝鲜半岛、欧洲、北美洲、南美洲。

211 马铃薯瓢虫

Henosepilachna vigintioctomaculata (Motschulsky, 1857)

识别特征： 体长6.6～8.2mm。前胸背板常常具5个黑斑，即1个中斑和1对侧斑，中斑似由3个斑组成，呈长条形；斑纹可扩大，前胸背板几乎黑色，前缘和侧缘棕色。每鞘翅有14个黑斑，第2排的斑纹不成1条斜线，有时一些斑纹常相连，或鞘翅几乎黑色，只剩一些红色细条纹。

生活习性： 1年2代。主要取食茄科和葫芦科等植物，也可取食入侵种刺萼龙葵。有时可见成虫在叶片上吸食蚜虫的蜜露。

分布： 榆阳区（古塔镇、青云镇）；陕西、北京、甘肃、黑龙江、吉林、辽宁、河北、山西、河南、山东、浙江、福建、台湾、广西、四川、云南、西藏；日本、俄罗斯、越南、尼泊尔、印度，朝鲜半岛。

212 多异瓢虫

Hippodamia variegata (Goeze, 1777)

识别特征： 体长4.0～4.7mm。前胸背板白色，基部有黑色横带，向前伸出4个指状纹，或相连而黑斑内有2个小白点。鞘翅黄褐色至红色，两鞘翅共有13个黑斑，黑斑变异很大，斑纹可部分消失（通常是基半部的3个），或斑纹相连。

生活习性： 可在多种生境中出现，如农田、果园、森林，捕食多种蚜虫。

分布： 榆阳区（市区、牛家梁镇、巴拉素镇、芹河镇、小纪汗镇、小壕兔乡、岔河则乡）；陕西、北京、甘肃、宁夏、新疆、内蒙古、黑龙江、吉林、辽宁、河北、山西、河南、山东、福建、四川、云南、西藏；印度、尼泊尔、澳大利亚，非洲、古北区、北美洲、南美洲。

213 长斑弯叶毛瓢虫

Nephus koltzei (Weise, 1887)

识别特征： 体长1.6mm。体黑色，触角、足及腹部腹面末端棕红色。鞘翅具长卵形棕红色斑，其前端稍过鞘翅中部。前胸腹板突较宽，第1腹板后基线不完整。

生活习性： 捕食蚜虫、蚧虫。

分布： 榆阳区（马合镇）；陕西、北京、甘肃、辽宁、河北、河南、广西、四川、贵州；俄罗斯，朝鲜半岛。

214 十二斑巧瓢虫

Oenopia bissexnotata (Mulsant, 1850)

识别特征： 体长3.8～5.2mm。头黄色，头顶黑色，雌虫常具黑褐色的唇基和上唇。前胸背板黄色，基部具1中部分叉的黑斑，有时黑斑扩大，伸达前缘，仅前角具1大四边形黄斑和中部呈黄色的楔形斑。鞘翅黑色，每鞘翅有6个黄斑。

生活习性： 生活于农田、阔叶林或小灌木丛中。捕食麦长管蚜、棉蚜、苹果绵蚜等多种蚜虫。

分布： 榆阳区（红石桥乡）；陕西、北京、甘肃、青海、新疆、黑龙江、吉林、辽宁、河北、山东、湖北、四川、云南、贵州；俄罗斯、蒙古，朝鲜半岛。

215 龟纹瓢虫

Propylea japonica (Thunberg, 1781)

识别特征： 体长3.5～4.7mm。斑纹多变，雌虫额中部具1黑斑，有时较大而与黑色的头顶相连，雄虫无此黑斑；前胸背板白色或黄白色，中基部具1大型黑斑，有时黑斑缩小。鞘翅黄色、黄白色或橙红色，侧缘半透明，鞘缝黑色，典型的斑纹为龟纹状，鞘翅上的斑纹可扩大相连，甚至鞘翅大部黑色，仅小盾片外侧具1个或大或小的黄白色斑和浅色的外缘，或黑斑缩小，鞘翅只剩前后2个小黑斑，或只有肩角处具1小黑斑，或无斑纹，只有黑色的鞘缝；足均为黄褐色。

生活习性： 常见于农田杂草、果园树木上等，捕食多种蚜虫，也可捕食粉虱、木虱、螨类等。有较强的趋光性。

分布： 榆阳区（鱼河镇）；全国广布；日本、俄罗斯、越南、不丹、印度，朝鲜半岛。

216 四斑小毛瓢虫

Scymnus fronlalis (Fabricius, 1787)

识别特征：体长2.8～3.4mm。额部黄棕色（雄）或黑色（雌）。前胸背板黑色，雄虫具很窄的棕色前缘及侧角，雌虫几乎全黑。鞘翅黑色，每鞘翅有2个前后分离的棕色大斑，各斑均不与翅缘或鞘缝靠近。足为棕色。

生活习性：捕食多种蚜虫。

分布：榆阳区（牛家梁镇）；陕西、北京、新疆；俄罗斯、蒙古，朝鲜半岛、中亚至欧洲、北非。

217 十二斑褐菌瓢虫

Vibidia duodecimguttata (Poda, 1761)

识别特征：体长3.1～4.7mm。体红褐色或黄褐色，头白色，有时头顶具2个浅褐色圆斑。每鞘翅上具6个白斑。

生活习性：取食杨树、刺槐等叶片上的白粉菌。具趋光性。

分布：榆阳区（市区、鱼河镇、古塔镇）；陕西、北京、甘肃、青海、吉林、河北、河南、上海、福建、湖南、广西、四川、贵州、云南、西藏；日本、俄罗斯、蒙古、越南，朝鲜半岛、中亚至欧洲。

蚁形甲科 Anthicidae

体长1.5～16.0mm。体壁较柔软，被伏毛。

头大而下垂，在眼后方强烈收缩；复眼近圆形，颈部细。触角11节。前胸背板与头部近等大，窄于鞘翅，略长卵形，前缘宽于后缘，多数在近基部有横缢痕；部分种类有前伸的角状突；鞘翅覆盖腹部。跗式5-5-4。

世界性分布。成虫多为腐食性，有些以花粉、植物渗出液、真菌菌丝体及孢子为食，有些则分别为仓储害虫和捕食性昆虫。

世界记录3500多种；中国记录153种。

218 南京蚁形甲

Cordicollis nankineus (Pic, 1913)

识别特征： 体长2.5mm。体黄褐色被密毛，头及鞘翅中后部黑色（除翅端），黑色区内具卵形黄褐色斑，有时斑纹扩大，达两侧，前胸背板窄于头（两复眼处），两侧圆突，后2/5收窄，平直。鞘翅较短，长约为宽的1.8倍。后足基跗节短，明显短于其余节之和。

生活习性： 具趋光性。

分布： 榆阳区（孟家湾乡）；陕西、北京、河北、江苏；俄罗斯、哈萨克斯坦。

219 | 三斑角蚁形甲
Notoxus trinotatus Pic, 1894

又名：一角甲。

识别特征：体长4.0～5.2mm，体背黄褐色，具不同的黑斑，鞘翅中缝基部2/3黑色，端部1/3两侧具卵形黑斑，有时在鞘翅的近基部两侧各有1卵形黑斑；前胸向前非常突出，两侧缘具几个小齿。

生活习性：腐食性，也访花，或捕食多种小昆虫。具趋光性。

分布：榆阳区（市区、青云镇、金鸡滩镇、牛家梁镇、小纪汗镇）；陕西、北京、宁夏、甘肃、新疆、内蒙古、黑龙江、河北、天津、山西、山东；日本、俄罗斯、蒙古至中亚；朝鲜半岛。

花蚤科 Mordellidae

体小型至中型，偶大型；细长，腹部末端楔形，具臀锥。

头部下弯；触角短丝状，11节，偶10节，末端略粗或锯齿状。中胸盾片具“V”形盾间缝。鞘翅完全覆盖腹部。跗式5-5-4；后足腿节常膨大。腹部可见腹板5～6节。

世界广布。成虫栖息于花中，特别喜食伞形花序和寄生朽木的真菌。幼虫取食活草茎和朽木，但也有生活于白蚁巢内捕食白蚁的报道。

世界记录140属2565种；中国记录42属195种。

220 花蚤

Mordella sp.

识别特征： 体小型，黑色。触角近锯齿状，向后伸达前胸背板基部。前胸背板横宽，隆凸；前缘弧凸，后缘三叶状，中叶弧凸，前侧角弧圆，后侧角钝鞘翅细长，端圆，中部有时具不明显银白色斑纹具光泽；足细长；腹部各节后缘具白色毛带；臀板长而尖。

分布： 榆阳区（鱼河镇）；陕西。

芫菁科 Meloidae

体长5.0～45.0mm，体柔软，大多数种长形；黑色、红色或绿色等，有时具鲜明的金属色彩。

头下口式，比前胸背板大，下垂，后头急剧缢缩；复眼大，左右离开；触角11节，多为丝状、棒状，部分栉（锯）齿状或念珠状，有时雄虫中间的节变粗。前胸背板通常端部最窄；鞘翅软，完整或短缩，有时极度分离。足细长，跗式5-5-4，爪2裂。腹部可见腹板6节。

广布于除新西兰、南极及波利尼西亚群岛外的世界各地。具有独特的复变态生活史。幼虫半寄生半捕食，生活在蝗卵囊或蜂巢中。成虫喜食菊科、豆科、伞形花科植物，受到惊吓时会从腿节和胫节连接处分泌斑蝥素以自卫。斑蝥素能侵蚀皮肤，使之变红，形成水泡。

世界记录约120属3000余种；中国记录25属192种。

221 霍氏沟芫菁

Hycleus chodschenticus (Ballion, 1878)

识别特征： 体长12.5～17.0mm。体黑色，密布黑色长竖毛。触角短，仅达前胸后缘。前胸宽稍大于长，两侧平行，前端收窄背板密布细小刻点，中央有1条光纵纹，在后缘中间之前有1个横凹洼。鞘翅黄色，具黑斑：在翅基有1个半圆形的黑斑，后侧有1个独立圆斑；翅的中部有1个横斑，此斑有时分裂为2个小斑；在翅端1/4处的外侧有1个大斑，内侧有1个小斑翅的端缘黑色。

生活习性： 1年1代。成虫可取食锦鸡儿、苹果、沙果、打碗花等，幼虫幼期捕食蝗卵。

分布： 榆阳区（古塔镇、大河塔镇）；陕西、北京、甘肃、宁夏、新疆、内蒙古、黑龙江、河北、山西、江西、湖北、湖南；中亚。

222 绿芫菁

Lytta caraganae (Pallas, 1781)

识别特征： 体长12～20mm。体金绿色，有金属光泽，前胸背板光滑无毛。触角为体长的1/3，念珠状。雄虫前中足第1跗节基半部细，腹面凹入，端部膨大，形似马蹄状。

生活习性： 1年1代。成虫可取食苜蓿、槐、紫穗槐、豆类等植物，幼虫幼期捕食蝗卵。

分布： 榆阳区（市区、鱼河峁镇、古塔镇、大河塔镇、麻黄梁镇）；陕西、北京、宁夏、青海、甘肃、新疆、内蒙古、黑龙江、吉林、辽宁、河北、山西、河南、山东、江苏、安徽、湖北、湖南；日本、俄罗斯、蒙古，朝鲜半岛。

223 苹斑芫菁

Mylabris calida (Pallas, 1782)

识别特征： 成虫体长11～23mm，宽3.6～6.8mm，身体和足黑色，被黑色毛。头略呈方形，后角圆，表面密布刻点，中央有2个红色小圆斑。触角11节，末端5节膨大成棒状。前胸背板长稍大于宽，两侧平行，前端1/3处变窄；后端中央有2个圆形浅凹洼，一前一后排列。鞘翅淡黄至棕黄色，表面呈皱纹状。每鞘翅的基部和后部各有1对黑圆斑，有时后部的2个圆斑汇合成一条横斑；翅中部有一条较宽的黑色横斑纹，它的外侧端达到翅的侧缘，内侧端不达翅的中缝。

生活习性：取食苹果、胡枝子等。

分布：榆阳区（鱼河峁镇、镇川镇）；陕西、河北、内蒙古、山东、黑龙江、新疆、江苏；蒙古、朝鲜、韩国，中亚、欧洲东部、北非。

拟花蚤科 Scraptiidae

体微小至小型，较扁平，长卵圆形。

触角丝状，11节。前足基节窝开放；后足胫节与跗节等长；跗式5-5-4，倒数第2跗节双叶状；爪基部具齿。腹部可见腹板5节，末端无臀锥。

成虫多见于花上，经常成群聚集；幼虫见于树皮下、枯木或地衣中。

世界已知约35属500种；中国记录6属14种。

224 拟花蚤 *Anaspis* sp.

识别特征：体长2.5~2.7mm。体黑色，触角基部5节、口器（上唇基大部黑褐色）及足红褐色，但腿节（除基部）、中后足胫节（除基部）、跗节第1~3端部黑褐色，体背被淡黄色倒伏毛。

分布：榆阳区（麻黄梁镇）；陕西。

拟步甲科 Tenebrionidae

体小至大型，体形和体色多变；体壁通常坚硬，部分柔软。

头部通常卵形，前口式至下口式，较前胸为小；复眼通常小而突出；前唇基明显；触角生于头侧下前方，触角基节窝背观通常不可见；触角11节，偶9节或10节，形状多变。前胸背板较头宽，形状多变。鞘翅完整，末端圆，通常具发达假缘折，有些有明显翅尾；有些荒漠种类的鞘翅完全或部分愈合。足细长，跗式5-5-4，偶5-4-4或4-4-4，第1节总是长过第2节，无分裂的叶状节。腹部可见腹板5节。

世界性分布。栖息环境从树冠朽木、皮下、地下到仓库，食性分化复杂，植食性、肉食性至菌食性。少数种类可食动物粪便、尸体和小型活体动物。幼虫大多取食植物根部及仓库动植物产品，一些生活在木质隧道或皮下，捕食其内的昆虫幼虫和卵等。

世界记录2300属25000种；中国记录254属2800余种。

225 纳氏东鳖甲

Anatolica nureti Schuster & Reymond, 1937

识别特征： 雄成虫长9mm，宽4mm。雌成虫长12mm，宽5.5mm，黑色光亮。唇基前缘较平直，侧缘至触角内弯。前胸背板前端显著宽于后端，侧缘有棱，前大半段外扩圆弧，后小段较直，前侧角钝圆，后侧角及后缘圆弧，背面光滑，后端中部平凹，后缘棱中部消失。鞘翅基部下凹，沿翅缝较低平。翅面光滑，略有纵条痕迹。前胸腹板突钝，中央有纵凹。

生活习性： 见于石块下或植物根缘沙土内，取食多种植物的根。

分布： 榆阳区（市区、牛家梁镇、巴拉素镇、芹河镇、小纪汗镇、补浪河乡）；陕西、内蒙古、甘肃、宁夏；蒙古。

226 中华琵甲
Blaps chinensis Faldermann, 1835

识别特征： 体长18～20mm。体黑色，略有绸缎样光泽。触角第3节最长，稍短于后2节之和，第4～7节各节长度相近，端部4节呈念珠状。前胸背板长宽相近。鞘翅具8条点线，翅端较尖。

生活习性： 栖息于粮仓。

分布： 榆阳区（鱼河峁镇）；陕西、北京、宁夏、甘肃、内蒙古、辽宁、河北、山西、山东、河南、江西、湖北。

227 皱纹琵甲
Blaps rugosa Gebler, 1825

识别特征： 体长15～22mm。长椭圆形，黑色，有弱光泽。上唇长方形，前缘凹入并有稠密的棕色刚毛；唇基前缘，两侧弱弯，侧角略突出，额唇基缝明显可见；头顶中央隆起，有稠密粗刻点；复眼横形；上唇有细毛。触角第4～6节短，长宽近于相等，第3节最长，第7节粗圆柱形，第8～10节横圆球形，末节不规则卵形，端部4节前端被黄褐色感觉毛。前胸背板方形，前缘弧凹，两侧具饰边；后角向后略突出。鞘翅有明显的横皱纹和颗粒，两侧长圆弧形，雄性翅尾很短，约占整个翅长的1/11，翅的翅尾前陡峭地下沉。前足胫节直，外端部略扩大，端距扁。腹部较光亮，前面3节有较明显的刻点和皱纹，端部2节刻点非常明显。

生活习性： 取食针茅草、沙蒿、柠条。

分布： 榆阳区（古塔镇、青云镇、小纪汗镇、岔河则乡、补浪河乡）；陕西、河北、内蒙古、宁夏、甘肃、青海；蒙古、俄罗斯。

228 网目土甲

Gonocephalum reticulatum Motschulsky, 1854

识别特征： 体长4.5～7.0mm，体锈褐色至黑褐色，前胸背板两侧浅棕红色。头部和前胸前角近于等宽，背面有粗刻点；复眼前的颊向外斜伸，颊角尖，颊和唇基之间微凹；唇基沟深凹；触角短，长达前胸背板中部，第3节长于第2节，第4节长约与第2节相等，端部4节变为明显的锤。下唇须末节纺锤形。前胸背板宽是长的2倍，侧缘圆形并有少量锯齿，在后角之前略凹陷；背面密布粗网状刻点和少量光滑粒点；后角尖直角形。鞘翅两侧平行；刻点行细而显著，行间发亮，整个身体背面密布黄色弯毛；前胸背板的刚毛自每一刻点的中央伸出；鞘翅行间有2排不规则的毛列，刻点行上的刚毛从小圆刻点中间伸出。

生活习性： 1年1代。幼虫生活在地下，食性广，取食种子和嫩根、茎；成虫在地面活动，取食植物的嫩茎。具趋光性。

分布： 榆阳区（市区、青云镇、芹河镇）；陕西、北京、甘肃、宁夏、内蒙古、黑龙江、吉林、辽宁、河北、山西；蒙古、俄罗斯，朝鲜半岛。

郭公甲科 Cleridae

体小至中型，长形，部分近圆形；体表具竖毛；体色黑红色、绿色等，并具金属光泽。

头大，三角形或长形。触角多样，11节。前胸背板多数长大于宽，表面隆突具凹洼，通常基部和端部缢缩，前横沟常明显。鞘翅两侧平行，表面毛长且密。跗式5-5-5，前足第1～4跗节常明显双叶状，有时第1或第4节小，分别被第2或第3节遮盖。腹部可见腹板6节，少数5节。

世界性分布，主要产于热带与亚热带。成、幼虫栖息环境相同，但捕食对象可能不同；均为捕食性，少数为腐食性；有些属的成虫取食花粉，有些是重要的仓库害虫。自然情况下，成虫活动在树干、朽木、树叶和花上，藏于其中觅食，捕食小型昆虫，有些种类的幼虫捕食蝗蛆，有些栖息于蜂房之中。

世界记录303属3570种；中国记录30属150种。

229 中华毛郭公虫
Trichodes sinae Chevrolat, 1874

又名：中华食蜂郭公虫。

识别特征：体长9～18mm。头及前胸深蓝色，鞘翅红色，基部具半圆形小黑斑，基部1/3、端部1/3和翅端具黑色横纹。触角短，触角棒3节，较宽大。

生活习性：幼虫捕食蜜蜂科、切叶蜂科巢内的幼虫。成虫可访多种植物的花。

分布：榆阳区（鱼河峁镇）；陕西、北京、宁夏、甘肃、青海、新疆、内蒙古、黑龙江、吉林、辽宁、河北、山西、河南、山东、上海、江苏、浙江、江西、福建、湖北、湖南、广东、广西、四川、重庆、贵州、云南、西藏；俄罗斯、蒙古，朝鲜半岛。

露尾甲科 Nitidulidae

体微小至中型，宽扁，通常卵圆形或长形；黑色或褐色。

头显露，上颚宽，强烈弯曲；触角通常11节，端部3～4节紧密结合，膨大呈棒状，有时10节或更少，棒状部2节。前胸背板宽大于长。前胸背板和鞘翅边缘通常平展。鞘翅宽大，表面有纤毛和刻点行，常短缩，臀板外露或末端2～3节背板外露。前足胫节外侧具锯齿突起，跗式5-5-5，第3节双叶状，第4节很小，第5节较长。

世界性分布。成、幼虫均食腐败植物组织、花粉、花蜜等，常见于腐烂物、松散的树皮及潮湿处，有些种类生活在花或菌类上，少数捕食或潜叶。

世界记录350属4500余种；中国记录40属190种。

230 谷露尾甲

Carpophilus sp.

识别特征： 体长3.0mm左右。体近棱形，黑色，足跗节褐色；体背具细密刻点及淡黄色细毛。前胸背板前半稍窄于后半，前缘不凹入。小盾片略五边形。鞘翅稍长于前胸背板，约为后者的1.2倍，明显短于宽，宽长比为1.3；鞘翅端缘斜切。

生活习性： 腐食性，成虫访花。

分布： 榆阳区（岔河则乡）；陕西。

隐食甲科 Cryptophagidae

体长0.8～5mm，长圆形或卵形，颜色多种多样，最暗、最亮或红棕色，隆起，密生微毛。

触角位于额上或额侧缘下方，棍棒状，11节，棒头为3节，极为2或4节。复眼后方有一扁平横纹。前胸背板侧缘具齿。鞘翅掩盖全部腹背。前胸腹板后延与中胸腹板相遇。中胸腹板与后胸腹板会合，中足基节外方关闭。腹部腹面5节。各基节左右分离。跗节5-5-5或5-5-4。

分布于世界各地，以温带地区较为丰富，热带种类大多数生活在海拔较高地区。成、幼虫以真菌为食，生活在各种各样的栖息地和环境中，如腐烂的木材和脱落的动物皮毛。

世界记录62属600余种；中国记录14属55种。

231 中华隐食甲

Micrambe sinensis Grouvelle, 1910

识别特征：体长1.7～2.2mm。体赤褐色，体背被毛，头胸部暗褐色，鞘翅两侧、基部暗褐色，鞘翅中部在鞘缝两侧具暗褐色纵条，有时扩大，与体侧的暗褐色斑相连。触角11节，第4、6～8节长大于宽，棒节3节前胸背板长小于宽，侧缘具许多小齿，基部收窄。体背具刻点，明显，在鞘翅上不成列；后翅发达。雄虫前足跗节基部3节扩大，稍宽于后2节。

生活习性：腐食性。成虫取食蜜露，具趋光性。

分布：榆阳区（牛家梁镇、小纪汗镇）；陕西、北京、河南、湖北、云南。

锯谷盗科 Silvanidae

体长1.5～5mm，长形或卵圆形，棕色，被短柔毛和密斑点。

头明显，三角形或半圆形；触角11节，端部3节呈棒状。前胸背板长形，少有卵圆形者，基部窄于鞘翅。鞘翅长，盖及腹部。跗节一般5-5-5，少数雄虫为5-5-4。

分布于除南极外的所有大陆，以东半球热带地区的物种最为丰富。多以真菌为食，见于朽木皮下和湿润森林的朽木外面，或蛀木蠹虫虫道中，仓库、竹器等物品中。

世界记录约60属500余种；中国记录15属约30种。

232 三星谷盗
Psammoecus triguttatus Reitter, 1874

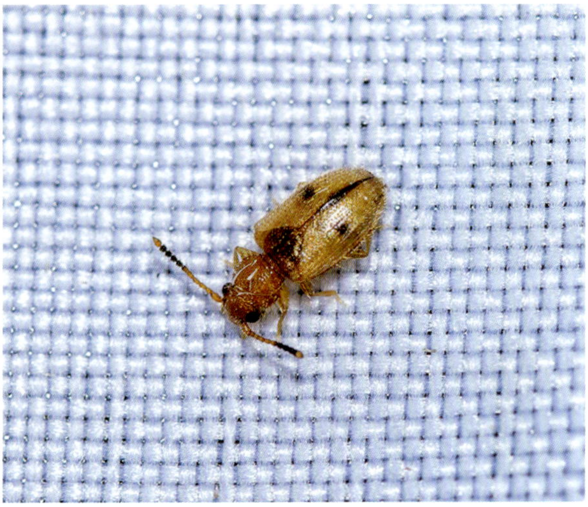

识别特征： 体长2.3～2.8mm。体扁平，黄褐色，被淡黄色毛。触节11节，第1节最粗大，第7～10节黑褐色，余浅褐色。前胸背板两侧具多个齿突，齿端具1根长毛，背板后缘较窄。鞘翅具10列刻点，鞘翅基半部两侧具伸向外方的长毛，鞘缝端半部红褐色，后部稍膨大，鞘翅中部各具1个红褐色斑，有时此斑消失。

生活习性： 腐食性，具趋光性。

分布： 榆阳区（市区）；陕西、北京、黑龙江、浙江、福建、湖南、四川；日本、俄罗斯、越南，朝鲜半岛。

叶甲科 Chrysomelidae

体长0.9～40mm。体形多变，近椭圆形、卵形、圆柱形和长形；体色多变，大多光滑，极少数具瘤，有些体下侧具密毛。

头部外露，多为亚前口式；复眼突出；触角11节，丝状、棒状、锤状、齿状、锯齿状、念珠状不等。前胸背板形状多变。鞘翅形状多变，完全盖及腹部，当其短缩时，臀板外露。后翅发达、短缩或缺如。腹部可见腹板5～7个。足较长，腿节粗；跳甲亚科腿节十分膨大，善跳；跗式5-5-5或4-4-4。

世界性分布。成、幼虫均为植食性，成虫取食植物花粉、花蜜、花瓣、花的胚珠，或叶和嫩枝、水果、种实、幼苗。幼虫多取食植物叶片、活立木茎皮、根部、种实和枯枝落叶。有些种类为腐食性，有些与蚂蚁共生。

世界记录12亚科2340属4万种；中国记录10亚科1400余种。

233 紫穗槐豆象

Acanthoscelides pallidipennis (Motschulsky, 1874)

识别特征： 体长雄虫1.5～2.0mm，雌虫2.4～2.8mm。头黑色，额部具稀疏白毛，唇基及复眼旁被密毛；触角基部4节褐色，其余黑褐色，其中第5～10节呈锯齿状。前胸背板黑色，密被白色或淡黄色毛。鞘翅表皮大部红褐色，基缘、侧缘及翅缝处黑色；上面密被白色或淡黄色毛。腹部及臀板被均一的白毛。后足腿节内侧近端具4个小齿，其中第2个（从基部数）最大，上部还有些很小的突起。

生活习性： 1年1～2代。幼虫蛀食紫穗槐的种实；成虫取食紫穗槐花蜜，啃食花瓣和幼嫩种荚皮。成虫飞翔能力强，访花。有假死性，具趋光性。

分布： 榆阳区（市区、鱼河镇、青云镇、大河塔镇、金鸡滩镇、牛家梁镇、马合镇、芹河镇、小纪汗镇、小壕兔乡、岔河则乡、红石桥乡）；陕西、北京、宁夏、新疆、内蒙古、黑龙江、吉林、辽宁、河北、天津、河南、山东、浙江、江西；日本、英国、匈牙利，朝鲜半岛、北美洲。

234 淡胸藜龟甲
Cassida pallidicollis Boheman, 1856

识别特征： 体长5.2～6.8mm。小盾片及前胸背板淡褐色（有时稍带绿色），鞘翅黑色（隆脊或小突起具棕红色斑）或棕色（具黑色小斑，翅端常大片黑色）。鞘翅基部较前胸宽，表面凹凸不平，近缝处具明显的纵向隆脊，并有1明显的横脊，2鞘翅合起来略呈“H”形。

生活习性： 1年2代。成虫和幼虫取食藜。具趋光性。

分布： 榆阳区（上盐湾镇）；陕西、北京、内蒙古、黑龙江、吉林、河北、山西、山东、江苏、安徽、浙江、广西；俄罗斯，朝鲜半岛。

235 杨叶甲
Chrysomela populi Linnaeus, 1758

识别特征： 体长8.0～12.5mm。体黑蓝色，具金属光泽，但鞘翅棕黄色至红色，翅端鞘缝处常具1小黑斑。

生活习性： 1年2代。成虫和幼虫取食多种杨、柳。成虫可远距离迁飞。

分布： 榆阳区（市区、麻黄梁镇、红石桥乡）；陕西、北京、甘肃、宁夏、青海、新疆、内蒙古、黑龙江、吉林、辽宁、河北、山西、山东、江苏、安徽、浙江、江西、福建、湖北、湖南、广西、四川、贵州、云南、西藏；日本、俄罗斯、印度，朝鲜半岛、中亚至欧洲、北非。

236 柳十八斑叶甲

Chrysomela salicivorax (Fairmaire, 1888)

又名：柳十八星叶甲、柳九星叶甲。

识别特征：体长6.3～8.0mm。体色（包括足）及斑纹多变，头、前胸背板中部、小盾片及腹面深青铜色，前胸背板两侧及鞘翅灰白色至橙红色，每鞘翅具9个黑斑，小盾片后侧的黑斑较短，长略大于宽；斑纹可减少，甚至无斑纹。

生活习性：1年2代。成虫和幼虫取食柳树的叶片。

分布：榆阳区（市区、鱼河镇）；陕西、北京、甘肃、吉林、辽宁、河北、山东、安徽、浙江、江西、四川、贵州；朝鲜。

237 榆隐头叶甲

Cryptocephalus lemniscatus Suffrian, 1854

识别特征：体长3.5～6.0mm。体棕红色至黄棕色，具黑斑（闪墨绿色光泽）；头后缘及头顶中央具纵斑，前胸背板两侧及鞘翅中部具纵纹。触角丝状，端部黑褐色。小盾片黑色，有时端部具红黄色斑。

生活习性：1年1代。取食榆树。幼虫生活在虫袋（巢）中，带着巢行走和取食。

分布：榆阳区（青云镇）；陕西、北京、新疆、内蒙古、黑龙江、吉林、辽宁、河北、山西、河南、山东；俄罗斯、蒙古。

238 黑纹隐头叶甲

Cryptocephalus limbellus semenovi Weise, 1889

识别特征： 体长4.2～4.5mm。体黑色，具黄色斑纹；额部具1对黄斑，触角基半部棕褐色，端半部黑褐色；前胸背板前缘、后角、中线前半部黄色，后半部中线两侧具1对近圆形黄斑；每鞘翅具1长“U”形黄斑；足黄褐色，腿节外侧具黄斑。鞘翅上的刻点明显比前胸的粗大。

生活习性： 寄主植物为大麻、苜蓿、核桃、小麦等。

分布： 榆阳区（市区、岔河则乡）；陕西、北京、甘肃、青海、内蒙古、黑龙江、吉林、河北、天津、山西、山东；日本、俄罗斯、蒙古，朝鲜半岛。

239 梨光叶甲

Smaragdina semiaurantiaca (Fairmaire, 1888)

识别特征： 体长5.2～6.0mm。体蓝绿色，具金属光泽，口器、触角、前胸背板和足淡黄色至黄褐色。触角短，自第5节起呈锯齿状（色略深）。小盾片长，三角形，顶端尖。

生活习性： 1年1～2代。取食梨、杏、苹果、榆等。

分布： 榆阳区（市区）；陕西、北京、宁夏、黑龙江、吉林、河北、山东、江苏、河南、湖北、四川；日本、俄罗斯，朝鲜半岛。

240 黑额光叶甲

Smaragdina nigrifrons (Hope, 1842)

识别特征：体长6.5～7.0mm。头漆黑，前胸背板红褐色，具1对黑斑或无；鞘翅红褐色，具2条宽横带（有时减退，基部的黑带减退为1对黑斑，或鞘翅上无斑）；足黑色。

生活习性：1年1～2代。取食枣、酸枣、紫薇、蒿属、栗属、地锦、柳等多种植物。

分布：榆阳区（鱼河峁镇）；陕西、北京、宁夏、黑龙江、吉林、辽宁、河北、山西、河南、山东、江苏、安徽、浙江、江西、福建、台湾、湖南、广东、广西、四川、贵州；日本、俄罗斯、越南，朝鲜半岛。

241 褐足角胸肖叶甲

Basilepta fulvipes (Motschulsky, 1860)

识别特征：体长3.0～5.5mm。体色多变，体背铜绿色，或头和前胸棕色，鞘翅绿色，或体棕红色。触角丝状，棕红色，端部6～7节黑色或黑褐色，雌虫达体长之半，雄虫达体长的2/3，第3、4节最细，两者长度相近或第3节稍短于第4节。前胸背板宽不及长的2倍，近六角形，两侧在基部之前突出成较锐或较钝的尖角。

生活习性：1年1代。成虫取食樱桃、榆叶梅、李、苹果、枫杨、榆、菊、艾蒿等植物的叶片；幼虫在地下取食植物的根。

分布：榆阳区（市区、鱼河峁镇、青云镇、牛家梁镇）；陕西、北京、宁夏、黑龙江、辽宁、河北、山西、山东、江苏、浙江、江西、福建、台湾、湖北、湖南、广西、四川、贵州、云南；日本、俄罗斯，朝鲜半岛。

242 | 中华萝藦叶甲
Chrysochus chinensis Baly, 1859

识别特征： 体长7.2～13.5mm。体蓝紫色、蓝色、蓝绿色。触角黑色，端部5节无光泽；复眼内侧具1条浅狭沟。鞘翅基部1/4处有1横沟，明显。爪呈双齿型，一大一小。

生活习性： 1年1代。成虫多取食萝藦科植物，也会取食茄科、夹竹桃科、豆科、旋花科植物，幼虫在地下取食根。

分布： 榆阳区（市区、鱼河镇、鱼河峁镇、青云镇、麻黄梁镇、金鸡滩镇、牛家梁镇、孟家湾乡、岔河则乡、红石桥乡）；陕西、北京、宁夏、甘肃、青海、内蒙古、黑龙江、吉林、辽宁、河北、山西、河南、山东、江苏、浙江、江西；日本、俄罗斯、印度，朝鲜半岛。

243 杨梢肖叶甲

Parnops glasunowi Jacobson, 1894

识别特征： 体长5.0～6.2mm。体黑色，密被灰黄色倒伏鳞片状毛；触角及足淡红褐色。触角丝状，约为体长之半，第1节粗大，长椭圆形，第2节短于第3节而稍粗，第4节稍长于第3节而短于其后各节。前胸背板近矩形，宽大于长，约与鞘翅基部等宽，侧缘平直，后角呈直角。小盾片舌形。鞘翅基部宽，稍向端部收窄。

生活习性： 成虫多集中在林木的树冠或林丛中，白天活动，有假死性，取食杨、柳的梢和叶片；幼虫在土中生活，取食植物的根。有趋光性。

分布： 榆阳区（市区、古塔镇、青云镇）；陕西、北京、甘肃、新疆、内蒙古、辽宁、河北、山西、河南；土库曼斯坦、塔吉克斯坦、乌兹别克斯坦。

244 双斑长跗萤叶甲

Monolepta signata (Oliver, 1808)

识别特征： 体长3.7～4.4mm。体棕黄色；触角黑色，基部1～3节黄褐色。每鞘翅基半部具1个近圆形的黄白色斑，近鞘缝处的黑斑可向端部延伸，有些个体黑色带纹模糊不清或消失；中后胸黑色；腹部淡棕黄色；足黄褐色，胫节端部及跗节黑褐色。

生活习性： 1年1代。可取食豆科、十字花科蔬菜，杨、柳等植物。具趋光性。

分布： 榆阳区（市区、金鸡滩镇、小纪汗镇、小壕兔乡）；除青海外全国广布；日本、俄罗斯、蒙古、印度、澳大利亚，朝鲜半岛、东南亚。

245 阔胫萤叶甲

Pallasiola absinthii (Pallas, 1773)

识别特征： 体长6.5~7.5mm。全身被毛，体黄褐色，头后半部、触角、小盾片、鞘翅缝黑色；前胸背板中央有1条黑色横带，鞘翅有3条黑色纵线，其中外侧2条在近翅端处相连或不连。

生活习性： 1年1代。成虫和幼虫取食多种蒿。

分布： 榆阳区（麻黄梁镇）；陕西、北京、宁夏、甘肃、青海、新疆、内蒙古、黑龙江、吉林、辽宁、河北、四川、云南、西藏；俄罗斯、蒙古、吉尔吉斯斯坦。

246 榆黄毛萤叶甲

Pyrrhalta maculicollis (Motschulsky, 1853)

又名： 榆黄叶甲。

识别特征： 体长6.0~7.5mm。全身被毛，黄褐色至褐色，触角大部分为黑色，头顶及前胸背板各具1个和3个黑斑，鞘翅肩部具黑斑。

生活习性： 1年2代。成虫和幼虫取食榆。

分布： 榆阳区（鱼河峁镇）；陕西、北京、甘肃、黑龙江、吉林、辽宁、河北、山西、河南、山东、江苏、浙江、江西、福建、台湾、广东、广西；日本、俄罗斯，朝鲜半岛。

247 柳沟胸跳甲
Crepidodera pluta (Latreille, 1804)

识别特征： 体长2.8～3.0mm。体背蓝色或绿色；前胸背板常带金红色金属光泽；触角基部4节淡棕黄色，其余黑色，触角可伸达鞘翅基部1/3处，第1节粗大；足棕黄色，后足腿节大部分深蓝色，粗大；鞘翅具10列刻点。

生活习性： 1年多代。取食杨、柳等植物。具趋光性。

分布： 榆阳区（市区）；陕西、北京、甘肃、新疆、黑龙江、吉林、河北、山西、湖北、云南、西藏；日本、俄罗斯，中亚、欧洲。

暗天牛科 Vesperidae

体长8.0～50.0mm。体两侧平行、扁平至粗壮、凸起。

复眼小至很大，强烈突出。触角11节，丝状、念珠状、锯齿状或梳状。鞘翅发达或强烈短缩，有些种类的雌性大多短翅至无翅；偶短翅和（或）腹部膨大。腹部可见腹板5个。跗式5-5-5。

分布于古北区、东洋区、新热带区、热带非洲和地中海。成虫不取食，寿命很短。幼虫陆生，主要以多种植物的根为食。

世界记录17属80种；中国记录4属13种。

248 | 芫天牛

Mantitheus pekinensis Fairmaire, 1889

识别特征：体长15～22mm。体黄褐色至黑褐色。触角第3～10节长度相似，约为柄节的3倍；雌雄二型：雄虫体细长，触角长于体鞘翅；雌虫体较短粗，鞘翅短，仅达腹部第2节，无后翅。

生活习性：幼虫蛀食苹果、刺槐、松等树干；幼虫孵化后下地，在土中生活，取食植物的根。雄虫具趋光性。

分布：榆阳区（市区、青云镇）；陕西、北京、内蒙古、黑龙江、河北、山西、河南、江苏、上海、福建、广东、广西；蒙古。

天牛科 Cerambycidae

体长2.4～175.0mm。圆柱形、扁平或长形；颜色多样。

头突出，前口式或下口式；触角着生在额瘤上，通常11节，少数较多，甚至可达30节，丝状为主；复眼发达，肾形，呈上、下两叶，并包围触角基部。前胸背板多具侧刺突或侧瘤突，盘区隆凸或具皱纹。鞘翅多细长，盖住腹部，腹部可见腹板5～6节，但一些类群鞘翅短小，腹部大部分裸露。足细长，跗节拟4节，爪简单。

世界性分布。有些成虫不取食，或可能吸食发酵液，或以成熟或发酵的水果为食，有些以花粉、孢子或类似物为食，有些访花，以活体植物或死树皮和真菌为食。

世界记录5000余属3.8万余种；中国记录3700余种。

249 中华裸角天牛

Aegosoma sinicum White, 1853

又名： 中华薄翅天牛、薄翅锯天牛。

识别特征： 体长30～52mm。体赤褐色至暗褐色，有时鞘翅深红棕色。额中央凹下，具细纵沟，后头较长。雄虫触角与体长相近，雌虫明显短于体长，均第3节最长。前胸背板近于梯形。鞘翅具2～3条细纵脊。

生活习性： 2年1代。成虫啃食树皮进行营养补充；幼虫蛀食苹果、枣、花椒、杨、柳、桑、榆、白蜡、云杉、冷杉、松等植物，自上向下蛀食，通常不见虫粪。具趋光性。

分布： 榆阳区（镇川镇）；陕西、北京、甘肃、内蒙古、黑龙江、吉林、辽宁、河北、天津、山西、河南、山东、江苏、上海、安徽、浙江、江西、福建、台湾、湖北、湖南、广西、海南、四川、贵州、云南；日本、俄罗斯、越南、老挝、缅甸，朝鲜半岛。

锥象科 Brentidae

体长3.0～80.0mm。狭长，两侧平行。

头及喙细长，前伸，约与前胸等长。触角短，丝状，9～11节，部分类群端部稍加粗。下颚无内颚叶；外咽缝1条。前胸背板长形，无侧缘，基部窄于鞘翅。鞘翅盖及腹端。足较粗，前足基节半圆形；跗式4-4-4。后胸腹板约与腹部等长；腹部可见腹板5节，基部两节多相连。

世界性分布。热带和亚热带地区的种类蛀木，干旱地区的种类与蚂蚁共生。成虫常见于朽木皮下，食茎叶和幼芽，有时在花和叶上。幼虫一般取食植物的木质部，稀有捕食者。

世界记录400余属约4000种；中国数据暂缺。

250 柳瘿象 *Melanapion* sp.

识别特征：体小型，体壁深色，体表多具稀疏刚毛。喙较短，无显著膨大区域。前胸背板近方形，鞘翅刻点沟宽于行间，刻点粗大、连续呈链状。雄虫胫节端部无胫端距。

生活习性：寄生柳属植物。雌虫将卵产于柳厚壁叶蜂幼虫制造的虫瘿上，幼虫在虫瘿的壁上发育，通常一个虫瘿可被1～3个象甲寄生。

分布：榆阳区（市区）；陕西。

251 尖喙象 *Oxystoma* sp.

识别特征：体型相对略大，体壁深色，多具较浓密的刚毛。雌、雄虫的喙在基部均膨大，使得喙呈显著的锥形。雄虫喙端部光滑无毛。触角沟深，直达头部下方，眼下脊伸达复眼后缘。

生活习性：寄主多为豆科植物，雌虫产卵于豆荚，幼虫取食种子并发育成长。

分布：榆阳区（古塔镇）；陕西。

象甲科 Curculionidae

体长2.0～70.0mm，体壁骨化强烈，多数种类被鳞片。

额向前延伸形成像象鼻一样的长喙管。头部有可容纳触角的沟槽。触角11节，棒膝状，分柄节、索节和棒节3部分。胸部较鞘翅窄，两侧较圆。鞘翅卵圆形，具10条纵条沟，端部具翅坡，多盖及腹端。跗式5-5-5，第3节双叶状，第4节小，位于其间。

世界性分布。成、幼虫均植食性。大部分种类蛀入植物组织内。许多幼虫只取食一种植物或近缘植物，成虫取食范围较广。行动缓慢，假死性强，少数有趋光性。

世界记录约4600属50000余种；中国记录1000余种。

252 多型象 *Notaris* sp.

识别特征：体中型，体壁棕色至黑色。喙细长完全，具有成排的刻点。触角着生于喙端部1/3处，触角索节7节，棒节膨大不显著。前胸背板呈圆锥形，两侧缘呈弧形弯曲，背板表面具有明显刻点。鞘翅狭长，小盾片小，略呈三角形。前足胫节具有1个胫端距，中后足胫节具有2个胫端距。

生活习性：取食禾本科、莎草科和香蒲科等植物。

分布：榆阳区（小壕兔乡）；陕西。

253 邵武白点龟象
Cardipennis shaowuensis (Voss, 1958)

识别特征：体小型，黑色。鞘翅缝上部和前胸背板中央有浅色纵沟。复眼后方的前胸背板有强烈侧突。

生活习性：寄主为大麻科植物。

分布：榆阳区（市区）；陕西、北京、河北、辽宁、河南、江苏、福建、四川；日本、韩国、俄罗斯。

254 丽鳞船象
Cosmobaris scolopacea (Germar, 1819)

识别特征：成虫体长2.5～3.8mm，体壁黑色。鞘翅由黄色和白色鳞片镶嵌成斑翅。喙极度弯曲，与前额相连处有一较深的横沟。鞘翅不长，不覆盖腹部末端。

生活习性：取食豚草属、藜属、盐角草属、碱猪毛菜属和一些其余的苋科植物。幼虫在茎中取食。

分布：榆阳区（市区）；陕西。

255 杨潜叶跳象

Tachyerges empopulifolis (Chen, 1988)

识别特征： 成虫近椭圆形，长2.3～2.7mm，宽1.3～1.5mm，触角和足浅黄褐色，前胸被覆黄褐色毛。初羽化成虫全身密被黄色粉末。

生活习性： 1年1代。幼虫潜叶，寄主为小叶杨、青杨、北京杨等杨树；成虫啃食叶表层。具趋光性。

分布： 榆阳区（市区、鱼河镇、古塔镇、牛家梁镇、巴拉素镇、岔河则乡、补浪河乡）；陕西、内蒙古、辽宁、河北、山东。

256 卵象属 *Calomycterus* sp.

识别特征： 体小型，体壁颜色浅，被覆灰色鳞片。头短宽，复眼小，额宽大。前胸背板长，宽近似，前后缘平直。鞘翅卵形，无肩，鞘翅基部平截，端部钝圆。

生活习性： 成虫取食多种植物；幼虫在地下生活，取食植物的根和地下有机质。

分布： 榆阳区（市区）；陕西。

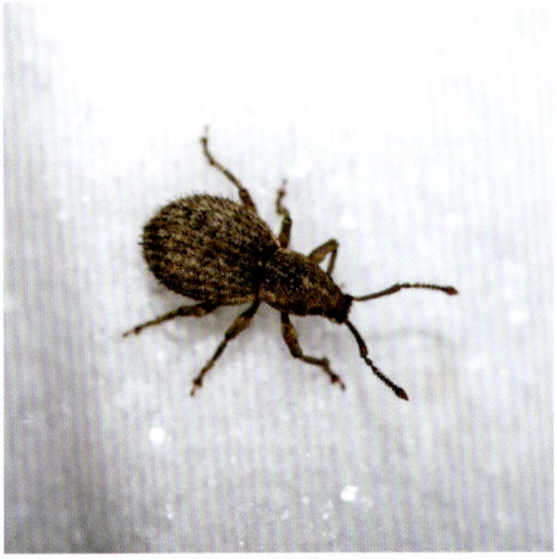
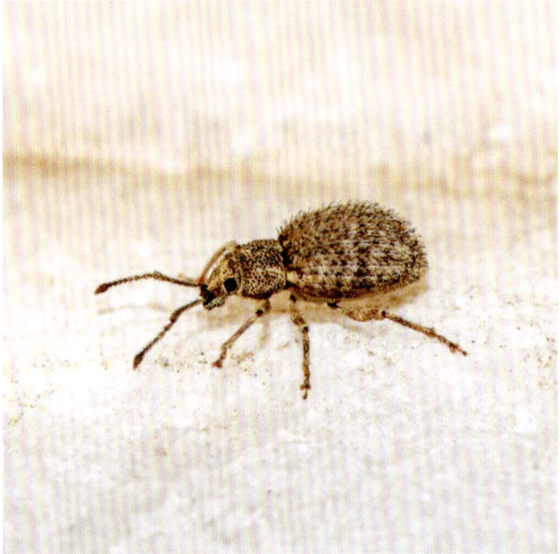

257 草象 *Chloebius* sp.

识别特征： 体小型，体壁深色，被覆绿色具有金属光泽的鳞片。喙短，背面观两侧近平行。触角细长。前胸背板两侧呈圆弧状，中间最宽。小盾片小，钝三角形。鞘翅具肩。

分布： 榆阳区（大河塔镇、芹河镇、岔河则乡）；陕西。

258 方格毛角象
Cyphicerinus tesselatus (Motschulsky, 1860)

识别特征：体长5.2～6.0mm。体壁黑褐色或红褐色，密被灰白色鳞片，鞘翅具褐色斑点。头略窄于前胸，喙稍窄于额部，无隆线；触角细长，索1、2节略等长，索2节与索3、4节长之和相近。前胸宽大于长，远窄于鞘翅，两侧中部弧形突出。鞘翅行间具1列刚毛，短于行间宽。足腿节端部1/3各具1小齿。

生活习性：取食杨、刺槐、核桃、栎类。

分布：榆阳区（市区）；陕西、北京、黑龙江、吉林、辽宁、河北、山西、四川、云南；俄罗斯，朝鲜半岛。

259 多纹叶缘象
Diglossotrox alashanicus Suvorov, 1912

识别特征：体长8.5～12.0mm。体黑褐色，被白色鳞片，前胸两侧鳞片淡粉红色：前胸背板近侧缘各具1条白色纵带；翅中部及行4、5间各具1白色纵带。喙粗短，表面斜坡状，末端两侧具叶突；触角达前胸背板中部，索1节是索2节的2倍长，棒节长卵形。前胸背板长、宽近相等，中部之前最宽，前、后缘中部均浅内凹；表面密被圆形小刻点。鞘翅两侧近平行，端部近圆锥状。

生活习性：取食骆驼蓬、沙蒿等。

分布：榆阳区（马合镇、小纪汗镇）；陕西、宁夏、内蒙古。

260 沙蒿大粒象

Adosomus grigorievi (Suvorov, 1915)

识别特征： 体长18.0～21.0mm。体黑褐色，被白色毛状鳞片。喙发达，中隆线强隆起，基部两侧具纵凹。胸部和腹部具大小不等的近圆形斑点，中部的较大；前胸背板及中部具白色纵纹，鞘翅具白色纵带，中部2条较细。

生活习性： 取食花棒、沙蒿。

分布： 榆阳区（巴拉素镇、芹河镇、岔河则乡）；陕西、宁夏。

261 臭椿沟眶象

Eucryptorrhynchus brandti (Harold, 1880)

识别特征： 体长11.5mm左右，宽4.6mm左右。体黑色。额部窄，中间无凹窝；头部布有小刻点；前胸背板和鞘翅密布粗大刻点；前胸前窄后宽。前胸背板、鞘翅肩部及端部布有白色鳞片形成的大斑，稀疏掺杂红黄色鳞片。

生活习性： 1年1代。成虫补充营养时亦可取食寄主叶柄、叶片及小枝皮层；幼虫蛀食臭椿、千头椿（多为幼树和衰弱树），有流胶现象。有趋光性。

分布： 榆阳区（鱼河峁镇、麻黄梁镇）；陕西、北京、天津、河北、山东、山西、内蒙古；日本、俄罗斯，朝鲜半岛。

262 波纹斜纹象
Lepyrus japonicus Roelofs, 1873

又名：杨黄星象。

识别特征：体长10～12mm。成虫全体灰黑。密被黄褐色鳞片。每个鞘翅的中后部各有1个“N”形白色斑纹。前胸背板内侧有白色纵条纹。足腿节近端部具小而尖的齿。

生活习性：1年1代。寄主为北京杨、加杨、小青杨；成虫食叶，也可取食柳叶；幼虫啃食地下根及须根。

分布：榆阳区（马合镇）；陕西、贵州、四川、黑龙江、吉林、辽宁、内蒙古、北京、河北、山西、甘肃、山东、安徽、江苏、浙江、福建；俄罗斯、朝鲜、日本。

双翅目 Diptera

包括蚊（mosquitoes）、蠓（biting midges）、蚋（black flies）、虻（horse flies）、蝇（house flies）等。起源于249.2Ma前的中生代三叠纪早期。

微小至中型，体长0.5～40mm。体短宽、纤细或圆筒形。

头下口式；复眼发达，单眼3个或无；触角不少于6节，丝状，或3节，短角状，或具芒状；口器刺吸式或舐吸式，上颚不明显，下唇扩张成1对肉质的瓣。前、后胸不明显，中胸很大，骨片分化明显；前翅发达，膜质，翅脉复杂，多翅室或翅脉简单；后翅特化为1对平衡棒；跗节5节。腹部11节或4～5节；雌虫常无产卵器。

完全变态。幼虫无足型或蛆型，头部明显或缩入前胸内，口器和足退化。生活周期短，1年发生数代，少数种类2年1代。

除口器退化的种类外，绝大多数种成虫多食性，取食液态食物，如花蜜、汁液，动、植物的分泌物或刺破动物皮肤吸收血液或捕食性。

陆生，幼虫少部分水生。成虫极善飞翔，是昆虫中飞行最敏捷的类群之一；自由生活在农田、森林、沙漠、河流沿岸、海滨、雪地及人畜生存的环境中，能在较大范围内活动，常在白天觅食、交配、产卵，部分种在夜间或黄昏活动。幼虫生活在土壤、树木、作物上，其中约有一半种生活在河流、湖泊和水坑中，少数种生活在咸水、石油池中。

许多种直接危害人类和家畜，甚至传播多种流行疾病，引起瘟疫。部分种类是农、林业的重要害虫或益虫。

世界性分布。世界已知约15万种，中国已知15000多种。

沼大蚊科 Limoniidae

体小型至中型，个别种类为大型。

喙短，无鼻突；触角14～16节。

大多数种类幼虫取食腐殖质、藻类等，少数种类为捕食性。

世界已知300余属10800余种；中国已知66属691种。

263 | 拟大蚊 *Limnophila* sp.

识别特征：复眼黑色，前胸细长，胸部有灰色条纹，翅褐色且带许多黑色斑点。平衡棒大。胸部发达，腹部灰白色。

分布：榆阳区（市区）；陕西。

大蚊科 Tipulidae

体小至大型，细长。

头端部延伸呈喙状，口器位于喙的末端，较短小；复眼通常明显、分离、无毛；无单眼；触角长丝状，有时锯齿状或栉状。中胸背板盾间缝呈“V”形。翅狭长，基部较窄，脉多；前翅9～12条纵脉伸达翅缘，臀脉2条。足细长。腹部长，雄性端部一般明显膨大，雌性末端较尖。

成虫飞翔一般较慢，基本不取食。

世界记录40余属4400余种；中国记录17属553种。

264 短柄大蚊
Nephrotoma sp.

识别特征： 雌虫体长17.6mm，翅长12.3mm。体黄色，具黑斑。后头具黑褐色斑，较小，远离复眼。触角丝状，13节，黑色，但基部2节黄色，第1鞭节基部常黄褐色。中胸前盾片具3条亮黑色纵斑，侧斑端部向外弯曲；盾片两侧具外弯的黑斑；小盾片黄褐色，后背片具1条黑色纵带。

分布： 榆阳区（市区、青云镇、小纪汗镇）；陕西。

蛾蠓科 Psychodidae

体微小至小型，覆毛或鳞毛。

头小，略扁；复眼远离；无单眼；触角约与头胸等长或更长，环毛状。胸部粗大而背面隆凸。前翅近梭形，翅缘和翅脉上密被细毛，少数还有鳞片；纵脉多且明显，至少9条伸达翅缘。

幼虫多为腐食性或粪食性，生活在朽木、烂草及土中，有些生活在下水道中。

世界记录144属3000余种；中国记录8属80种。

265 白斑蛾蠓
Clogmia albipunctatus (Williston, 1893)

识别特征： 体长3.0mm左右，浅褐色至黑褐色，多灰褐色，密被绒毛。两复眼狭长，在头顶相接被1丛毛所分隔，触角16节，长于翅宽，鞭节各节基部近球形，轮生细毛，端大部柱形，翅正、反两面均长有绒毛，但仅长在翅脉上，两脉之间的翅面无毛，翅较宽，稍短于翅长的1/2，翅近基部具2个黑色毛丛，内侧具白色毛丛；翅脉端部具白色毛丛；停息时两翅平展。

生活习性： 室内常见昆虫，在厨房、厕所、浴室等地较为常见；幼虫生存于这些区域的水管管道之中。

分布： 榆阳区（市区）；陕西、北京、山东、浙江、江苏、台湾；世界广泛分布。

266 星斑蛾蠓

Psychoda alternata Say, 1824

又名： 交错蛾蠓。

识别特征： 体长1.5mm左右，浅褐色，触角15节，第13节和第14节愈合，端节很小，前翅浅灰褐色，翅基部及近中部具白色毛区域，纵脉端具褐斑，雌性下生殖板呈"V"形，停息时两翅呈屋脊形。

分布： 榆阳区（市区）；陕西、北京、辽宁、河北、台湾。

蠓科 Ceratopogonidae

体细长，长1～3mm。头部半球形，复眼发达，无单眼。触角丝状，11～14节组成。口器刺吸式，喙短。前、后胸不发达，中胸背板最为发达，无中央纵沟。

前翅发达，翅面覆以细毛，并在不同区域可生有长毛。翅缘有缨毛。

蠓的活动时间一般是在黎明或中午，或黄昏；夜间则多有趋光性。

雄虫及非寄生性的雌虫多以花蜜和植物汁液为食。库蠓等属的雌虫多能追袭人畜、叮咬吸血。某些种类的雌虫还能寄生在各种昆虫及变温动物的体外。幼虫蛆型，能生长在湖池、沼泽、水塘、山溪、井泉、湿地、水沟、竹筒、树洞、厩舍、粪堆以及潮湿的沙土等处。

世界已知113属6000余种；中国已知37属1176种。

267 库蠓

Culicoides sp.

识别特征：体小型，刺吸式口器，头部明显小于胸部，复眼发达，翅不透明，带有斑纹。触角长且直，长度几乎等于胸部的长度。

分布：榆阳区（巴拉素镇）；陕西。

268 铗蠓

Forcipomyia sp.

识别特征：雌虫体长2.5mm，翅长1.7mm。体灰褐密，被黄褐色毛，足浅黄褐色。触角鞭节13节，各节基大部膨大，端部5节延长（短于前8节之和）。触须灰褐色，第3节基半部膨大，宽约为端部的2倍。翅中部有明显的白色斑。

分布：榆阳区（市区）；陕西。

摇蚊科 Chironomidae

体微小至中型，脆弱；不具鳞片。

复眼发达；雄虫触角鞭节长，各节具若干轮状排列的长毛，雌虫触角短，无轮毛；口器退化。翅狭长，覆于背上时常不达腹端。足细长，前足常明显长于中足和后足，并常举起摆动。

有婚飞习性，雄成虫成群在清晨或黄昏群飞，吸引雌虫入群交配；有强烈趋光性；幼虫水生。

世界已知540余属7300余种；中国已知145属828种。

269 多足摇蚊 *Polypedilum* sp.

识别特征： 雌虫体长4.8mm左右，翅长2.8mm左右。体黑褐色至黑色，平衡棒褐色。前胸背板具素，翅淡白色，有时有浅的翅斑。足浅黄褐色，胫节端稍深。

分布： 榆阳区（鱼河峁镇）；陕西。

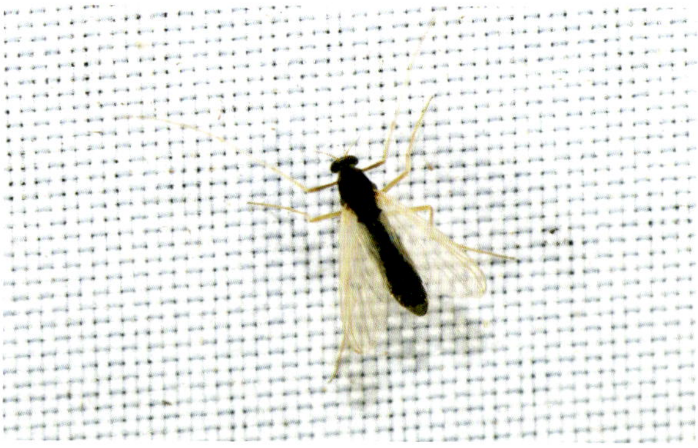

270 环足摇蚊 *Cricotopus* sp.

识别特征： 雌虫体长2.5mm，翅长2.3mm。体淡黄色，具黑褐色。中胸背面具3个“品”字形排列的黑褐色斑。腹部第1、4、7节及腹末淡黄色，其余节的背面具黑褐色斑，其中第4节中部具1小黑褐色点。足腿节以淡黄色为主，腿节端部、胫节两端黑褐色，前足跗节黑褐色。

分布： 榆阳区（青云镇）；陕西。

蚊科 Culicidae

体小型，细长，成虫翅脉以及头、胸及其附肢和腹部（除按蚊亚科外）都具鳞片。

头部近球形，复眼大；口器刺吸式，6根口针；触角15～16节。中胸发达。前翅脉序简单，有时具斑或淡色鳞片组成的麻点。跗节5节。

世界记录46属3700余种；中国记录18属419种。

271 中华按蚊

Anopheles sinensis Wiedemann, 1828

识别特征： 雌虫翅长5.1mm。触须长于触角，稍短于喙，着生粗短毛，具4对白环，其中端节具端白环和基白环。中胸背面具5条不清晰暗色纵纹，侧面上下各有1条暗色纵纹。翅具明显的暗褐色纹，其中前缘近端部具2个明显的浅色斑，翅端具浅色缘毛区，后缘3/5处具缘缨白斑。

分布： 榆阳区（市区、鱼河峁镇、青云镇）；全国广布（除青海、新疆）；日本、印度，朝鲜半岛、东南亚。

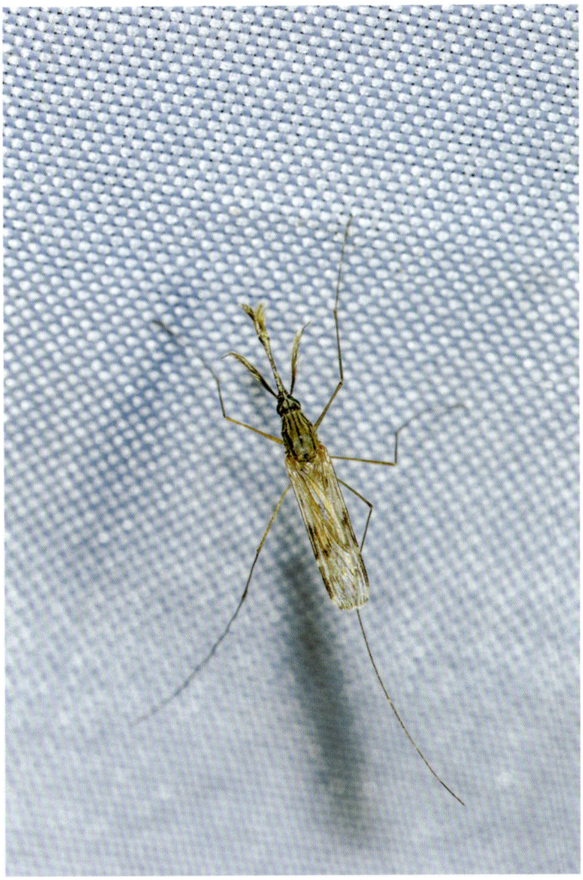

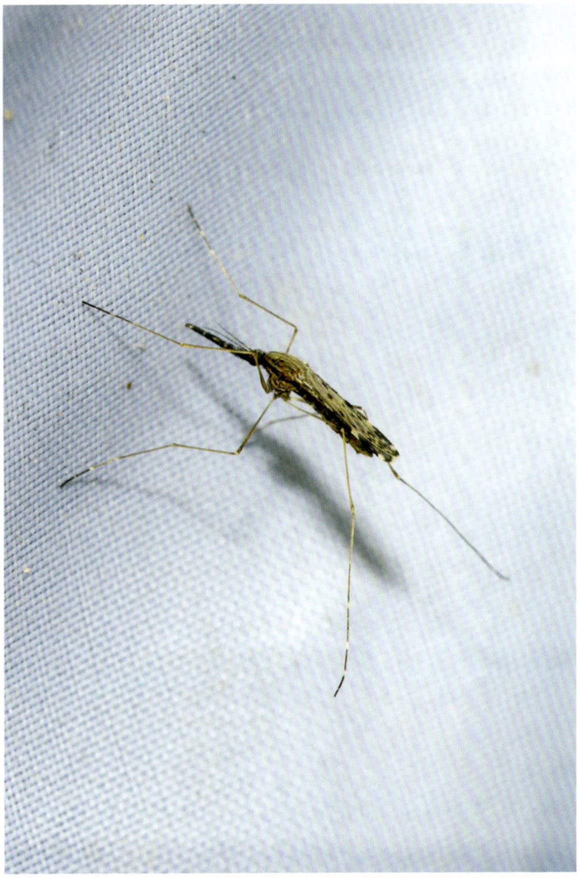

272 淡色库蚊

Culex pipiens pallens Coquillett, 1898

识别特征： 体长3～7mm；淡褐色。雌蚊的喙及足上没有白环，淡褐色；触须短，约为喙的1/6，被有黑褐色毛及鳞片；雄蚊的触须长于喙，第3节基部具1浅黄色窄环。不论在清水中还是污水中均能繁殖。消除积水是重要的预防措施，喜吸人、畜的血，是最常见的家栖种。

分布： 榆阳区（市区、小纪汗镇、红石桥乡）；中国广泛分布；古北区、美洲。

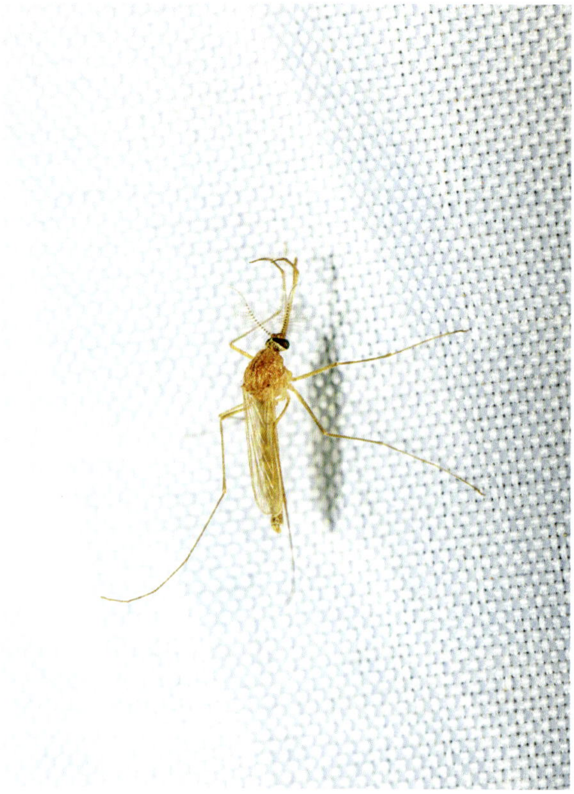

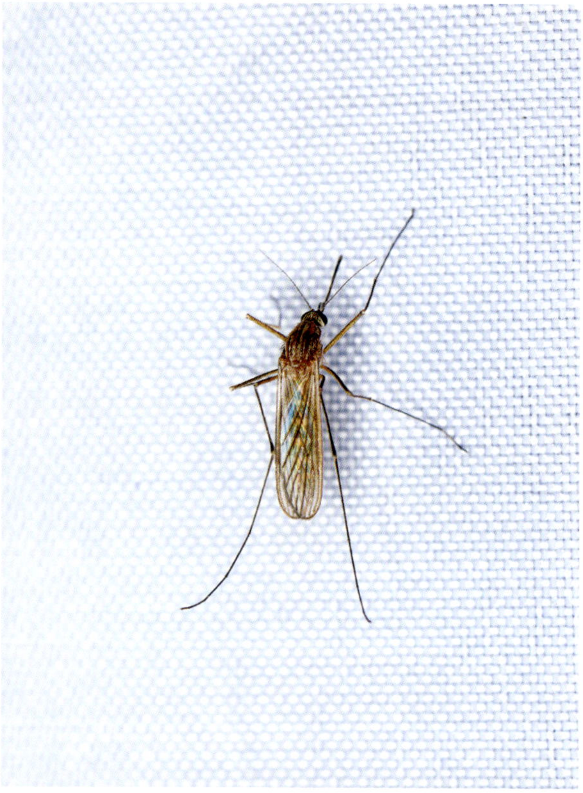

毛蚊科 Bibionidae

体小型至较大型，体粗壮多毛，两性多异型；常黑褐色，有时胸部或腹部红色或黄褐色。

雄性头部较圆，复眼大而相接，雌性头部长而复眼远离；单眼3个，同在一瘤突上；触角短小，鞭节7～10节，常比头部要短。胸部粗大而背面隆凸。翅发达，透明或色暗；翅痣明显。足细长，或部分膨大。腹部粗长，可见8节。

成虫白昼活动，早春就出现；幼虫多为腐食性。

世界记录12属1100余种；中国记录5属126种。

273 红腹毛蚊

Bibio rufiventris (Duda, 1930)

识别特征： 体长9.8～11.0mm；雄虫黑体，有时前足胫节端刺及距红棕色；雌虫黑色，中胸背板及腹部橙红色（第1腹节背板两侧具黑斑）；翅褐色，翅脉黑褐色；平衡棒黑色。

分布： 榆阳区（市区、鱼河镇、巴拉素镇）；陕西、北京、黑龙江、内蒙古、河北、福建；日本、朝鲜。

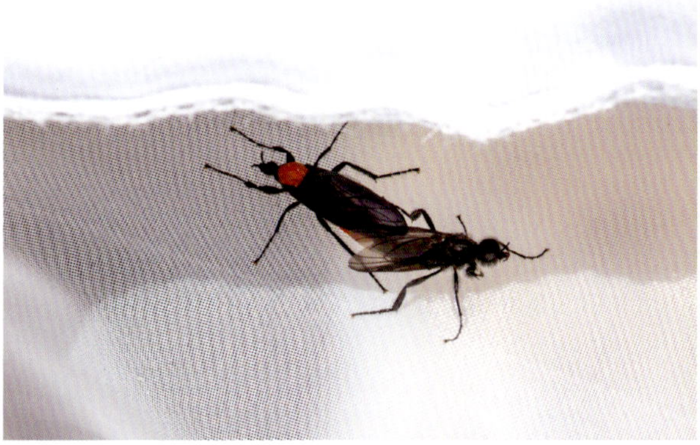

虻科 Tabanidae

体中型至大型，粗壮。

头部半球形，一般宽于胸部；复眼大，雄性接眼式，雌性离眼式，有时具彩色斑纹；触角3节，鞭节3～8亚节；口器为刮舐式，具有大的唇瓣。中胸发达。翅多数透明，有的有斑纹；翅中央具长六边形的中室；前翅R_4脉和R_5脉伸达翅缘，上腋瓣、下腋瓣约等大，边缘具毛。爪间突垫状。腹部外表可见7节。

成虫雄性上颚退化，不吸血，只吸取植物汁液；雌虫不仅需吸血，而且需吸取植物汁液作为能量来源。

世界记录160余属4500余种；中国记录14属459种。

274 霍氏黄虻

Atylotus horvathi (Szilady, 1926)

识别特征：体长12～15mm；金黄色，腹部背板1～3节或1～4节两侧具大型红黄斑，背中线灰褐色，窄，远不及腹宽的1/3；前足腿节灰褐色，端部黄色，中后足腿节常仅基部灰褐色，前足胫节端半部及跗节黑色，中后足跗节前半部灰褐色至黑褐色。

分布：榆阳区（市区）；陕西、北京、河北、河南、山东、江苏、浙江、安徽、湖北、贵州，东北；日本、朝鲜、俄罗斯。

水虻科 Stratiomyidae

体小至大型，细长或粗壮，多毛而无鬃，体色鲜艳，有时具金属光泽。

头部较宽；触角鞭节5～8亚节，有时具端芒。头部较宽。翅上具明显的五边形中室，翅瓣发达，径脉分支及盘室位置向翅前缘移动，前缘脉终止于R_{4+5}；R_S基部较短，其分支终止于翅端前；M_2存在；盘室短小，臀室近翅缘关闭。爪间突垫状。腹部可见5～7节。

成虫在地面植被上和森林的边缘较常见，有访花习性。

世界记录380余属2700种；中国记录55属346种。

275 集昆鞍腹水虻

Clitellaria chikuni Yang et Nagatomi, 1992

识别特征：头部黑色。复眼密被直立黑毛。有极细的眼后眶。触角黑色；柄节和梗节被黑毛，鞭节被淡灰粉，端部具黑色短毛；触角芒长为鞭节其余部分的0.40～0.50倍。喙浅褐色，被灰白色毛；须被灰白色毛，但第2节有若干黑毛。胸部黑色，但肩胛和翅后胛部分红褐色。中胸背板侧缘刺很短，刀状，扁平。小盾刺赤黄色但基部黑色。胸部密被淡黄毛和黄毛，但中胸背板、小盾片和中侧片上部被黑色直立长毛。中胸背板有3条明显的暗色宽纵斑（两侧纵斑在中缝处中断）。足黑色，转节端部和膝赤褐色。翅浅灰褐色，翅痣褐色；脉褐色至暗褐色。平衡棒几乎为白色，基部褐色。腹部黑色，被灰白色倒伏毛，第1～2背板侧边毛长且直立。

分布：榆阳区（青云镇）；陕西、北京、山西。

276 角短角水虻

Odontomyia angulata (Panzer, 1798)

识别特征：雄性体长8.0～12.0mm，翅长7.8～10.2mm。头部复眼为接眼、棕色、裸。上额三角有细的中纵沟，包括单眼瘤在内，亮黑，近裸；下额三角小，黑色，被浅色密毛。颜黑棕色，被浅色密毛，但触角到口孔之间的颜突和口孔两侧黄色，裸。触角等特征同雌虫。胸部和腹部特征类似雌性。

雌性体长8.8～10.2mm，翅长6.8～8.3mm。头部黄色；额有中纵缝，黄色，但有的标本中纵缝左右两侧稍带黑色，触角上方有细的黑色横带。颜黄色，额和颜几近光裸，被短的浅色毛，只有颜和复眼交界处有浅黄色长毛。复眼光裸无毛，单眼瘤黑色，后头区有一个大黑斑，也有个别标本后头区黄色。触角黄色，柄节、梗节和鞭节的长比为1:1:3.6，鞭节末端有时黑色，尖细、有钩。喙黑色被浅色毛；下颚须棕黄色，被浅色毛。胸部棕色到黑色，但肩胛、翅后胛黄色。小盾片黄色，但基部有一个黑斑；小盾片上的刺黄色，刺长是小盾片的0.3～0.6倍。胸部被浅色且倒伏的毛，但前胸侧板、中侧片上缘和侧背片上的毛直立。足包括基节全黄色，被浅色毛。翅透明；R_4存在，M_1细弱，M_3可见部分较长，长约为其他M脉的1/2。平衡棒棕黄色，但球部黄绿色。腹部黄色或黄绿色；第1～5背板中央有纵贯整个腹节的梯形黑斑，有时形状稍有变化。腹板全为黄绿色。腹部被短的浅色毛，但背板的毛主要为黑色。

分布：榆阳区（市区）；陕西、北京、山西、新疆；古北区。

蜂虻科 Bombyliidae

体小型至大型，覆毛或鳞片，形似蜂类。复眼雄性接眼式，雌性离眼式；触角鞭节1～4亚节。前翅R_{4+5}脉常分叉，R_{2+3}脉和R_4脉明显弯曲，其间有时具横脉，臀室于后缘附近关闭或窄开放。足细长，爪间突有或无。

世界记录275属5400种；中国记录28属234种。

277 丽蜂虻 *Ligyra* sp.

识别特征： 头部黑色，额被直立黑毛和平卧黄毛，后头被黑色短毛，背观由顶部向侧面黄色毛逐渐增加；触角黑色，仅鞭节褐色。胸部黑色，密被金黄色毛，杂少量黑毛；中胸背板被毛短。前翅大部分黑褐色，具蓝紫色金属光泽，后缘和端部透明，足黑色。腹部第1、第2节背板黑色，被黑色鳞片；第3、4节背板密被黄色鳞片。

分布： 榆阳区（金鸡滩镇）；陕西。

278 中华驼蜂虻 *Geron sinensis* Yang et Yang, 1992

识别特征： 雌体长4.5mm；体黑色，被金黄色毛和鳞片，头额部具白色鳞片；触角黑色，3节，第2节最短，端节最长，基部具黑色刚毛；胸部明显隆凸。

分布： 榆阳区（市区、补浪河乡、红石桥乡）；陕西、北京。

279 驼蜂虻
Geron sp.

识别特征： 体小型。头部全黑色，复眼后方具有浓密的白色毛，胸部和触角基部亦附有白色毛。翅透明。

分布： 榆阳区（红石桥乡）；陕西。

280 坦蜂虻
Phthiria sp.

识别特征： 体小型，体长1.5～5mm。复眼红色，体毛短且稀疏。喙细，极长。触角鞭节长形，顶部有凹沟内部有一小刺突。翅宽，通常在基部特别宽，翅上通常有附脉。

分布： 榆阳区（牛家梁镇）；陕西。

剑虻科 Therevidae

体小型至中型，体长2.5～18mm；体粗壮，外观似食虫虻，但头顶不凹陷。
头部半球形，前口式或下口式；足细长，后足比前、中足长。
成虫不捕食，取食水和花蜜等，白天活动。
世界记录120余属1600余种；中国记录14属46种。

281 环裸颜剑虻

Acrosathe annulata (Fabricius, 1805)

识别特征： 头部黑色，被白粉。头上的毛白色；每边各有4根黑色上眼后鬃，近中部各有3根黑鬃；单眼瘤有多根浅黑长毛；额每边被多根长白毛。触角黑色；柄节和梗节被少数黑鬃或毛以及多数白毛；端刺相当短。喙黑色，被白毛；下颚须黑色，被白毛。胸部黑色，被白粉。胸部的毛长、浓密且为白色；胸部粗鬃黑色。背侧鬃3对，翅上鬃2对，翅后鬃1对，背中鬃2对，小盾鬃2对。足黑色；胫节和第一跗节黄色，但末端均为暗褐色。足上的毛白色，鬃黑色；基节被白色长毛；股节部分被鳞状伏毛，胫节和跗节被黑毛。股节有明显的鬃。翅透明；翅痣窄且长，黄色；翅脉褐色。平衡棒暗褐色，端部黄色。腹部黑色，被灰白粉。腹部的毛白色；背板被浓密而有些倒伏的长毛；腹板被一些稀疏的毛；下生殖板的毛部分为黑色。

分布： 榆阳区（岔河则乡）；陕西、山东；欧洲广布。

驼舞虻科 Hybotidae

体小型，黑褐色，体长2～4mm。

复眼发达，接眼式；触角芒细长，约为触角的3倍。胸部明显隆凸，具光泽。翅透明，具浅褐色翅痣。腹部不明显向下弯曲。

世界记录75属2000余种；中国记录17属340余种。

282 平须舞虻

Platypalpus sp.

识别特征： 体小型。足黄色，腿节膨大，胸部发达，明显大于头部。触角长度近似于头部直径，足附有刚毛。胸部几乎无毛，翅基部略带黄色。

分布： 榆阳区（镇川镇）；陕西。

长足虻科 Dolichopodidae

体小型，常呈金绿色，有发达的鬃。

头部多稍宽于胸部，复眼通常离眼式；触角3节，具端芒。胸背较平。前翅翅脉较简单，通常6纵脉，第2基室与盘室愈合，臀室略短于第1基室；翅瓣较大，具缘毛。足细长，常具鬃。

成虫均为捕食性；幼虫多生活在潮湿的沙地或土中，有些水生。

世界记录268属约7400种；中国记录70属1096种。

283 雅长足虻

Amblypsilopus sp.

识别特征： 体细弱，足长。头顶深凹。雄虫顶鬃常退化。雄虫唇基窄，与复眼不相接；雌虫的唇基与复眼相接。身体具有强烈的绿色金属光泽。

分布： 榆阳区（市区、青云镇）；陕西。

蚜蝇科 Syrphidae

体小型至大型，宽或纤细；通常呈黑色，具斑纹，有时具金属光泽，外形似蜂。

头半球形；触角芒基位或端位，光裸或具短毛或羽状。前翅R_{4+5}脉与M_{1+2}脉间具伪脉，少数种类不明显，极少数种类缺。跗节5节。

世界记录230属6000余种；中国记录119属957种。

284 丽纹长角蚜蝇

Chrysotoxum elegans Loew, 1841

识别特征：体长约12mm。雌虫额亮黑色，被黄粉。颜面黄色，中纵线黑长条状，约为颜宽的1/5～1/4。触角黑色，细长棒状，直立，位于显突的黑色触角突上。触角3节，芒裸棕色。雄性复眼合生，雌性分开。胸部近长方形黑色，具细刻点；中央有1对灰色纵线；侧缘具中部断开的黄色纵带。小盾片半圆形黄色，中央具一横置的椭圆形黑纹。翅透明，前缘黄褐色；足黄色，仅基部为暗褐色或黑色。腹部黑色，有细刻点。

分布：榆阳区（大河塔镇）；陕西、辽宁、黑龙江、浙江；哈萨克斯坦，欧洲。

285 黑带食蚜蝇
Episyrphus balteatus (De Geer, 1776)

识别特征： 体长8～11mm，较狭长。雄性复眼合生，雌分开；活体复眼棕黄，死后暗红或黑红色。额被黑毛，颜黄白具黄毛，中突裸光亮。触角红棕色，第3节背侧黑褐色。中胸背板绿黑有光泽；有4条黑色纵条，外侧的2条较宽。小盾片污黄色，基半部色较暗。足大部分棕黄色。翅狭长，后缘有1列骨化的小黑点；腹部黄色具黑斑，斑纹变化较大：第1背板黑；第2、3、4(或第2、3）背板的中前方、后方各有1条黑横纹，前方的较窄，略弯曲，后方的较宽且平直；第5背板黄色，中间有黑斑。

分布： 榆阳区（青云镇、牛家梁镇、小纪汗镇）；国内大部分省区都有分布；日本、蒙古、俄罗斯、阿富汗、澳大利亚，东洋区、欧洲。

286 | 大灰优食蚜蝇

Eupeodes corollae (Fabricius, 1794)

识别特征： 体长8.5～9.7mm；胸背黑色，具铜色光泽，被黄毛；小盾片暗黄色，被黄毛；腹部第2节具1对黄斑，第3、4节黄斑分离（雌）或通过暗的黄斑相连；这些斑均伸达侧缘；第4节后缘黄色，第5节黄色，雌蝇中央具大黑斑，雄蝇无黑斑或仅具小黑点。

分布： 榆阳区（古塔镇、青云镇、麻黄梁镇、芹河镇、孟家湾乡、小壕兔乡、岔河则乡、补浪河乡）；陕西、北京、甘肃、新疆、内蒙古、东北、河北、河南、浙江、江西、福建、台湾、湖北、湖南、广西、四川、贵州、云南、西藏；全北区。

287 | 宽条优食蚜蝇

Eupeodes latifasciatus (Macquart, 1829)

识别特征： 体长8～10mm。雄性头顶三角区黑色，前部毛黑色，后部覆黄色粉被及黄毛；头其余部分黄色至棕黄色，密覆黄白色粉被：额中部毛黑色，两侧及后部黄色，额前方裸；颜具黄毛，中突裸，色较深；颊具暗斑。复眼裸。触角大部分棕红色，第3节基部及下侧黄红色；芒短，基部2/3粗。中胸背板亮黑色，略具金绿色光泽，两侧不明显棕黄色；背板毛长，黄色，两侧毛棕黄至棕红色；小盾片黄色，毛同色；侧板亮黑色，覆黄色粉被和棕黄色长毛。腹部黑色，第1背板略带亮绿色：第2背板具1对近三角形大黄斑，该斑近达背板侧缘。

分布： 榆阳区（市区）；陕西、河北、内蒙古、四川、云南、新疆；俄罗斯、蒙古、印度、阿富汗、叙利亚，欧洲、北美洲。

288 新月斑优食蚜蝇

Eupeodes luniger (Meigen, 1822)

识别特征： 体长9～11mm；头顶黑色，被黑毛，额基部约1/3黑色。总体与大灰优食蝇雌蝇接近但本种雌雄腹部的3对黄斑均分离，外缘变细，不与腹侧相连，或仅前端相接，小盾片中部具黑色毛。雌性离眼，雄性接眼。

分布： 榆阳区（上盐湾镇）；陕西、北京、甘肃、新疆、河北、江苏、四川、云南；日本、俄罗斯、蒙古、印度、阿富汗，欧洲、北非、北美洲。

289 刻点小蚜蝇

Paragus tibialis (Fallen, 1817)

识别特征： 体长4.5mm，翅长3.5mm。复眼被毛长度相近，眼的前缘及后缘裸，接缝仅2、3个小眼之长，近额小眼较大。头顶甚大，黑色，被黑毛，单眼区约占中部的1/3，其前方被黄毛。额黄，被黄毛。触角黑色，第3节腹面基部橘黄，该节长度与高度之比约为2.5:1，芒黑，长度约同第3节。面部黄，被黄长毛，下2/3有黑色宽中纹。口侧缘黑。胸部背面黑亮，被黄毛。小盾片全黑，盾下毛短，在中线附近较稀疏，足主要棕黄，前足腿节基部1/4、中足腿节基部1/3、后足腿节基部4/5呈黑色；各腿节端部及胫节基部呈淡黄色。后足胫节中部以远有1块黑斑。腹部背而黑亮，被黄毛，第2、3节后缘被黑毛。

分布： 榆阳区（青云镇、补浪河乡）；福建（福州、厦门）、北京、广东、海南、吉林、新疆、上海、四川、广西、云南、河北、台湾。

290 斜斑鼓额食蚜蝇

Scaeva pyrastri (Linnaeus, 1758)

识别特征：体长14mm左右。复眼暗红，密被棕毛。雄额凸出。雄被黑毛；雌颜被白毛。中胸背板亮黑色具蓝色光泽，侧缘黄纹模糊，全被淡黄毛。小盾片黄色，被黄色长毛。足具黑、棕两色。翅透明。腹部长椭圆形黑色。第2背板上为1对横条黄斑；第3、4背板上1对黄斑前缘深凹；第4、5背板后缘黄色。雌性腹部第2～4节腹板中部常有1大块近矩形黑斑；第5腹板上具1横条梭状斑。

分布：榆阳区（上盐湾镇）；国内大部分省区；日本、蒙古、俄罗斯、阿富汗，欧洲、非洲北部、新北区。

291 印度细腹食蚜蝇

Sphaerophoria indiana Bigot, 1884

识别特征：体长6.0～7.0mm。雄性头顶三角小，黑色，光亮；额黄色，具宽的亮黑色中条，不达触角基部，雌性额前部淡黄色，后部亮黑色，正中纵条黑色，不达触角基部；触角黄色，第3节圆形，顶端淡棕色。中胸背板黑色；中胸侧板具明显黄斑；小盾片黄色；背板和小盾片被毛黄色。腹部较短，色泽变异大，通常第1和第2背板仅基部黑带明显，第2背板中部具黄色横带，雄性其余各节主要呈黄色或橘黄色，雌性第2～4背板前后缘黑色，中部各具2条宽的黄色横带，第5、6背板黑色各具黄斑。足黄色，跗节黄色至暗褐色，足毛黄色。翅略染烟色。翅痣淡黄至淡褐色。

分布：榆阳区（马合镇）；陕西、贵州、黑龙江、甘肃、河北、江苏、浙江、湖北、湖南、福建、广东、广西、四川、云南、西藏；蒙古、朝鲜、日本、印度、阿富汗。

292 宽尾细腹食蚜蝇
Sphaerophoria rueppeuii (Wiedemann, 1830)

识别特征： 体长5～8mm；头顶黑色，雄蝇额黄白色，雌蝇额基部具1块黑色纵斑；中胸盾片黑色，两侧黄纹中部缺失；小盾片黄色，被黄毛；腹部末端宽扁，斑纹有变化，第2节黑色，近中部具黄色横带；第3节及以后有黑纹，或不明显。

分布： 榆阳区（市区、鱼河镇、青云镇、大河塔镇、马合镇、小壕兔乡）；陕西、北京、甘肃、新疆、辽宁、河北、江苏、浙江、福建、四川；朝鲜、俄罗斯、蒙古、阿富汗、叙利亚，欧洲、北非。

293 细腹食蚜蝇
Sphaerophoria sp.

识别特征：体长5～8mm。头顶黑色，雄蝇额黄白色，雌虫额基部具1黑色纵斑。中胸盾片黑色，两侧黄纹中部缺失；小盾片黄色，被黄毛。腹部末端宽扁，斑纹有变化，第2节黑色，近中部具黄色横带；第3节及以后无黑纹。

分布：榆阳区（市区）；陕西。

294 短腹管蚜蝇
Eristalis arbustorum (Linnaeus, 1758)

识别特征：体长9～10mm。复眼具毛，雄性两眼连线约与头顶三角等长；头顶黑色，具薄灰黄色粉被，被黑毛，后部具少许黄毛；额与颜密覆黄至棕黄色粉被，额具深黄色毛，颜具淡黄色长毛，触角基部下方裸，两侧下部及口缘黑色；触角黑色，第3节黑色至棕色，芒基部棕红色，基部具羽状长毛。中胸背板钝黑色，有时具不明显纵条，密被棕黄色较长毛；小盾片红棕色至黄棕色，被毛同色。腹部较短。

分布：榆阳区（古塔镇、青云镇、岔河则乡）；陕西、宁夏、河北、山西、内蒙古、吉林、黑龙江、山东、河南、浙江、江西、湖南、四川、云南、甘肃；俄罗斯，中亚、欧洲、北美洲。

295 灰带管蚜蝇
Eristalis cerealis Fabricius, 1805

识别特征： 体长11～13mm。头顶三角黑色，具暗棕毛。额黑色，被棕黑或黑毛。颜黑色，金黄粉被，毛黄白色。复眼黑色被密毛，无明显的毛带。触角黑色，芒基半部具羽状毛。胸部黑褐色；中胸背板前部正中，具灰白粉被纵条；沿盾沟及前、后缘均具灰白粉被横带。

分布： 榆阳区（市区）；国内大部分省区；日本、俄罗斯、缅甸、印度、印度尼西亚，朝鲜半岛、欧洲。

296 长尾管蚜蝇
Eristalis tenax (Linnaeus, 1758)

识别特征： 雄性中胸背板黑色，小盾片黄或棕黄色。腹部第1背板暗黑色，第2、3背板柠檬黄色，第2背板中部具“工”字形黑斑，第3背板后端具倒“T”形黑斑，第4、5背板黑色。腹部背板被棕黄色毛。雌性腹部第2背板“工”字形黑斑较雄性大，第3背板前、后缘具狭长的黄边，前部两侧具狭长的黄斑。

分布： 榆阳区（市区、镇川镇、青云镇、马合镇、巴拉素镇、岔河则乡）；全国各地均有分布。

297 条胸蚜蝇 *Helophilus* sp.

识别特征： 体长12～16mm。黑色。胸背密被黄毛中部具2条细纵黄色粉条，胸侧的2条较宽。腹部第2节背板两侧具黄色三角形斑，中间以黄粉带相连或黄色斑相连通，第3、第4节中部具灰色横带。后足胫节较弯曲。

分布： 榆阳区（镇川镇）；陕西。

鼓翅蝇科 Sepsidae

体小而狭长，体长2～12mm，卵圆形。
头部球形或卵圆形；复眼较大。中胸发达。翅膜质透明，翅脉清晰。
成虫有一定的传粉功能；休息和飞行时两翅均不断鼓动，在野外易于辨认。
世界记录38属363种；中国记录13属61种。

298 鼓翅蝇 *Sepsis* sp.

识别特征： 雌虫体长3.6mm，翅长3.2mm。体黑色，腹部常具紫红色光泽。触角暗褐色。前足黄色，有时基节黑色，第2跗节后黑褐色；中后足腿节和胫节颜色比前足稍深，染有褐色或黑褐色(不呈黑色)。平衡棒乳白色至黄色翅透明，翅端具黑褐色斑。中足腿节中部具一前鬃。

分布： 榆阳区（市区、镇川镇、青云镇、小纪汗镇）；陕西。

斑蝇科 Otitidae

体小至中型。

翅通常具有翅斑。翅的前缘脉通常没有折断。Sc脉与前缘脉相遇而成一锐角。Sc脉在末端邻近并不分支；Cu室末端尖锐。腹部，在雄蝇中有5节可见，末端膨大将外生殖器包住；雌虫有6节可见，具有一平扁的产卵器。

世界记录100余属680余种；中国记录12属49种。

299 角斑蝇 *Ceroxys* sp.

识别特征： 体长6～8mm。体黑色，光亮，带蓝色闪光。触角、间额、复眼及足腿节端部红褐色。第3节端部常尖锐。颊较窄，为眼高的1/6～1/4。有小盾鬃2对。翅端的纹沿着翅端缘弯曲。

分布： 榆阳区（马合镇）；陕西。

300 蜜斑蝇 *Melieria* sp.

识别特征： 复眼红色，头胸部带有排列较为整齐的鬃毛。翅有明显的黑色斑点。足黄色，通体黄色，平衡棒黑色。

分布： 榆阳区（市区、青云镇、小壕兔乡、岔河则乡）；陕西。

301 广菲思斑蝇
Physiphora alceae (Preyssler, 1791)

识别特征： 体长3～4mm。头棕红色，复眼具彩带；体黑色或金绿色，头额部红棕色，翅透明无色，翅脉黄色；足黑色，但前足的基节大部和中、后足节黄白色。成虫停息时常常轮流举前足。

分布： 榆阳区（青云镇）；陕西、北京、新疆、江苏、台湾；日本、俄罗斯、澳大利亚，南亚、中亚至欧洲、非洲、美洲。

广口蝇科 Platystomatidae

体多为中型。

有单眼；喙短，口孔很大。翅臀室有尖的端角。足不细长。产卵器扁平。

世界记录130余属1160余种；中国记录17属70种。

302 广口蝇
Platystoma sp.

识别特征： 体长5.2～7.2mm。体黑褐色至黑色。中胸盾片、小盾片及腹背散布很多灰白色斑点；翅黑色，具许多透明斑，翅尖端具1透明斑。

分布： 榆阳区（青云镇）；陕西。

实蝇科 Tephritidae

体小型至中型，常有黄、棕、橙黑等色。

头部无鬃，具侧额鬃；触角短，芒着生背面基部。前翅通常透明，具斑纹；Sc脉端部细，末端向上，与R_1脉组成翅痣；R脉在h脉和Sc脉处各1切痕；R_{2+3}脉被刺状小鬃；cup室后端角延长呈狭长角。雌虫产卵器长而突出，3节明显。

常立于花间，翅经常展开，并前后扇动。

世界记录500属4200余种；中国记录126属623种。

303 鬼针长唇实蝇

Dioxyna bidentis (Robineau-Desvoidy, 1830)

识别特征：体长2.5～3.2mm，头黄白色，触角芒黑褐色，复眼具彩虹色，复眼内缘具白色细带；胸腹部灰黄褐色，翅具花斑，足浅棕色。口器细长，伸直时可达头长近3倍。前翅前缘端半部的室内具3个透明斑点，内侧的亚前缘室具1个形透明斑点。

生活习性：幼虫生活在鬼针草等菊科植物的花中。成虫访花，具趋光性。

分布：榆阳区（市区、芹河镇、小壕兔乡）；陕西、北京、河北、黑龙江、内蒙古、山西、山东、江苏、上海、浙江、江西、湖南；日本、蒙古、俄罗斯，中亚、欧洲、北非。

304 会聚星斑实蝇

Trupanea convergens (Hering, 1936)

识别特征： 体、翅长3.0～4.2mm。翅斑具明显的两性异型现象；雄性翅端部透明斑点全融合，亚端部棕色区明显窄；而雌性翅端部的透明斑点彼此分离，亚端部棕色区较宽。雄性外侧尾叶侧面观端部渐呈针尖状。雌性具2个长形受精囊；针突端部渐呈针尖状，但顶端中部凹陷。

分布： 榆阳区（市区）；陕西、河北、黑龙江、内蒙古、甘肃、青海、北京、天津、江苏、上海、山东、浙江、湖南、福建、台湾；日本、蒙古、菲律宾、马来西亚。

蜣蝇科 Pyrgotidae

体中小型。

头部大，颜凹陷，中央具脊；单眼一般消失；触角上方凸出。前翅Sc脉末端游离或止于C脉，R_1脉具小毛，第5径室开放，cu-a脉向内弯曲，与A脉成尖角形。下腋瓣小。腹部基部狭窄，雄虫呈棍棒状，雌虫产卵管基部很长，常长于腹部。

成虫在傍晚活动，喜灯光。幼虫寄生金龟。

世界记录58属350余种；中国记录7属43种。

305 红鬃真蜣蝇

Eupyrgota rufosetosa Chen, 1947

识别特征： 体长9.5mm，体黄棕色至红棕色，无黑斑；体背的毛和鬃红棕色，触角第3节长于第2节，前足转节无腹鬃。

分布： 榆阳区（市区）；陕西、北京、江苏、浙江、云南；朝鲜。

瘦足蝇科 Micropezidae

体小至大型，足极长，腹部纤细。

翅狭长，有时透明或黄色至褐色，有时具色带或斑。体色变化较大，从黄色、红色至褐色、黑色，有时具杂色带，有时具灰色粉被图案。头部在各属间差异较大，大多呈卵圆形，有的呈锥形或椭球形。中胸或多或少延长，特别是在前部，前足基节与中后足基节距离较远。

多数瘦足蝇成虫取食腐烂的植物组织或粪便（包括猴粪、鸟粪及昆虫粪），也有的会取食蜜露。有的雌虫在潮湿腐烂的木材中或湿软的泥土中产卵。因其足极细长而得名。

世界性分布，目前包括5个亚科。世界已知50余属600余种；中国已知7属29种。

306 瘦足蝇

Micropeza sp.

识别特征：体长约8mm。体黑色。头复眼内侧具白纹，触角黑褐色，触角芒白色。前足基节黄白色，转节及腿节黄褐色，腿节端部黑褐色，或在1/4处具不明显的暗褐纹；雄虫中后足比雌虫浅，呈黄色至褐色（两端黑褐色）。腹部背面黑褐色，腹面褐色；雄虫色更浅，侧面及腹面黄白色。

分布：榆阳区（马合镇）；陕西。

秆蝇科 Chloropidae

秆蝇为小型双翅目昆虫，体长一般1.0～4.0mm，极少数体长为6.0～9.0mm。

体色通常为黑色或黄色，中胸背板具有3～5条黑色条纹，也有一些种类为灰色或者绿色。具有较大的单眼三角区，髭角钝圆或呈尖角状，颜平或凹，小盾片短圆或长锥状，翅亚前缘脉端部退化，无臀室。

大部分秆蝇科昆虫都喜欢栖息在草地上，故该科昆虫经常被称为“grass flies”。秆蝇科分布范围非常广泛，全世界除了南极洲之外都有分布。

该科中的大部分昆虫是植食性的，其中一些是重要的农业害虫。

世界已知200余属3000多种；中国已知70属320种。

307 三斑宽头秆蝇

Platycephala umbraculata (Fabricius, 1794)

识别特征：雄虫体长5.0mm。体淡黄色。额宽大，端圆，单眼区黑色；触角黄色，第2、3节延长，第3节端部黑色，明显缩小，触角芒基部黄色，端节白色。中胸背板具3个黄褐色纵纹，中斑伸达前缘而不达后缘。后足腿节粗大，腹缘端半部具褐色齿列（不整齐），胫节弯曲。

生活习性：幼虫取食芦苇的嫩芽。

分布：榆阳区（市区、金鸡滩镇）；陕西、北京、内蒙古、黑龙江、吉林、辽宁；古北区。

茎蝇科 Psilidae

体多为小型。
头部及体光滑，有“裸蝇”之称；头部离眼式；单眼三角一般较大。
常发现于森林边缘的灌丛中。
世界已知13属320余种；中国已知6属67种。

308 中国绒茎蝇

Chyliza sinensis Wang et Yang, 1996

识别特征： 体长5.50～6.50mm。头部红黄色，额后半部为黑色，黑色有时扩展到额的2/3，近眼缘处色更深；后头区黑色，雄颜面大部分无斑，少数有黑色的中斑，雌大部分颜面有黑色的中斑，少数无斑，其斑的形状常有变化。1对后顶鬃，3对顶鬃，2对上眶鬃。触角基部两节黑色，第3节黄色，触角芒黄色，羽状。下颚须黑色。胸部亮黑色，有时肩片和腹侧片上缘色略浅，褐色至红黄色；小盾片红黄色。1对背中鬃，1对小盾前鬃，3对小盾鬃。足黄色；翅透明，微黄；顶角有淡褐色雾斑；平衡棒黄色；腹部亮黑色。

分布： 榆阳区（市区）；陕西、内蒙古、北京、山西、安徽、浙江、海南、广西、贵州、云南等。

斑腹蝇科 Chamaemyiidae

微小型，灰色，有时具有黑斑。
无口鬃。后顶鬃相向或缺如。翅具有完善的Sc，而R_1脉并不短粗。腹部末端鬃有时缺如。大多数幼虫寄生蚜虫、蚧虫。
世界已知30属350余种；中国已知5属20种。

309 | 小斑腹蝇 *Leucopis* sp.

识别特征： 体长2.0～2.5mm；体银灰色，复眼红色，额前部明显深缘；额宽是头宽的0.47倍；背中条纹灰色，不明显；中条纹深灰色，仅前部明显；腹部第3～5节背板中轴部有黑色斑。

分布： 榆阳区（金鸡滩镇）；陕西。

缟蝇科 Lauxaniidae

体小型至中型。

喙短。胸部突起；小盾片小，不盖住翅和腹部。翅有臀室，臀脉短。足不细长；部分或全部足胫节有端背鬃。

成虫适生环境非常广泛，尤其喜欢阴暗潮湿的环境，活跃期一般为午后或傍晚。幼虫生活于枯枝落叶层，多数营腐食性，有些为植食性或菌食性。

世界已知172属约2150种；中国已知24属417种。

310 | 同脉缟蝇 *Homoneura* sp.

识别特征： 体浅褐色。触角黄褐色，芒黑褐色，短羽状。中胸背板具背中鬃1+2，中鬃6排，无明显大鬃，1对盾前鬃。翅透明，亚前缘室端部具褐斑。

分布： 榆阳区（小纪汗镇）；陕西。

311 长羽瘤黑缟蝇

Minettia longipennis (Fabricius, 1794)

识别特征： 中胸小盾片黑色，端部1/3处有1条宽的白粉带。足褐色，跗节为淡黄色。后足腿节有1根弱的端前背鬃，后足胫节有1根弱端前背鬃。翅基部为淡褐色，r–m横脉在中室中部之前。

分布： 榆阳区（古塔镇、小纪汗镇）；陕西、北京、宁夏、河北、浙江、湖北、湖南；新北区，古北区。

眼蝇科 Conopidae

体小型至中型，体长2.5～20mm，黑褐色或黄褐色，形似蜂类。

成虫头宽大于胸宽；触角3节，第3节较长。翅透明或暗色。腹部长筒形，基部多收缩呈胡蜂型。

世界性分布，专门寄生螫刺性膜翅目昆虫成虫，有些种类也寄生直翅目昆虫。

世界已知52属830余种；中国已知17属91种。

312 条纹叉芒眼蝇

Physocephala vittata (Fabricius, 1794)

识别特征： 体长9～10mm，翅长7～7.5mm。颜脊及中颜板无黑斑；肩胛及小盾片棕红色，额黄色无斑。翅R_{2+3}脉以上部分R_3靠基部3/4，R_5靠基部近1/2部分，B室、IM_2室靠基部1/2处覆雾状棕斑，足棕黄色。

分布： 榆阳区（小纪汗镇）；陕西、江苏；蒙古、俄罗斯、伊朗、土耳其、阿富汗、摩洛哥、埃及、斯里兰卡，欧洲。

313 微蜂眼蝇 *Thecophora* sp.

识别特征： 雄虫体长4.6mm。黑色，头黄色，复眼红棕色，头顶及额的上部深红棕色。腿节黑色，两端黄色，胫节黑色，但基部约1/2黄棕色，跗节基2～3节黄棕色，余黑褐色。触角第2节具小刚毛，长度不长于第3节，触角芒着生于第3节背面。翅臀室长于第2基室，略短于第1基室。

分布： 榆阳区（青云镇）；陕西。

水蝇科 Ephydridae

体小型，体长1～11mm，体常灰黑色或棕灰色。

多数种类颜部向前突出。脉序特化，缺少臀室。

生活在沼泽、湖泊等潮湿环境，取食习性多样化，多数腐生；幼虫大多数水生或半水生。

世界已知130余属2000余种；中国已知58属191种。

314 水蝇

Ephydra sp.

识别特征：体长4.6mm，翅长4.1mm。触角黑色，芒靠基部的2/3具长毛，端部1/3光滑；复眼小，额宽大于2复眼宽，颜面被金色短毛，眼眶鬃侧伸；头顶具紫金色或金绿色光泽。中胸背板具5对背中鬃，1对盾前鬃，4根小盾缘鬃。足黄棕色，跗节端部稍暗；前足基节具数根较长粗毛，翅透明。

分布：榆阳区（市区、岔河则乡）；陕西。

315 白斑水蝇

Scatophila sp.

识别特征：体长2.0～2.1mm，翅长1.9～2.3mm。体黑色。头胸部具淡棕色粉被。中胸背板具3对背中鬃，缝前中鬃1对较粗大。前足腿节具1列后腹鬃，鬃长与腿节宽相近。翅暗褐色，具5个淡白斑，其中近翅端的白斑呈小提琴形，翅脉在各斑点处稍弯曲。

分布：榆阳区（大河塔镇）；陕西。

果蝇科 Drosophilidae

成虫体长2～4mm。

头具1对前曲眶和1对或2对后曲眶，后顶(如存在)平行且相向，外顶鬃与内顶鬃一般存在，具髭；触角基部靠近，紧贴颜部，第3节椭圆形或圆形，触角芒一般为羽状，除背侧及腹侧分叉外沿轴另具几根短毛。

中胸背板很少裸，正中刚毛常为2～10列规则的纵列。

果蝇科共有2个亚科31属，即冠果亚科与果亚科。果亚科中的果属与法医学有关。

世界已知约80属超过4000种；中国已知38属953种。

316 黑腹果蝇

Drosophila melanogaster Meigen, 1830

识别特征： 体长2.0～2.4mm。复眼红色，小眼面间具直立细毛。雌性腹背面具黑色环纹5节，雄性7节末端呈大黑斑。雄性前足第1跗节内侧具黑色性梳，雌性无此特征。

分布： 榆阳区（市区、鱼河峁镇)；陕西、北京、新疆、内蒙古、黑龙江、吉林、辽宁、河北、山东、江苏、浙江、上海、安徽、江西、湖南、福建、广东、广西、贵州、云南、台湾；世界广布。

317 姬果蝇
Scaptomyza sp.

识别特征： 体比较纤细。体长约2mm。体黄褐色，复眼红色，前胸背板具3条褐色条纹。触角芒羽状，小盾前鬃缺。颜脊痕迹状，不发达。

分布： 榆阳区（市区、鱼河峁镇）；陕西。

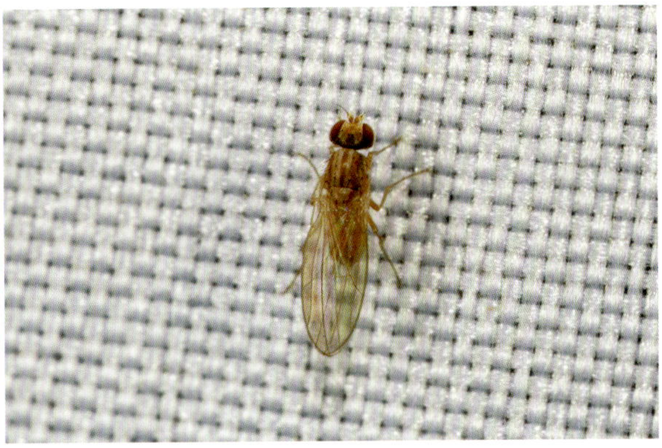

拟果蝇科 Curtonotidae

外形与果蝇类似，体长3～7mm，多灰色或棕色。
肩部翅前缘脉和亚前缘脉断裂。
拟果蝇科下的物种数量很少，已知种类超过60种。

318 拟果蝇
Curtonotum sp.

识别特征： 复眼红色，触角黑色。体附有鬃毛，腹部向内弯曲，雌雄体型相似。翅透明，其上无黑斑。

分布： 榆阳区（金鸡滩镇）；陕西。

丽蝇科 Calliphoridae

体小型至中型，多具青绿等色金属光泽，或黑色覆灰色粉被。

雄虫眼一般离得较近，雌虫眼离得较远；口器发达，舐吸式；触角芒通常长羽状，少数栉状。胸部通常无暗色纵条，或有也不甚明显；从胸部侧观，可见外侧一肩后鬃位置低于沟前鬃，两者的连线略与背侧片的背缘平行；下侧片鬃曲尺形或弧形排列。前胸基腹片及前胸侧板中央凹陷具毛，少数例外。翅侧片具鬃或毛；前翅M_{1+2}脉向前呈角状弯曲，少数弧形。

成虫多喜室外访花，传播花粉；幼虫食性广泛，大多为尸食性或粪食性，亦有捕食性或寄生性的。

世界记录97属1500种；中国记录51属313种。

319 红头丽蝇

Calliphora vicina Robineau-Desvoidy, 1830

识别特征： 体长6.5～13.0mm。颊呈红棕色或红色；触角长，第3节长为第2节长的4倍左右；胸部青黑色，具粉被；中胸盾片沟前中央具两条纵纹；后中鬃3；肩后鬃3；前翅内鬃1；下腋瓣上面具直立纤毛；腹部青色，第4背板小毛疏散，前、后缘间有小毛7～9行；雄性：肛尾叶短于侧尾叶，侧尾叶长宽，略直。

分布： 榆阳区（市区）；陕西、宁夏、甘肃、青海、新疆、北京、天津、上海、黑龙江、吉林、辽宁、河北、山西、山东、江苏、河南、湖北。

320 丝光绿蝇
Lucilia sericata (Meigen, 1926)

识别特征： 体长5～10mm。体绿色，具金属光泽，雌性的额宽大于头宽的1/3，雄性额较窄；雌雄间额（黑色）约为侧额（银白色）的2倍，触角第3节约为第2节长的3倍。幼虫生于动物尸体、腐败的动物质中，成蝇在腥臭腐烂的动物质及垃圾等处活动，也会访花，常飞入住室或食品店。

分布： 榆阳区（市区、上盐湾镇、镇川镇、古塔镇、大河塔镇、牛家梁镇、马合镇、岔河则乡）；国内广泛分布；几乎世界性分布。

鼻蝇科 Rhiniidae

体中型；多有金属光泽。
口上片突出如鼻状；后头上部大半裸出。翅下大结节上无直立纤毛；下腋瓣裸。

321 不显口鼻蝇
Stomorhina obsoleta Wiedemann, 1830

识别特征： 体长7.5mm。触角第2节棕色，端节黄白色，口器很长，外观像大象的鼻子，便于其吸食花蜜；复眼上具彩虹条纹；前胸背板无纵条纹，体表面密被生毛点；翅透明，近端部具1烟褐色斑。

分布： 榆阳区（青云镇）；陕西、北京、宁夏、甘肃、内蒙古、河北、天津、山西、河南、山东、安徽、江苏、上海、浙江、江西、湖北、湖南、四川、贵州、福建、台湾、广东、广西、云南、西藏，东北；日本、朝鲜、俄罗斯、密克罗尼西亚。

寄蝇科 Tachinidae

体小型至中型，体粗壮，多毛和鬃；黑色、灰色或褐色，具斑纹。

头部具额囊缝；触角3节，触角芒光裸或具微毛。中胸翅侧片及下侧片具鬃；中胸后小盾片发达，圆凸；下侧片鬃1列。前翅下腋瓣发达。腹部各背板具粗大的鬃。

成虫活跃，多白天活动，有时聚集花上；雌虫产卵在寄主的体表、体内或生活地；幼虫寄生性，是绝大多数农、林、果、蔬害虫的寄生性天敌，并且是其中寄生能力和活动能力最强、寄生种类最繁杂、分布最广泛的类群。

世界记录1500属8500种；中国记录285属1252种。

322 腹长足寄蝇

Dexia ventralis Aldrich, 1925

识别特征： 体长7～9mm。头部黄褐色，额与后头灰色，覆均匀浓厚的黄灰色粉被；间额褐色；触角、触角芒、下颚须和唇瓣黄色。后头略拱起，其上方在眼后鬃后方具1行黑毛；单眼鬃向前弯曲，与额鬃大小接近；触角芒长羽状。胸部底毛黑，肩胛、小盾片端半部黄色；前胸腹板裸，长为宽的2倍。前胸侧板、后起门前肋和腋下坡裸；后气门瓣略小于平衡棒头部。足黄色具黑色跗节。

分布： 榆阳区（镇川镇、青云镇）；陕西、北京、内蒙古、辽宁、河北、山西、贵州；朝鲜、俄罗斯、蒙古，北美。

323 金龟长喙寄蝇

Prosena siberite (Fabricius, 1775)

识别特征：体长6.5～12.8mm。头具白色粉被，间额淡棕黄色。前颏细长，明显长于头高；前胸侧板和腹部腹面基部密被苍白色毛；胸部底色黑色，具淡黄色粉被，隐约可见4条黑纵纹。腹部第1、2节背板具2根中缘鬃。雄性额宽约为头宽的1/4，雌性约为1/3。

分布：榆阳区（小纪汗镇）；陕西、北京、甘肃、内蒙古、河北、山西、河南、福建、台湾、湖北、广东、海南、四川、云南、西藏，东北；日本、俄罗斯、蒙古、印度、美国、澳大利亚，中亚、东南亚、欧洲、非洲。

324 普通球腹寄蝇

Gymnosoma rotundatum (Linnaeus, 1758)

识别特征：体长6～9mm。头部及中胸前盾片覆金黄色粉被，中胸前盾片具4条褐色纵条斑，中间2条细长，两侧2条短粗，有时中胸背后两侧具粉被；小盾片黑色，后端常具浅色粉被。翅淡烟色，基部橘黄色，R_{4+5}室封闭，具短柄。腹基部黑色，中间后突，第3～5节背板中央各具1个圆形或椭圆形黑斑，斑纹可扩大与基部黑纹相连。

分布：榆阳区（大河塔镇）；陕西、北京、河北、河南、广西、四川、云南、西藏；日本，朝鲜半岛、欧洲、非洲。

毛翅目 Trichoptera

因翅面具毛而得名，成虫称为“石蛾”（caddisflies），幼虫称为“石蚕”（caddisworms）。起源于279.3Ma前的中生代二叠纪早期。

成虫小到中型，体长2～40mm。形似鳞翅目蛾类，柔弱，体与翅面多毛；一般褐色、黄褐色、灰色、烟黑色，亦有较鲜艳的种类。

头小，能自由活动；口器咀嚼式，但极退化，上颚几乎不存在，仅下颚须和下唇须、有时吸喙很显著；触角丝状，一般长于体。翅两对，膜质，被细毛，休息时呈屋脊状覆于体背，翅脉接近原始脉序；足细长，跗节5节。常居巢内。

完全变态。幼虫蛃型或亚蠋型；具胸足3对；腹部仅臀足发达，具强钩。一般1年1～2代或2年1代。

成虫不取食固体食物，但可吸食植物花蜜或水。幼虫植食性、腐食性或捕食性，多取食水生生物或微生物，少数捕食小型昆虫的幼虫。

成虫陆生，飞行能力较弱，活动于幼虫栖息的水域附近，常见于溪水边；主要在黄昏和晚间活动，白天隐藏于草丛或湿度较大的灌木丛中。幼虫水生，活泼，偏爱较冷的无污染水域；能营造不同形状、质地的网、居室，少数科自由活动。

石蚕对水中溶解氧较为敏感，常被用来作为监测水质的指示生物；又是许多鱼类的主要食物源，在淡水生态系统的食物网中占据重要位置。

世界性分布，在温暖地区多样性高。世界已知约1.5万种；中国已知1000多种。

小石蛾科 Hydroptilidae

体小型，形如谷蛾，翅有长缘毛，休息时平置腹背，下唇须下垂。发育周期较短，一般年发生12代。

成虫在2～10月均可以羽化。幼虫5龄时形态发生改变，1～4龄幼虫常为蛃形，在水中自由生活，胸部发达而腹部瘦小；5龄幼虫亚蠋形，胸部小而腹部肥大，筑巢生活。巢多为钱袋形、卵圆形和口袋形，多数种类以5龄幼虫过冬。多以撕食、刮食方式，取食藻类、维管束植物组织及周丛生物，或沉积在基质表面的细小有机颗粒。幼虫多数喜清洁或较清洁的水体，能生活于急流、各种类型的小溪甚至渗漏水，以及水流滞缓的池塘和湖泊中。

世界已记录1850余种，隶属于6亚科，71属，广泛分布于世界各大动物地理区系。中国已记录11属80种。

325 小石蛾

Hydroptila sp.

识别特征： 无单眼；胫距式0-2-4；雄虫的次后头毛瘤演化成"胶链帽"，内藏可翻缩香腺。翅几乎全为黑色，足细弱。

生活习性： 幼虫主要以藻类为食，取食其细胞内含物。可生活于急流、溪流甚至渗漏水，以及水流滞缓的池塘和湖泊中。多喜较清洁的水体。

分布： 榆阳区（鱼河峁镇）；陕西。

鳞翅目 Lepidoptera

包括蛾（moths）和蝶（butterflies）。起源于247.2Ma前的中生代三叠纪初期。

体小至大型，翅展4～300mm。体、翅及附肢密布鳞片。

头部复眼发达，2只侧眼，缺中单眼；口器虹吸式，少数咀嚼式或退化；触角丝状、棒状、栉齿状等。翅2对，膜质，密被鳞片，横脉极少；少数种类雌虫无翅或退化；翅面有色彩或斑纹；足细长，跗节5节。腹部10节，无尾须。多型现象突出。

完全变态。幼虫蠋型，侧气门，咀嚼式口器，腹足一般5对，少数退化或无，具趾钩。1年多代到多年1代。

成虫取食花蜜。幼虫绝大多数植食性，取食植物叶片、钻蛀枝干、钻入植物组织或咬食根部；少数幼虫捕食性；还有部分菌食性、腐食性。

成虫蛾类多在傍晚或夜间活动，多数有趋光性，尤其偏喜紫外光；蝶类多在白天活动，无趋光性；有些成虫季节性远距离迁飞。

有许多是农林生产上的重要害虫。同时，许多成虫具有传粉功能，家蚕、柞蚕、天蚕等是著名的产丝昆虫，也有较多种类具有艺术观赏价值。

世界性分布，以热带最为丰富。世界已知约23万种，中国已知约1.7万种。

微蛾科 Nepticulidae

体型最小的低等蛾类，体长仅1mm多，翅展不过3～4mm。

头密被蓬松的竖立鳞毛，触角约为前翅长的一半，基节扩大形成眼罩，鞭节较粗，喙短小，下颚须发达而中部折屈，下唇须则较短，前翅宽而端部尖为披针形。

世界已知860余种；中国研究不多。

326 微蛾 *Stigmella* sp.

识别特征： 前翅长约2.5mm；头冠丛黄褐色，膨松；触角褐色，基部白色，长度不及翅的一半；头顶白色。胸背黑色，杂有黄色鳞片；前翅黄色，中部具1黑色横带，外缘三分之一黑色，缘毛灰色，端部白色。

生活习性： 成虫具趋光性。

分布： 榆阳区（红石桥乡）；陕西。

细蛾科 Gracillariidae

体小型。

头部通常光滑，无单眼。触角稍长于前翅或等长，少数短于前翅，柄节通常光滑，栉有或无。

下唇须3节，上举、前伸或下垂，第2节腹面偶尔有毛簇。前翅窄，后翅矛形。少数种无前胫突。

世界记录1800多种；中国记录24属近100种。

327 白杨潜细蛾

Phyllonorycter pastorella (Zeller, 1846)

识别特征： 成虫分夏型和越冬型，后者体色深。翅展7～8mm；体白色或灰褐色，头顶具褐色至白色直立毛丛，前翅前缘及后缘的近2/5处有斜生黑纹，翅端具黑色鳞片；或这些斑纹不明显。秋季羽化的成虫体色比较深。幼虫潜叶柳、杨，叶背虫斑白色，卵形或圆形，直径达10mm以上；叶正面花斑形。

分布： 榆阳区（岔河则乡）；陕西、北京、辽宁、河北；日本、朝鲜，中亚至欧洲。

菜蛾科 Plutellidae

体小型。有单眼、但很小。触角柄节有栉毛，休止时触角向前伸。下唇须第2节有呈三角形的丛毛，第3节尖而光滑，向上举。前后翅的缘毛有时发达并向后伸，休止时突出如鸡尾状。幼虫真蠋型，潜叶或钻蛀。

世界已知48属150种。

328 小菜蛾

Plutella xylostella (Linnaeus, 1758)

识别特征： 翅展12～15mm，体及翅灰褐色，头和胸背灰白色；唇须基2节被毛，膨松，前伸，灰褐色；前翅后缘灰白色，两翅合拢时灰白色斑似由3个菱形组成。

生活习性： 主要为害十字花科蔬菜，是农业上重要害虫，1龄幼虫潜食，后取食叶肉，1年多代，具远距离迁飞习性。

分布： 榆阳区（市区、鱼河峁镇、青云镇、巴拉素镇、孟家湾乡、小壕兔乡、红石桥乡）；全国广泛分布。

列蛾科 Autostichidae

体小型至中型，下唇须发达，触角短于前翅，前翅1A脉存在，有时缺R_5脉，后翅端部圆或略突出。幼虫腐食性。

世界已知72属630余种。

329 和列蛾

Autosticha modicella (Christoph, 1882)

识别特征： 翅展12～16mm，体背及前翅黄褐色，唇须向上弯曲，伸过头顶；前翅基部1/3处具2个黑褐斑，中室后侧方及近臀角处各具1黑褐斑，翅缘具1列小褐斑。

食性： 幼虫取食枯叶。

分布： 榆阳区（市区）；陕西、北京、黑龙江、内蒙古、天津、山西、河南、江西、四川；日本。

织蛾科 Oecophoridae

体小型至中型。

触角常短于前翅，柄节一般有带，下唇须2～3节，上弯，前翅三角形、长卵圆形或宽矛形，腹部常具背刺。幼虫多缀叶、卷叶或蛀入植物组织中取食。

世界记录3000多种；中国记录36属300多种。

330 远东丽织蛾

Epicallima conchylidella (Snellen, 1884)

识别特征： 翅展约13mm，头顶黄褐色杂白色，颜面白色。触角黑色，深褐色，两侧和鞭节白色。胸部、翅基片和前翅黄色。前翅翅端赭黄色，翅面具1个褐色大斑。外缘镶赭黄色和黑色鳞片，两侧各有1条白线，缘毛黄色。后翅基部灰色，端部褐色，缘毛灰色。足黑褐色至淡褐色，有白斑。

分布： 榆阳区（市区）；陕西、北京、天津、河北、山西、黑龙江、甘肃、宁夏、新疆。

331 朴锦织蛾
Promalactis parki Lvovsky, 1986

识别特征： 翅展9.5～12.5mm。头银白色，触角柄节白色，鞭节褐色，具白环。胸、翅基片和前翅橘黄色，前翅前缘基部褐色，翅面有3条白线，镶黑色鳞片：第1条从翅褶基部伸至后缘，第2条从翅基部1/3处近前缘达后缘；两条白线外斜平行，之间密布褐色鳞片；第3条从前缘近端部内斜至后缘，近前缘部分较宽，中部微凹；缘毛黄色。后翅及缘毛灰色。

分布： 榆阳区（小纪汗镇）；陕西、河北、天津、河南。

鞘蛾科 Coleophoridae

体多小型，头光滑，无单眼。触角前伸，长为前翅的2/3或近等长，柄节常有鳞毛簇或栉；鞭节基部若干节常加粗或被有长鳞片。前足胫节前胫突退化或缺失，后足胫节背面或背腹两面、腹面常具长鳞毛。前翅披针形，顶角尖出，偶尔呈镰状。后翅矛形，窄于前翅，除少数有金属光泽外，多数色彩单调，常有沿前缘和翅脉走向的纵条纹。缘毛为翅宽的2～3倍。腹部第1～6背板、有时第7背板具成对的、无鳞片的刺斑。幼虫负鞘，不同种幼虫和蛹的鞘在形态上会完全不同，是分类学上的鉴定特征。

世界记录5属1300多种；中国记录150种。

332 角壮鞘蛾
Coleophora nomgona Falkovitsh, 1975

识别特征： 翅展13.0～15.0mm。头白色，头顶中部有时淡黄色，触角柄节扩大，但不形成毛簇，有时带淡黄色，鞭节均为白色。胸部和翅基片白色，有时翅基片基部浅黄色。前翅银白色，自基部至翅端和翅褶后缘各有1条浅黄褐色宽纵带，缘毛灰白色。后翅及缘毛灰白色。

分布： 榆阳区（市区）；陕西、河北、宁夏；俄罗斯、蒙古国，西亚、欧洲。

333 紫菀鞘蛾

Coleophora pseudoditella Baldizzone & Patzak, 1983

识别特征： 前翅长7.0mm左右，触角基节具长鳞毛，黄褐色。下唇须白色，前伸，较细短。体及前翅白色，前翅具3条纵条，前缘1条黄褐色至褐色，后2条淡黄色。

分布： 榆阳区（小纪汗镇）；陕西、河北、北京。

绢蛾科 Scythrididae

翅展为5.0～27.0mm，除少数种类有白色或黄色的斑纹外，多数为黑色。白天活动。世界记录30属669种。

334 中华绢蛾

Scythris sinensis (Felder et Rogenhofer, 1875)

识别特征： 翅展11.0～17.0mm。前翅黑褐色或黑色，有光泽，近翅基及翅端各具1黄色斑，或前翅无斑纹，呈黑色型，缘毛灰褐色或褐色。后翅和缘毛褐色。

分布： 榆阳区（牛家梁镇）；陕西、河北、北京、天津、辽宁、甘肃、新疆、浙江、河南；俄罗斯、朝鲜，欧洲。

麦蛾科 Gelechiidae

头通常光滑，密被朝前向下弯曲的长鳞片。单眼常有但较小。触角线形，雄性常有短纤毛，柄节一般无带。喙长卷曲，基部被鳞片。前翅披针形，无翅痣。后翅顶角突出，外缘弯曲内凹。前足胫节常有1前胫突，中足胫节有1对中距，后足胫节有1对中距和1对端距。腹部背板通常无背刺。

世界记录约500属4600余种；中国已知300多种。

335 杨背麦蛾

Anacampsis populella (Clerck, 1759)

识别特征： 老熟幼虫体长12～16mm，灰绿色，头部黑褐色，前胸背板较大，黄褐色，足黑色，胸腹各节排列整齐黑色毛瘤，腹足趾钩双序二横带。成虫体长9～11mm，翅展21～23mm，前翅披针形，灰黑色，外缘有6个等距离黑斑，外横线灰白色，波状纹近似"3"字形，翅面有8个不规则云状黑斑，其中近翅基3个呈成"V"字形，后翅菜刀形，灰褐色，缘毛较长。

分布： 榆阳区（牛家梁镇、巴拉素镇）；陕西、新疆、内蒙古、宁夏、青海，东北、华北。

336 白线荚麦蛾
Mesophleps albilinella (Park, 1990)

识别特征： 翅展12.0～16.0mm。前翅赭黄色；基部至翅尖沿前缘有1黑褐色纵带，基部2/5很窄，端3/5渐宽；在前缘4/5处有1白色斜线伸达外缘中部；沿外缘有1条深褐色线，两侧黄白色；中室端部至外缘中部有1深褐色纵线；缘毛赭黄色。后翅灰褐色。

分布： 榆阳区（青云镇）；陕西、河北、天津、甘肃、浙江、河南、湖北、湖南、贵州；韩国、日本。

337 藜彩麦蛾
Chrysoesthia hermannella (Fabricius, 1781)

识别特征： 翅展7～8mm。额圆形，头顶黑色杂银色鳞片，下唇须黄白色，端褐且尖，弯过头顶，触角黑褐色，扁平。胸背银色杂亮黑色，腿节、胫节密被银色鳞片，跗节杂有褐色鳞片；腹背黑褐色，两侧及腹面银色鳞片，前翅亮黄色；基部有一黑色三角斑，其外侧有一道银色带；翅前缘为断续银色带，前缘中部有一不规则黑斑，内侧有一银色带；翅顶角及下角各有一银色斑点，下方还有一个小银斑点；缘毛浅黑色，顶角银斑外缘毛色深，基部银色，后浅黑色，缘毛淡黑色。

分布： 榆阳区（青云镇）；陕西、宁夏、甘肃、青海、新疆；朝鲜、日本，欧洲、北非、北美洲。

338 六斑彩麦蛾

Chrysoesthia sexguttella (Thunberg, 1794)

识别特征： 翅展8.0～9.0mm。头部灰褐色杂黑色，具金属光泽，触角黑褐相间；下唇须前伸，略上弯，内侧白色杂黑色，外侧黑色。前翅黑色，有3个黄色大斑；后翅灰褐色。腹部黑色。

生活习性： 取食藜、滨藜、苋等植物。

分布： 榆阳区（岔河则乡）；陕西、宁夏、浙江、新疆；朝鲜、日本，欧洲、北美洲。

339 山楂棕麦蛾

Dichomeris derasella (Denis et Schiffermüller, 1775)

识别特征： 翅展20.0～22.0mm。胸部和翅基片黄色。前翅自基部至近端部渐宽，顶角尖，外缘直斜。翅面淡赭黄色，散生褐色鳞片，端部色较浅；前缘基部赭褐色，向端部有不清晰的褐色短横线；中室近基部、中部和末端及翅褶中部和末端各有1褐色斑点；前缘3/4处有1条不清晰的褐色横带外弯达臀角前；缘毛浅黄色。后翅浅褐色，缘毛灰白色。

分布： 榆阳区（市区）；陕西、河北、北京、天津、辽宁、宁夏、甘肃、青海、华东、河南、湖南、贵州；俄罗斯、韩国，西亚、欧洲。

340 艾棕麦蛾

Dichomeris rasilella (Herrich-Schäffer, 1854)

识别特征： 翅展11.0～16.5mm。有深色和浅色个体之分。浅色个体头、胸及前翅白色，胸部中央有褐色纵纹；前翅散布深褐色鳞片；前缘端半部深褐色，4/5处有1条外斜白色短线，中室中部及末端、翅褶2/3处及末端有大而明显的深褐色斑纹；外缘褐色；缘毛灰褐色，臀角处灰白色。后翅及缘毛灰白色。深色个体翅灰褐色，斑小不清晰。

分布： 榆阳区（青云镇）；陕西、河北、天津、黑龙江、辽宁、宁夏、甘肃、青海、华东、台湾、华中、广西、香港、四川、贵州、云南；俄罗斯、韩国、日本，欧洲。

刺蛾科 Limacodidae

体中型，梯形。体翅密生绒毛和厚鳞，多数呈黄褐色或暗灰色，间有绿色或红色，少数底色洁白具斑纹。

口器退化；单眼与毛隆缺失。雄蛾触角一般为双栉齿形，至少基部1/3～1/2如此，雌蛾线形。通常翅短阔且圆，翅脉完全或近完全，中室内M脉主干常分叉；幼虫体扁，椭圆形或称蛞蝓形，着生枝刺和毒毛，或光滑无毛或具瘤，头小可收缩，无胸足，腹足小，化蛹前常吐丝结硬茧，有的茧具花纹，形似雀蛋。

世界记录301属1600余种；中国记录72属264种。

341 黄刺蛾

Monema flavescens Walker, 1855

识别特征： 雌成虫体长15～17mm，翅展30～40mm；雄成虫体长13～15mm，翅展30～32mm，体呈黄色。前翅黄褐色上有2个深褐色圆点，自顶角开始向后斜伸2条深褐色细线，一条伸向翅中央，一条伸向后缘。以伸向翅中央的线为界，内部为黄色，外部为褐色，后翅为灰黄色。复眼黑褐色，触角褐色，雌蛾触角丝状，雄蛾触角近基部单栉齿状。亦有黑褐色成虫。

分布： 榆阳区（市区、青云镇）；全国广泛分布；日本、朝鲜、俄罗斯。

木蠹蛾科 Cossidae

体中型至大型。

成虫喙退化，下唇须小或消失；单眼常缺；触角双带形；足胫节距退化。前翅常有副室，中脉在中室内发达，并常分叉形成1小中室；Cu_2脉存在，臀脉2条，分离或合并，后翅Sc脉游离，或与Rs脉间有1短横脉相连。幼虫取食草本植物的根茎和树木根部，寄主杂，有的多达几十种植物。

世界记录151属971种；中国记录13属约65种。

342 榆木蠹蛾

Holcocerus vicarius (Walker, 1865)

识别特征： 翅展45.5～86.0mm。头顶毛丛、领片和翅基片，暗灰褐色；颜面黑褐色；下唇须紧贴颜面，黄褐色，略上举；触角线形，近片状，黑褐色。中胸黄白色，近后缘具1黑横带。翅底色较暗，前翅前缘基部2/3、中室及中室基部下方1/3、翅端部均为暗灰褐色；中室末端具1明显白斑，中室后与1A脉间具1土褐色区；翅端部具网状黑纹。后翅灰黑色，中室黄白色。腹部黄褐色，杂黑褐色。

生活习性： 取食榆、沙枣、杨、柳等。

分布： 榆阳区（青云镇、小纪汗镇）；陕西、宁夏、北京、天津、河北、山西、内蒙古、辽宁、吉林、黑龙江、上海、江苏、安徽、山东、四川、云南、河南、甘肃；朝鲜、越南、日本、俄罗斯。

卷蛾科 Tortricidae

体小型至中型，翅展7.0～35.0mm；绝大多数种类色暗，少数颜色鲜明。

头顶具粗糙鳞片，有单眼（个别种消失），毛隆发达；喙发达，基部无鳞片；下唇须3节，被粗糙鳞片，平伸或上举，上举型第3节常短而钝；触角一般线状，偶尔栉状，鞭节各亚节具2排或1排鳞片，雄虫触角基部有的具切刻或膨大变扁。前后翅大约等宽；前翅宽阔，近三角形或近方形；有些雄性具前缘褶，褶内有特殊香鳞。翅面有竖鳞，小卷蛾亚科前翅前缘常有钩状纹。

世界记录1000余属10000多种；中国记录700多种。

343 草小卷蛾

Celypha flavipalpana (Herrich-Schäffer, 1851)

识别特征： 翅展13～16mm，下唇须白色，稍上举，头浅黄褐色，头顶褐色，胸背及前翅具杂色的斑纹，翅近中部具1较宽的白色横带，带内可见不连续的黑褐细纹，有时可见3条，翅顶角处具5对白色钩状纹，其中基部的1对斜伸向翅外缘中部。

分布： 榆阳区（市区、青云镇）；陕西、北京、甘肃、宁夏、青海、新疆、内蒙古、黑龙江、吉林、河北、天津、河南、山东、浙江、安徽、湖北、湖南、四川、贵州；日本、朝鲜、俄罗斯、蒙古，欧洲。

344 植黑小卷蛾 *Endothenia gentianaeana* (Hübner, 1799)

识别特征： 翅展13～19mm；头顶具暗灰色竖鳞，下唇须第2节长粗，末节短小；后胸背面具暗褐色竖鳞；前翅斑纹有变，具银灰、黑褐、黄棕色等鳞片，翅基及中部黑褐色，翅端1/3黄白色，顶角处色深。

分布： 榆阳区（青云镇）；陕西、北京、安徽、江西；日本、朝鲜、俄罗斯、蒙古，欧洲、北美。

345 白钩小卷蛾 *Epiblema foenella* (Linnaeus, 1758)

识别特征： 翅展17～26mm；头黄白至浅褐色，胸背及翅褐色至深褐色，带紫色光泽；前翅从后缘基部1/3具1条白斑伸向翅中部，并成1钩状，翅顶角处具数条斜纹，臀角处白色。有时白斑的“钩”柄短，或“钩”柄很长，与翅缘的白斑相连。幼虫蛀食艾、芦蒿的茎和根。

分布： 榆阳区（青云镇）；陕西、北京、甘肃、宁夏、青海、内蒙古、黑龙江、吉林、河北、天津、山东、江苏、浙江、安徽、江西、福建、台湾、湖北、湖南、广西、四川、贵州、云南；日本、朝鲜、俄罗斯、蒙古、印度，中亚。

346 柠条支小卷蛾
Fulcrifera luteiceps (Kuznetzov, 1962)

识别特征： 翅展12.0～19.0mm。头部黄褐色；触角背面褐色，腹面浅黄色；下唇须黄白色杂黄褐色。前翅浅黑褐色，端部1/3杂浅黄色鳞片；前缘有5对明显浅黄白色钩状纹，后缘中部有1淡黄白色斑，外缘和内缘近乎平行，肛上纹被钩状纹延伸的铅色线所包围，中央有5条平行黑色短横线；缘毛黄褐色。后翅灰褐色，缘毛灰白色。

生活习性： 取食蒙古锦鸡儿及其他豆科植物。

分布： 榆阳区（市区、青云镇）；陕西、宁夏、天津、四川、甘肃。

347 麻小食心虫
Grapholita delineana (Walker, 1863)

识别特征： 翅展11～15mm，体翅茶褐色或灰褐色，有时翅中域具紫色光泽，前翅前缘具9或10个黄白色钩形纹，后缘中部具4条黄白色或白色的平行弧形纹。

生活习性： 幼虫取食大麻，1年2～3代，第1代幼虫在茎部形成虫瘿，2～3代幼虫取食嫩果，也能卷叶取食草、草莓的叶子，成虫白天活动，亦具趋光性。

分布： 榆阳区（市区）；陕西、北京、甘肃、河北、天津、河南、山东、浙江、安徽、江西、福建、台湾、湖北、四川；日本、朝鲜、俄罗斯、毛里求斯，欧洲、北美。

348 暗条小食心虫
Grapholita nigrostriana (Snellen, 1883)

识别特征： 翅展11.5～14.0mm。头顶黄褐色，额前黄白色；触角黑褐色；下唇须黄白色。前翅长梯形，自基部向端部渐宽；基部浅铜黄色，向端部色加深，呈黄褐色；前缘具9组白色钩状纹：第5、第7组末端各具1条向下斜伸的铅色纹，第4、6组钩状纹下侧具黑色短纵纹；背斑自后缘中部弧弯至翅基部2/3处，由2条白带组成；肛上纹仅存在条铅灰色至黄铜色的内缘线；缘毛黄褐色。后翅灰褐色，前缘色较浅，缘毛黄色。

分布： 榆阳区（小纪汗镇）；陕西、宁夏。

349 油松球果小卷蛾
Gravitarmata margarotana (Heinemann, 1863)

识别特征： 翅展16～20mm；下唇须前伸，鹰嘴形；前翅具灰褐、赤褐、黑褐3色鳞片，呈不规则云斑状。

生活习性： 幼虫钻蛀油松、华山松、白皮松、云杉等新生嫩梢及球果。

分布： 榆阳区（巴拉素镇）；陕西、北京、辽宁、山西、河南、山东、江苏、安徽、浙江、江西、湖北、湖南、广东、广西、四川、云南、贵州；日本、俄罗斯，欧洲。

350 黄斑长翅卷蛾

Acleris fimbriana (Thunberg, 1791)

识别特征： 翅展15～22mm：体分夏型和越冬型，且形态完全不同；夏型体翅金黄色至橘黄色，前翅散生银白色竖立鳞片丛；后翅灰白色。以成虫越冬，越冬型前翅暗红褐色或暗灰色，或前翅前缘具白纵带。

生活习性： 幼虫卷叶，取食苹果、桃、李、杏、海棠、樱桃等。

分布： 榆阳区（市区）；陕西、北京、甘肃、辽宁、河北、天津、山西、河南、山东；日本、朝鲜、俄罗斯，欧洲。

351 苹褐带卷蛾

Adoxophyes orana (Fischer von Röslerstamm, 1834)

识别特征： 翅展15.5～21.5mm，体背及翅黄褐色，前翅中部具1明显的“h”纹，即具明显的弯曲分支延伸达臀角，有时交叉处前缩小或断裂，雄蛾前翅前缘褶约占前缘的1/2。

分布： 榆阳区（市区）；陕西、北京、甘肃、河北、河南、山东、江苏、浙江、安徽、福建、台湾、湖南、广东、广西、海南、四川、贵州；日本。

352 一带灰纹卷蛾

Cochylidia moguntiana (Rössler, 1864)

识别特征： 翅展8.0～9.5mm。头部黄白色；下唇须外侧黄褐色，内侧黄白色，第3节几乎被第2节的鳞毛覆盖；触角黄褐色，略杂深褐色。前翅底色浅黄色至浅黄褐色，前缘基半部具1条黑褐色带；中带自前缘中部斜至后缘基部1/3处，近前缘处黑灰色，后端深褐色杂黑褐色，前端1/3处及翅褶处各具1个黑斑；亚端带自前缘端部近顶角处延伸至近臀角上方，与中带平行；1条黑灰色短带自中带中部外侧斜至亚端带末端内侧，三者在前翅形成1个“N”形斑纹；亚臀斑位于后缘端部1/3处，为1小黑点；缘毛黄褐色。后翅及缘毛灰色。腹部灰褐色。

分布： 榆阳区（巴拉素镇）；陕西、宁夏、北京、天津、河北、山西、内蒙古、辽宁、黑龙江、安徽、福建、山东、河南、湖南、四川、贵州、甘肃。

353 裂瓣纹卷蛾

Cochylis discerta Razowski, 1970

识别特征： 翅展10.0～14.5mm。头部黄褐色；触角黄褐色，略杂黑褐色；下唇须外侧黄褐色略杂黑褐色，内侧黄白色。前翅阔，底色浅黄色；前缘杂黑褐色小斑点，基斑小，在前缘延伸至基部1/4处；中带自前缘中部至后缘中部，前端1/3黑褐色，后端2/3灰褐色，前端1/3处几乎断裂；亚端带近倒三角形，自前缘端部1/5沿外缘延伸至臀角，边缘黑褐色，中部杂黄褐色；亚臀斑为1个黑褐色小斑点，位于后缘端部1/4处；缘毛黑褐色。后翅及缘毛灰色。腹部灰褐色。

分布： 榆阳区（市区）；陕西、宁夏、山西、内蒙古、甘肃。

354 苹褐卷蛾
Pandemis heparana (Denis & Schiffermüller, 1775)

识别特征： 翅展16.5～26.5mm。额被灰白色长鳞片，头顶被灰褐色粗糙鳞片；下唇须外侧灰色杂灰褐色鳞片，内侧白色；触角基部白色，其余灰白色。前翅宽阔，前缘中部之前均匀隆起，其后平直，顶角近直角，外缘略斜直；底色灰褐色，斑纹由灰褐色和黄褐色鳞片组成；基斑大，中带后半部宽于前半部，有时中带断裂，亚端纹小，倒三角形；缘毛黄褐色。后翅暗灰色，前缘基部4/5灰白色，缘毛暗灰色。腹部背面暗褐色，腹面灰白色。

生活习性： 取食苹果、李、梨、桃、柳、榆等。

分布： 榆阳区（市区）；陕西、宁夏、天津、河北、黑龙江、青海。

355 暗褐卷蛾
Pandemis phaiopteron Razowski, 1978

识别特征： 翅展19.5～27.0mm，前翅宽阔，前缘中部前线形隆起，其后平直；基斑大，外缘斜直，亚端纹小三角形，或消失。

生活习性： 幼虫取食云杉属植物

分布： 榆阳区（市区）；陕西、北京、宁夏、青海、甘肃、内蒙古、河北、四川。

羽蛾科 Pterophoridae

体小型。

头通常宽阔，前额常形成锥状突起或触角基部形成小的鳞毛突；复眼半球形，无单眼和毛隆；喙很长，光裸；下唇须细长或粗短，上卷、前伸或略下垂，长短不一，从短于复眼直径到为复眼直径的3～4倍。前翅通常2裂，后翅3裂，但有时完整，翅面斑纹和翅形变异很大。静止时前翅、后翅卷褶，与身体垂直。足细长。腹部常细长。停栖时呈“T”字形。

世界记录90属1300余种；中国记录38属128种。

356 大金羽蛾

Agdistis ingens Christoph, 1887

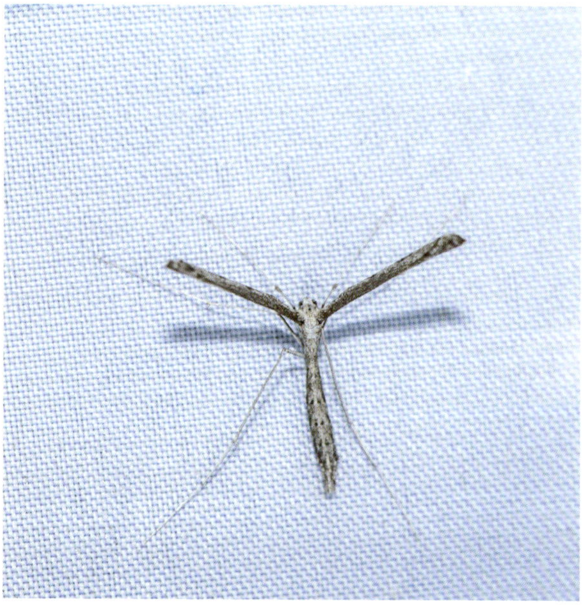

识别特征：翅展30.0～35.0mm。头顶被灰白色鳞片，散生褐色；无前额突。触角长于前翅的1/2，柄节和梗节略微膨大；鞭节背面黄白色，但每节端部褐色。下唇须紧贴颜面，达头顶或略低于头顶：灰白色，散布褐色鳞片；第1、2节被长而粗的鳞毛，第3节短，末端钝。前翅完整，灰色，前缘具4个浅褐色斑点；裸区颜色较浅，顶角处具1个褐色斑点，后缘具2个褐色斑点；缘毛灰白色，臀角处颜色暗。后翅灰色至灰褐色。腹部褐色，被灰白色鳞片。

分布：榆阳区（青云镇）；陕西、宁夏、甘肃；蒙古、阿富汗、哈萨克斯坦、塔吉克斯坦、吉尔吉斯斯坦、乌兹别克斯坦、土库曼斯坦、俄罗斯，北欧。

357 差叶少脉羽蛾

Crombrugghia distans (Zeller, 1847)

识别特征：翅展18.5mm。头部褐色，从复眼上方到触角基部下方连成一半开口的框形白斑。下唇须黄白色，外侧混有褐色鳞片，第1、2节上举，有散生鳞片，第3节尖、细、光滑，前伸。触角达前翅的1/2，白色和黑褐色环状相间，基部的白色鳞片多于端部的白色鳞片。胸部和翅基片褐色。前翅褐色，1/2处开裂；中室末端有1白斑，前缘2/3处有1白色纵带，5/6处有1“人”形白斑；第1叶尖锐，第2叶前缘从中部开始有黑褐色散生梳形“鳞齿”，外缘内凹；缘毛黄白色与褐色相间。后翅褐色，较尖锐；缘毛黄褐色，第3叶2/3处有黑褐色“鳞齿”。足基节白色和褐色纵形相间，从胫节开始，白色和褐色环形相间，褐色在每节的端部。腹部黄褐色，细长。

分布：榆阳区（鱼河峁镇）；陕西、甘肃、新疆、四川、贵州。

358 甘薯异羽蛾

Emmelina monodactyla (Linnaeus, 1758)

识别特征：翅展18～28mm；前翅分两支，具2个黑褐斑，1个位于中室的中央偏基部，另1个位于两支分叉处；后翅分为3支；腹部前端具近三角形白斑，背线白线，两侧灰褐色，各节后缘具棕色点。

生活习性：幼虫取食甘薯、旋花，具趋光性。

分布：榆阳区（市区）；陕西、北京、甘肃、宁夏、青海、新疆、内蒙古、黑龙江、河北、天津、山西、山东、浙江、江西、福建、四川；日本、印度，中亚至欧洲、北非、北美洲。

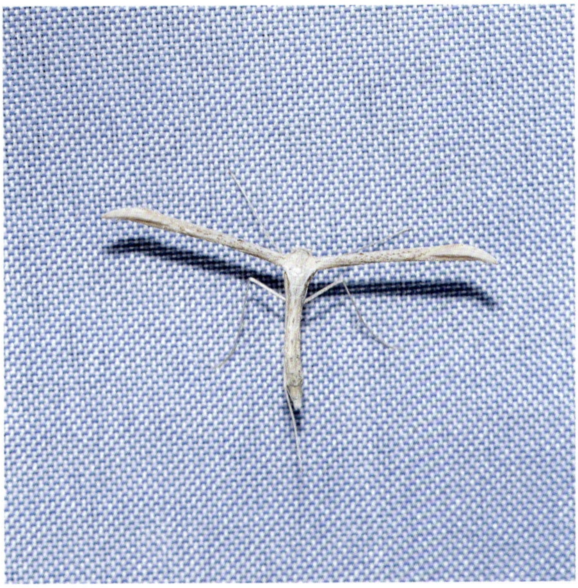

359 胡枝子小羽蛾

Fuscoptilia emarginatus (Snellen, 1884)

识别特征：翅展17～25mm，前翅面基部和裂口之间的1/2处和3/5处各具1个黑褐斑，前斑近后缘、后斑近前缘，有时此2斑不明显；裂口前具1黑褐斑，缘毛白色，每叶顶角、臀角具黑褐色缘毛。

生活习性：寄生豆科的胡枝子、截叶胡枝子。

分布：榆阳区（小纪汗镇）；陕西、北京、甘肃、内蒙古、河北、山西、河南、山东、江苏、安徽、江西、福建、四川、贵州，东北；日本、朝鲜、俄罗斯、蒙古。

螟蛾科 Pyralidae

体小型至中型。

头部被光滑鳞片。下唇须几乎全部为3节，平伸、斜上举或上弯于额前面。下颚须3节，有时微小或缺失，通常短于下唇须，一些种类高度特化。喙通常发达，基部被鳞，但在某些类群中退化或消失。复眼大。触角通常绒状，偶有栉状或双栉状。翅一般相当宽，有些种类则窄。

幼虫主要为植食性，取食活体的植物或干的植物组织，但也有取食蜂蜡。

世界记录1000余属5900余种；中国记录1000余种。

360 二点织螟

Aphomia zelleri (Joannis, 1932)

识别特征：雄蛾翅展18～19mm，雌蛾翅展29～31mm，头、胸部灰白色至灰褐色，前翅灰白色，前缘红灰褐色；中室中部及中室端各有1圆形暗褐斑。

生活习性：幼虫取食贮藏粮食或野外的苔藓。

分布：榆阳区（青云镇）；陕西、北京、青海、宁夏、新疆、内蒙古、吉林、天津、河北、河南、湖北、广东、四川；日本、朝鲜、斯里兰卡，欧洲。

361 黄缘燃斑螟

Cremnophila sedakovella (Eversmann, 1851)

识别特征：翅展23.0～26.0mm。头部浅黄白色，有时额及下唇须呈黄色；雄性触角、腹面具纤毛。前翅底色浅黄白色，具黑斑，前缘黄色，端部2/7呈黄带状，外缘端部4/5黄色；基部具1黑斑，内线处具2个黑斑；中室基部具1黑斑，近末端具2个黑斑，近呈带状；外线具6个斜列的黑斑，中部3个近相连，外缘黄带上缘黑色，缘毛黄色。后翅灰褐色，缘毛基半部黄褐色，端半部灰色。腹部黄褐色，腹面各节两侧具黑斑。

分布：榆阳区（市区、古塔镇、青云镇）；陕西、宁夏、黑龙江；欧洲。

362 微红梢斑螟

Dioryctria rubella Hampson, 1901

又名：松梢螟。

识别特征：翅展26～30mm。前翅亚基线灰色，外侧具黑色脊。

生活习性：幼虫于油松、华山松、樟子松、云杉等主梢及枝干内取食。

分布：榆阳区（市区）；陕西、北京、甘肃、内蒙古、东北、河北、天津、河南、山东、江苏、浙江、安徽、江西、福建、台湾、湖北、湖南、广东、广西、海南、四川、贵州；日本、朝鲜、菲律宾、俄罗斯，欧洲。

363 豆荚斑螟

Etiella zinckenella (Treitschke, 1832)

识别特征：翅展22～24mm；体背及翅面紫褐色、黄褐色或紫红色；下唇须很长。前翅前缘从基角至顶角具1条白色纵带，内线淡黄褐色，内侧红褐色或赭红色。后翅灰白色，外缘稍深，无明显斑纹。

生活习性：幼虫取食豆科植物如刺槐、苦参、大豆的种子。

分布：榆阳区（鱼河峁镇）；陕西、北京、甘肃、宁夏、新疆、河北、天津、河南、山东、安徽、福建、湖北、湖南、广东、四川、贵州、云南；世界广泛分布。

364 | 卡夜斑螟

Nyctegretis lineana calamitatella Roesler, 1973

识别特征： 翅展11～19mm。前翅灰褐色至黑褐色；内、外横线白色，内横线外倾，外横线内倾，2横线呈倒八字形排列；前缘近中部有1大而明显的黑褐色倒三角形斑，其周围颜色较浅；中室端斑白色，靠近。后翅半透明，与缘毛皆灰色。

分布： 榆阳区（市区、青云镇）；陕西、河北、内蒙古；蒙古、朝鲜。

365 | 红云翅斑螟

Oncocera semirubella (Scopoli, 1763)

识别特征： 翅展24～32mm；前翅前缘具1条白色纵带，中间具明显的桃红色宽带，翅后缘鲜黄色；有时桃红色宽带缩小，甚至仅翅缘及缘毛桃红色；后翅灰白色，无斑。

生活习性： 幼虫取食多种苜蓿。

分布： 榆阳区（市区、鱼河峁镇、马合镇）；陕西、北京、甘肃、青海、宁夏、吉林、黑龙江、河北、天津、河南、山东、江苏、浙江、安徽、江西、福建、台湾、湖南、广东、四川、贵州、云南；日本、俄罗斯、印度，欧洲。

366 小瘿斑螟
Pempelia ellenella (Roesler, 1975)

又名： 小脊斑螟、淡瘿斑螟。

识别特征： 翅展17～22mm；体翅背面灰褐色；下唇须粗大，伸过头顶，第3节短小；雄蛾触角间具白色鳞毛形成窝，第2节极粗壮，长约是第3节的8倍。前翅内横线灰白色，内外侧镶黑边，中室端斑黑色，月牙形，外线波状。

分布： 榆阳区（市区、青云镇）；陕西、北京、甘肃、宁夏、新疆、天津、河北、河南、山东、江苏、浙江、安徽、江西、福建、台湾、广东、广西、四川、贵州；朝鲜。

367 库氏歧角螟
Endotricha kuznetzovi Whalley, 1963

识别特征： 翅展18～22mm；体背及翅砖红色，胸部有时黄色。前翅前缘黑褐色，具许多小白斑；翅中具黄白色宽带，不达前缘，外角处另有1黄白斑；亚外缘线较直，明显；外缘具间断的黑色缘线。后翅与前翅相似，但无亚外缘线。

分布： 榆阳区（市区）；陕西、北京、黑龙江、河北、福建等；日本、朝鲜、俄罗斯。

368 | 榄绿歧角螟
Endotricha olivacealis (Bremer, 1864)

识别特征： 翅展17～23mm；体背黄色，具茄红色鳞片；前翅茄红色，前缘黑褐色具黄色斑点；中域具黄色宽带（或不显），伸达前缘；中室端斑黑褐色，月牙形；具亚外缘线和外缘线；缘毛黄色，但顶角处及中部黑褐色带茄红色。

分布： 榆阳区（小纪汗镇）；陕西、北京、甘肃、河北、天津、河南、山东、安徽、浙江、福建、江西、台湾、湖北、湖南、广东、广西、海南、四川、贵州、云南、西藏；日本、朝鲜、俄罗斯、缅甸、尼泊尔、印度、印度尼西亚。

369 | 灰直纹螟
Orthopygia glaucinalis (Linnaeus, 1758)

又名： 灰巢螟、灰双纹螟。

识别特征： 翅展17～27mm；体背及前翅灰褐色至赤褐色，前翅中部前缘有小黄斑，内、外横线淡黄色，横线前缘具黄斑；后翅灰褐色，具2条灰白色横线；前后翅绿毛灰白色，近基部灰褐色。

生活习性： 幼虫取食枯叶、谷物、干草及栎类叶片。

分布： 榆阳区（市区、鱼河峁镇）；陕西、北京、青海、内蒙古、天津、河北、河南、山东、江苏、浙江、江西、福建、台湾、湖北、湖南、广东、海南、四川、贵州、云南，东北；日本、朝鲜，欧洲。

草螟科 Crambidae

头部额区有圆形、扁平、锥形、圆柱形、脊状、刺状或凹凸不平等形状，被光滑鳞片。头顶有直立鳞片，触角间具1对前伸的鳞片簇，另1对则伸向后侧方。下唇须3节，前伸、斜上举或向上弯于颜面之前。下颚须通常短于下唇须，典型的为3～4节，有时微小或缺失，其末端扁平鳞片簇与下唇须背面的鳞片常覆盖颜面轮廓，喙通常发达，但一些类群退化。复眼大，球形，昼行性复眼有时退化，周围常裸露。足细长，雄性常有结构各异的香磷。听器间突简单或两裂，鼓膜泡开放，鼓膜脊存在，有特殊感觉器。

世界记录1020属9655种。

370 双斑草螟

Crambus bipartellus South, 1901

识别特征： 翅展18.0～24.0mm。前翅白色，散布黄褐色至褐色鳞片；纵纹白色，由基部伸达端部1/5处，与前缘相接，基部2/3渐宽，端部1/3渐窄，末端尖；后缘和外缘密被褐色鳞片；亚外缘线白色，淡褐色镶边，前端约1/3处外弯成角，后端2/3与外缘平行；外缘深褐色，后端2/3处有5枚黑色斑点；顶角处缘毛基部白色，其余黄褐色。后翅淡灰色，缘毛白色。

分布： 榆阳区（马合镇）；陕西、河北、黑龙江、宁夏、甘肃、浙江、福建、河南、江西、湖北、四川、云南；缅甸。

371 泰山齿纹草螟

Elethyia taishanensis (Caradja et Meyrick, 1936)

识别特征： 翅展15.0～20.0mm。头及巨大的下唇须灰褐色，杂白毛，触角背面黄白色与褐色相间，腹面淡褐色。前翅散布褐色鳞片，纵纹白色，狭长，由翅基中部伸达3/5处，末端分二叉；亚外缘线白色，深褐色镶边，外弯成3个锐角；近顶角处具2条白色斜纹；外缘淡褐色，近中部有2个黑色斑点；缘毛灰白色至淡褐色，基部和中部白色；后翅白色。

分布： 榆阳区（市区、马合镇）；陕西、河北、黑龙江、宁夏、甘肃、青海、山东、安徽、河南、湖北、四川。

372 钩状黄草螟

Flavocrambus aridellus (South, 1901)

识别特征： 翅展14.0～21.5mm。胸部黄白色。前翅淡黄色，沿翅脉散布深褐色鳞片；中带淡褐色，前端1/3外弯，后端1/4凹入；亚外缘线淡褐色，前端1/3外弯成角，后端1/4外弯成小齿；外缘淡褐色至深褐色，有7枚褐色斑点；缘毛深褐色，基部白色。后翅淡褐色，缘毛灰白色，近基部淡褐色。

分布： 榆阳区（镇川镇）；陕西、河北、黑龙江、甘肃、安徽、浙江、河南、湖北、广东；日本。

373 饰纹广草螟

Platytes ornatellus (Leech, 1889)

识别特征： 翅展14.0～22.0mm。前翅淡褐色；纵纹白色，由基部达近外缘；中带淡褐色，由前缘中部伸至后缘2/5处，前端1/3外弯成锐角，后端1/3内弯成锐角；亚外缘线白色，镶淡褐色边，前端1/3外弯成锐角，后1/3呈“Z”形；外缘淡褐色，中部和臀角间有3枚黑色斑点；缘毛淡褐色，基部白色。后翅淡褐色，缘毛白色。

分布： 榆阳区（市区、青云镇）；陕西、河北、黑龙江、吉林、宁夏、甘肃、青海、山东、安徽、浙江、河南、江西、湖北、四川、贵州、西藏；俄罗斯、日本，朝鲜半岛。

374 纯白草螟

Pseudocatharylla simplex (Zeller, 1877)

识别特征： 翅展16.0～28.0mm。体翅白色。下唇须背面和内侧白色，外侧和腹面淡黄色，长约为复眼直径的3倍；触角背面黄白色，腹面淡褐色。前翅前缘淡黄色，无斑纹，缘毛白色。后翅和缘毛白色。前足深褐色，中足、后足内侧黄白色。

分布： 榆阳区（市区）；陕西、河北、北京、天津、黑龙江、辽宁、甘肃、上海、江苏、浙江、安徽、福建、江西、山东、台湾、河南、湖北、湖南、香港、四川、贵州、西藏；俄罗斯、日本。

375 银翅黄纹草螟

Xanthocrambus argentarius (Staudinger, 1867)

识别特征： 翅展19.0～25.5mm。前翅银白色，前缘黄褐色；外横线淡黄色杂淡褐色，“M”形，分别在前端1/3和后端1/4处外弯成锐角且与亚外缘线相连；亚外缘线白色，内侧淡褐色镶边，外侧淡黄色镶边，前端2/5外突成角，后端1/5外弯成齿；外缘深褐色，近臀角处有3枚黑斑；缘毛白色。后翅和缘毛白色。

分布： 榆阳区（市区、麻黄梁镇、岔河则乡）；陕西、河北、黑龙江、辽宁、河南、四川；俄罗斯，西亚。

376 褐翅黄纹草螟

Xanthocrambus lucellus (Herrich-Schäffer, 1848)

识别特征： 翅展18.0～30.0mm。前翅白色，散布淡褐色鳞片；白色纵纹由基部至端部约1/3处，纵向中间掺杂淡褐色鳞片，末端分两叉，前端叉约为后端叉长的2倍；外横线黄褐色，前端1/3、后端1/3和近后缘分别外弯成锐角；亚外缘线白色，淡褐色镶边，前端2/5处外弯；外缘深褐色，近臀角有3块黑色斑；缘毛基部1/2灰白色，端部1/2淡褐色。后翅淡褐色，外缘深褐色。

分布： 榆阳区（马合镇、小纪汗镇）；陕西、河北、北京、天津、山西、黑龙江、辽宁、宁夏、青海、山东、江苏、浙江、湖南、四川；蒙古、朝鲜、日本，中亚、欧洲。

377 红缘须歧野螟

Trichophysetis rufoterminalis (Christoph, 1881)

识别特征： 翅展9.0～10.0mm。头、胸背白色。腹部背面浅褐色各节后缘白色。翅白色，前翅中域浅褐色，有时为浅黄褐色；前后中线黄褐色，前中线略模糊，后中线外缘白色，中部向外凸出成角；翅外缘黄色，近顶角处有4个黑褐斑点；缘毛浅黄色，基部白色。后翅中域淡褐色，后中线黄褐色，带状，缘毛白色。

分布： 榆阳区（市区）；陕西、浙江、广东、安徽、福建、湖北、台湾。

378 茴香薄翅野螟

Evergestis extimalis (Scopoli, 1763)

识别特征： 成虫体长约12mm，翅展约28mm，黄褐色。头圆形，前额倾斜，触角微毛状，下唇须向前平伸。前翅淡黄色，沿翅外缘有1暗褐色斑，翅后缘有宽边缘。后翅呈淡黄白色，边缘有褐色曲线。幼虫老熟时体淡黄色，头黑褐色。蛹体较细长、末端较尖，黄褐色。

分布： 榆阳区（市区）；陕西、内蒙古、黑龙江、河北、青海、山东、江苏、云南、四川。

379 花分齿螟

Aporodes floralis (Hübner, 1809)

识别特征： 翅展13.0～17.0mm。触角间鳞片白色，后头具深褐色立鳞，额前微隆起，黄褐色至深褐色，周缘白色；下唇须白色，第1节毛簇发达，第2节外侧基部及第3节外侧黑色。前翅底色黄褐色，密被褐色鳞片，后缘基部黑色，前缘基部1/3和2/3处具小黑斑；中室斑2个，黑色，有时相连；内横带浅黄褐色，宽；外横带浅黄褐色，细。前半段清晰，其外侧饰黑褐色；外缘黑褐色；缘毛黄褐色。后翅黄褐色，杂黑褐色鳞片，外横带及外缘黑色，臀角处黄色；缘毛基部褐色，余部黄褐色。腹部背面黑褐色，各节后缘黄褐色；腹面前两节白色，余下各节灰白色，杂黑褐色。

寄主： 刺苞菜蓟、田旋花。

分布： 榆阳区（青云镇）；陕西、宁夏；巴基斯坦、伊拉克、伊朗、哈萨克斯坦、吉尔吉斯斯坦、俄罗斯，欧洲。

380 元参棘趾野螟

Anania verbascalis (Denis & Schiffermüller, 1775)

识别特征：翅展20～22mm，前翅内线在中后部曲折，外线前半部钩形，后稍波形伸达后缘，中室斑点形，中室端呈斑条状，其外侧常常具云状不规则黑褐色纹，亚缘线锯齿形，有时亚缘线以外为黑褐色，可见黄色窗形纹，缘毛白色，基小部或大部黑褐色。

寄主：幼虫取食菊类、元参等植物。

分布：榆阳区（市区、青云镇）；陕西、北京、青海、天津、河北、山西、河南、江苏、安徽、福建、湖南、广东、四川、贵州、云南。

381 旱柳原野螟

Euclasta stoetzneri (Caradja, 1927)

识别特征：翅展26～38mm，体翅灰白色，头部褐色，具白色纵条，前翅底色棕褐色，中部具1条纵向白色宽带，翅外缘和后缘翅脉间染有白色，缘线黑褐色，缘毛基部白色，端部褐色，后翅雪白，近顶角处褐色。

分布：榆阳区（鱼河镇、青云镇、巴拉素镇）；陕西、北京、甘肃、宁夏、内蒙古、吉林、黑龙江、河北、天津、山西、河南、山东、福建、湖北、四川、西藏；蒙古。

382 艾锥额野螟
Loxostege aeruginalis (Hübner, 1796)

识别特征： 翅展22~25mm，体及翅白色，具烟黑色斑纹，前翅中室内具1长卵形斑，内后侧具1个斜生“V”字斑，外侧另1大斑，亚缘线和缘线明显，后翅白色，具外线、亚缘线和缘线。

分布： 榆阳区（青云镇）；陕西、北京、青海、河北、天津、山西、河南、湖北。

383 草地螟
Loxostege sticticalis (Linnaeus, 1761)

又名： 网锥额野螟、黄缘条。

识别特征： 翅展20~26mm，前翅外缘有淡黄色点状条纹，翅中央稍近前缘有1淡黄色斑，有时前翅灰褐色，上述斑纹较小，或不甚明显，并呈灰白色，后翅淡灰褐色，沿外缘有2条波状纹。

生活习性： 幼虫可取食50科300余种植物，主要选择灰菜、猪毛菜等双子叶植物，大发生时，幼虫可从这些植物向农田转移，取食多种农作物，如大豆、玉米、向日葵、甜菜等，成虫可远距离迁飞，具很强的趋光性。

分布： 榆阳区（鱼河峁镇）；陕西、北京、甘肃、青海、新疆、内蒙古、黑龙江、吉林、辽宁、河北、山西、江苏、四川、西藏。

384 红黄野螟

Pyrausta tithonialis (Zeller, 1872)

识别特征： 翅展16.5～22.0mm。前翅玫红色杂褐色鳞片，基部至前中线黄色；前中线为淡黄色窄带，自前缘1/3处直达后缘1/3处；后中线为淡黄色窄带，自前缘3/4达后缘2/3处，大部与外缘近平行，近后缘处平直；后翅褐色，缘毛褐色，端半部色浅。

分布： 榆阳区（市区、青云镇）；陕西、河北、内蒙古、山东、河南、四川。

385 尖双突野螟

Sitochroa verticalis (Linnaeus, 1758)

又名： 黄草地螟、甜菜野螟、尖双突野螟。

识别特征： 翅展26～28mm，前翅具黄褐色或褐色斑纹，内线波状，中室内和中室端具斑纹，外线和亚缘线小锯齿状，两线的纹路较为一致，后翅具黑褐色的外线和亚缘线，前后翅反面具明显而大的黑褐纹。

生活习性： 幼虫寄主为大豆、苜蓿、甜菜、紫苜蓿等，以丝缀叶，幼虫藏在其中，取食叶片，具趋光性。

分布： 榆阳区（市区、青云镇、马合镇）；陕西、北京、甘肃、青海、宁夏、新疆、内蒙古、黑龙江、辽宁、河北、天津、山西、山东、江苏、四川、云南、西藏。

386 麦牧野螟

Nomophila noctuella (Denis & Schiffermüller, 1775)

识别特征： 翅展23～34mm，体翅灰褐色或棕褐，具黑色或黑褐色斑纹，前翅中室基、中室中部及下方、中室外侧各具圆形或肾形纹，前缘中部外至顶角具5个黑褐斑，有时这些斑均不明显，后翅灰白色外侧稍深。

生活习性： 幼虫取食小麦、柳、苜蓿等。

分布： 榆阳区（鱼河峁镇）；陕西、北京、宁夏、河北、天津、河南、山东、江苏、福建、台湾、广东、四川、云南、贵州、西藏。

387 甜菜青野螟

Spoladea recurvalis (Fabricius, 1775)

识别特征： 翅展17.0～23.0mm，翅黑褐色。前翅前中线淡褐色，细弱不明显；中室端斑白色，较大；后中线白色前端、后端宽阔带状，中段点状，自前缘3/4处伸至中部，再向内弯曲至中室下角，与中室端斑相连接，再折角直达后缘中部，与中室端斑连接处形成一外突细尖齿。后翅黑褐色，1条白色带从前缘中部伸向后缘中部。缘毛在中部和臀角处白色，其余褐白相间。

分布： 榆阳区（鱼河峁镇）；陕西、北京、台湾、江西、广东、广西、四川。

388 四斑绢丝野螟

Glyphodes quadrimaculalis Bremer & Grey, 1853

识别特征： 翅展33～37mm，体背黑色，两侧白色，前翅黑色，翅中部具4个白斑，顶角处的白斑下方由5个白点组成纵列，或呈1白色横带伸达翅后缘，后翅白色，外缘具黑色宽带，双翅缘毛黑褐色后角处缘毛呈白色。

分布： 榆阳区（市区、青云镇）；陕西、北京、宁夏、东北、河北、天津、河南、山东、浙江、福建、湖北、广东、四川、云南、贵州。

389 豆荚野螟

Maruca vitrata (Fabricius, 1787)

识别特征： 翅展22～30mm，体背茶褐色，前翅暗褐色，前缘中基部及外缘茶褐色，中室斑白色，透明；下缘常为半圆形内凹，中室斑内侧下方具1小白斑，中室斑外侧具1大型透明斑，后翅白色，具不明显的波形横线，外缘暗褐色，钝锯齿形，不达后角，中室具环形斑。

生活习性： 幼虫取食大豆等豆科植物叶片。

分布： 榆阳区（市区）；陕西、北京、内蒙古、河北、天津、山西、河南、山东、江苏、浙江、福建、台湾、湖北、湖南、广东、广西、海南、四川、贵州、云南。

枯叶蛾科 Lasiocampidae

体中型至大型，体粗壮，多黄褐色，被厚毛，后翅肩区发达。有些种类栖息状态后翅前露，形似枯叶，下唇须前伸似叶柄，因此称为枯叶蛾。

额常生有1簇密毛，喙退化，下唇须粗，常呈鼻状或尖锥状。无单眼，复眼小而强烈突出，常隐于毛丛中。两性触角均为双栉形，雄性栉枝长。胸部（特别是雌蛾）大多粗壮多毛。足短而强壮，带密毛。翅面颜色丰富，前翅通常有1枚明显中室端斑，一些种类具内线、中线、外线和亚端斑纹。前翅外缘常呈锯齿形，后缘明显短。后翅大多呈圆形，斑纹位于前缘。有的雌虫属短翅型，性二型现象明显。雌虫腹末常有毛丛。

幼虫大多取食树木叶片，经常造成严重危害。

世界记录约2000种；中国记录39属219种。

390 落叶松毛虫

Dendrolimus superans (Butler, 1877)

识别特征： 雄蛾翅展57～72mm，雌蛾翅展69～85mm，体灰白色至黑褐色，前翅内、外及亚端线深褐色或黑色，外横线锯齿状，中室端白斑大而明显，亚端线有时由1列黑斑组成。

生活习性： 幼虫取食落叶松、红松、云杉、冷杉等多种针叶树。

分布： 榆阳区（市区）；陕西、北京、内蒙古、辽宁、吉林、黑龙江、河北、新疆；朝鲜、蒙古、俄罗斯、哈萨克斯坦。

391 杨褐枯叶蛾

Gastropacha populifolia (Esper, 1784)

识别特征： 雄性前翅长18～29mm，雌性前翅长26～46mm。体翅黄褐，前翅窄长，后缘短，外缘呈弧形波状，前翅有5条黑色断续的波状纹；中点呈黑褐色斑。后翅有3条明显的黑色斑纹。前、后翅散布有少量黑色鳞毛。体色及前翅斑纹变化较大，呈深黄褐色、黄色等，有时翅面斑纹模糊或消失。

分布： 榆阳区（市区、青云镇）；陕西、黑龙江、辽宁、内蒙古、北京、河北、山西、山东、河南、甘肃、青海、江苏、安徽、浙江、湖北、江西、湖南、广西、四川、云南。

392 李褐枯叶蛾
Gastropacha quercifolia (Linnaeus, 1758)

识别特征： 翅展40～84mm，体翅黄褐色、褐色或赤褐色，唇须前伸，长，蓝黑色；前翅外缘和后缘波浪形，前翅具3条波状横带，有时不明显，翅外缘弧形，呈齿状，缘毛蓝黑色，近中室端具1个黑褐点。

寄主： 幼虫取食李、苹果、桃、梨、柳等树叶。

分布： 榆阳区（青云镇）；陕西、北京、青海、甘肃、内蒙古、辽宁、吉林、黑龙江、河北、河南、山东、安徽、江苏、浙江、江西、福建、台湾、湖南、广西；日本、朝鲜、俄罗斯，欧洲。

393 榆枯叶蛾

Phyllodesma ilicifolia (Linnaeus, 1758)

识别特征： 前翅长16～17mm，体翅灰褐色，胸部及前翅基部具红棕色毛，前翅具内、外横线，波纹状，黑褐色，外线伸达翅后缘的外突处；中室内具或大或小白斑，边界不清，中室端具1条黑褐纹，亚端线褐色，线外色浅，灰白色；后翅前缘近基部外突明显，中部具黑褐带。

分布： 榆阳区（市区）；陕西、北京、河北；朝鲜、俄罗斯，中亚至欧洲。

天蛾科 Sphingidae

体大型，一般颜色较鲜艳，身体粗壮，纺锤形，末端尖。

头较大，复眼明显，无单眼；喙通常发达，超过体长；触角线状，偶尔双栉状，中部加粗，尖端弯曲呈小钩状；下唇须上举，紧贴头部。前翅狭长，顶角尖锐，外缘倾斜，有些种类有缺刻。后翅较小，近三角形，色较暗，被有厚鳞。有些种类前翅、后翅局部透明无鳞片。

世界记录200属1450种；中国记录60余属200余种。

394 葡萄天蛾

Ampelophaga rubiginosa Bremer & Grey, 1853

识别特征： 翅展85～110mm，体背具灰白色细纵线，前翅具茶褐色横线，以中线为最粗大，顶角具近三角形棕色斑。

寄主： 葡萄、野葡萄、爬山虎、黄荆、乌莓等。

分布： 榆阳区（市区、青云镇）；陕西、北京、宁夏、辽宁、吉林、黑龙江、河北、河南、山东、山西、江苏、浙江、江西、安徽、湖北、湖南、四川、广东、云南、台湾；日本、朝鲜、尼泊尔、印度。

395 沙枣白眉天蛾

Hyles hippophaes (Esper, 1789)

识别特征：翅展60.0～70.0mm。头、胸部黄褐色，触角背面白色，腹面黄褐色，头顶与颜面间至肩板两侧有白色鳞毛。翅黄褐色，前翅自顶角上半至后缘中部具污白色斜带，中室端部具1个黑色条斑，后缘白色；后翅基部黑色，中部红色，红色外侧褐绿色，外缘淡褐色，后角处有1块大白斑。

寄主：沙枣、沙棘。

分布：榆阳区（青云镇）；陕西、宁夏、内蒙古、新疆；俄罗斯、德国、西班牙。

396 八字白眉天蛾

Hyles livornica (Esper, 1780)

识别特征：翅展75.0～83.0mm。体翅浓绿色，头及肩板四周有白色鳞毛。腹部两侧第1～3节有黑、白色斑，各体节间有棕色和白色环。前翅自顶角有倾斜至后缘基部的淡黄色带，中室端有1个黄褐色三角形斑，斑的外侧有1个圆形小黑点，亚外缘线至外缘有较宽的黄褐色带，翅脉淡黄褐色明显。后翅基部黑色，中部紫红色，亚外缘线呈黑色横带，外缘线粉褐色，缘毛黄色，近后角处有白色斑。

分布：榆阳区（巴拉素镇、小纪汗镇、红石桥乡）；陕西、宁夏、黑龙江、台湾。

397 榆绿天蛾

Callambulyx tatarinovii (Bremer & Grey, 1853)

识别特征：前翅正面橄榄绿色，反面内侧1/2红色，外侧1/2黄绿色。后翅正面中心部位是美丽的鲜红色，外周橄榄绿色。反面黄绿色，停息时胸背部位形成一个很显眼的深橄榄绿菱形。

分布：榆阳区（市区、青云镇、小纪汗镇）；全国广泛分布。

398 灰斑豆天蛾

Clanis undulosa Moore, 1879

识别特征：翅长61.0mm左右。头灰褐色，触角粉红色。胸、腹背赭黄色至赭褐色，头顶至前胸有较细棕褐色背线，腹部各节间有赤褐色环纹。前翅窄长，呈灰粉褐色，内线、中线、外线赤褐色，波曲，线斑纹稍模糊。前翅中部前缘有窄三角形灰粉淡斑。顶角稍外突，顶角前缘有棕褐色三角形斑。后翅中部棕黑色，外缘赭黄色，缘毛金黄色。

分布：榆阳区（市区）；陕西、河北、辽宁、江苏、浙江、湖南、海南、四川。

399 黄脉天蛾
Laothoe amurensis sinica (Rothschild & Jordan, 1903)

识别特征：成虫体长35mm左右，翅展80～90mm。体翅灰褐色，翅上斑纹不明显，内、外横线由2条黑棕色波状纹组成，外缘自顶角到中部有棕色斑，翅脉被黄褐色鳞毛，较明显，各翅脉端部向外突出，形成锯齿状外缘；后翅横脉黄褐色明显。

分布：榆阳区（市区、青云镇、巴拉素镇）；陕西、河北等。

400 枣桃六点天蛾
Marumba gaschkewitschi (Bremer & Grey, 1853)

识别特征：成虫，体长36mm，翅展85mm，体深褐色。复眼紫色，触角黄褐色，头、胸部背面有浓褐色纵纹1条。前翅狭长，灰褐色，上面有3条较宽的褐色纹带，纹带与纹带之间呈淡褐色，近臀角处有1个紫黑色斑，翅背面基部周围有紫红色细毛。后翅粉红色，臀角有紫黑色斑纹2个，腹部褐色，腹节之间灰褐色。

分布：榆阳区（市区、青云镇）；陕西、甘肃、宁夏、河南、河北、山西、山东、辽宁。

401 蓝目天蛾

Smerinthus planus Walker, 1856

识别特征：翅展80～90mm，前翅外缘较直，近后角具1个小缺刻，后翅近中部具1个大眼斑，黑边内具蓝卷，眼斑上方桃红色至粉红色。

寄主：幼虫取食多种植物，如杨、柳、苹果、海棠、李等。

分布：榆阳区（市区、青云镇、小纪汗镇）；全国广泛分布；日本、朝鲜、俄罗斯、蒙古。

弄蝶科 Hesperiidae

体小型至中型。颜色大多较暗，少数为黄色和白色。
触角基部靠近，并常有黑色毛块，端部略粗，末端弯而尖。前翅三角形。
幼虫喜食禾本科或豆科植物。
世界记录4100多种；中国记录370多种。

402 小赭弄蝶

Ochlodes venata Bremer & Grey, 1853

识别特征：雄蝶翅正面黑褐色，基部褐色，斑纹橙色，中室及前缘有橙色斑，反面黄褐色，前翅中室下方及后缘具黑褐色区域，斑纹与正面近似。雌蝶与雄蝶相似，但前翅正面基部为底色，前缘区内侧无橙色斑，中室斑稍小。

分布：榆阳区（古塔镇）；陕西、内蒙古、山东、山西、河南、甘肃、四川、西藏、江西、福建。

403 波珠弄蝶

Erynnis popoviana (Nordmann, 1851)

识别特征： 前翅正面外缘斑模糊；亚缘区黑色窄斑带略弯曲，不与翅外缘平行；中域斑带较模糊，反差不明显。

分布： 榆阳区（鱼河镇、大河塔镇、牛家梁镇、巴拉素镇）；陕西、吉林、北京、河北、山西、河南、宁夏、甘肃、青海、山东。

粉蝶科 Pieridae

体通常为中型或小型，最大的种类翅展达90mm；色彩较素淡，一般为白色、黄色和橙色，并常有黑色或红色斑纹。

前翅三角形；后翅卵圆形，无尾突。前足发育正常，有分叉的两爪。不少种类呈性二型。雄性的发香鳞在不同的属位于不同的部位：前翅肘脉基部、后翅基角、中室基部或腹部末端。有些种类有季节型。

寄主为十字花科、豆科、白花菜科、蔷薇科等植物，有的为蔬菜或果树害虫。

世界记录1200余种；中国记录150余种。

404 东亚豆粉蝶

Colias poliographus Motschulsky, 1860

识别特征： 翅展44～59mm；雄蝶翅黄色或淡黄绿色，前翅中室端部具1黑斑，外缘为1黑色宽带，内具1列形状不规则的淡色斑；后翅中室端部具1橙色斑，反面为银白色。雌蝶翅白色，斑纹同雄蝶。

分布： 榆阳区（上盐湾镇、镇川镇、古塔镇、金鸡滩镇、马合镇、芹河镇、小纪汗镇、红石桥乡）；陕西、北京、浙江、四川、云南、台湾、香港。

405 圆翅小粉蝶

Leptidea gigantean (Leech, 1890)

识别特征：雄蝶翅白色。前翅顶角圆而阔；正面亚顶区斑纹灰黑色，远离顶角，此特征是与本属其他种类区别的显著特征，但春型此黑斑多缺失。后翅中域常有1个不规则的灰色波状纹。雌蝶较雄蝶斑纹淡。

分布：榆阳区（镇川镇）；陕西、黑龙江、吉林、辽宁、河北、河南、新疆、四川、云南。

406 东方菜粉蝶

Pieris canidia (Sparrman, 1768)

识别特征：中型粉蝶。雄蝶翅背面白色；前翅的前缘脉黑色，顶角有三角形黑斑，并与外缘的黑斑相连而延伸到近臂角处，黑斑的内缘呈锯齿状；亚端有2个黑斑，后翅前缘中部有1个黑斑，这3个黑斑均较菜粉蝶大而圆；后翅外缘各脉端均有三角形的黑斑。翅反面白色或乳白色，除前翅2枚黑斑尚存外，其余斑均模糊，雌蝶斑纹较明显，反面基部的黑鳞区较雄蝶宽。

分布：榆阳区（马合镇）；全国各地广泛分布。

407 菜粉蝶

Pieris rapae (Linnaeus, 1758)

识别特征： 翅展37～50mm；翅及脉纹白色，前翅前缘基部及顶角色较暗，前翅中央近臀角处具2个黑斑，后翅前缘中部具1个黑斑。雌蝶前翅前缘及顶角处的黑纹较雄蝶大而明显。

分布： 榆阳区（镇川镇）；全国广泛分布。

408 云粉蝶

Pontia edusa (Fabricius, 1777)

识别特征： 翅及翅脉白色。前翅正面顶角区及外缘中部各有1个黑色云纹斑；中室端脉处有1个长方形黑色块斑；反面斑纹同正面，但顶角区及外缘中部斑纹为褐绿色或黄绿色；后翅正面斑纹为反面斑纹的投射，模糊不清；反面云纹斑为灰绿色或黄绿色，基部云纹斑齿轮状，端部云纹斑呈“C”形排列。雌蝶较雄蝶色深。本种的春型和秋型差别较大，春型个体小，斑纹色深；秋型的个体较大，斑纹色浅。

分布： 榆阳区（镇川镇、古塔镇、青云镇、金鸡滩镇、芹河镇、小纪汗镇、小壕兔乡）；陕西、黑龙江、吉林、辽宁、北京、河北、内蒙古、山西、山东、河南、宁夏、甘肃、新疆、上海、江苏、广西、四川、云南、西藏。

灰蝶科 Lycaenidae

体小型，极少中型。

触角与复眼外缘相连；触角短，常有白环，绕复眼一周有白色鳞片；幼虫前胸无翻缩腺。翅背面常呈红色、橙色、蓝色、绿色、紫色、古铜色等，颜色单纯而具光泽；翅腹面与背面的斑纹和颜色不同，是其分类的主要特征。后翅有时具1～3个尾突。雌蝶前足正常，雄蝶前足正常或跗节及爪退化。

世界记录6700余种；中国记录600余种。

409 华夏爱灰蝶

Aricia chinensis (Murray, 1874)

识别特征： 斑纹黑色，有白色圈纹；斑带橙色；缘毛黑白相间；两翅正面黑褐色；亚外缘斑带橙色；反面灰白色或浅驼色；外缘线细，黑色；端缘橙色斑带两侧各有1列黑色点斑列；外横斑列近“V”形，与亚缘斑列靠近；中室端斑前翅较后翅宽；后翅基横斑列由3～4个圆形点斑组成。

分布： 榆阳区（市区、大河塔镇、巴拉素镇、红石桥乡）；陕西、北京、河南、新疆。

410 蓝灰蝶

Cupido argiades (Pallas, 1771)

识别特征： 雄蝶翅正面淡蓝色至深蓝色，有蓝紫色闪光；雌蝶褐色；斑纹点状多有白色圈纹；前翅外缘、后翅前缘与外缘为暗褐色；两翅反面灰白色；中室端斑条形。外缘及亚外缘各有1列斑纹，时有模糊或消失；橙黄色亚缘带时有退化或消失；前翅反面外横斑列端部内弯；后翅反面基部有2～3个黑褐色点斑；外横斑列斑纹错位排列，时有断续；近臀角有2个橙色眼斑，瞳点黑色；尾突细小，白色；端部黑色。

分布： 榆阳区（鱼河镇、镇川镇、青云镇、大河塔镇、岔河则乡）；陕西、黑龙江、吉林、辽宁、内蒙古、北京、河北、山东、河南、浙江、江西、福建、台湾、海南、四川、云南、西藏。

411 枯灰蝶

Cupido minimus (Fuessly, 1775)

识别特征： 翅正面黑褐色，有蓝色光泽，无斑纹；反面枯草色；中室端斑条形；点斑黑褐色，近圆形，具白色圈纹。前翅反面外横斑列斑纹排列较整齐。后翅反面外横斑列错位排列，时有断续；基部有1～3个点斑。

分布： 榆阳区（市区、补浪河乡）；陕西、河北、内蒙古、甘肃。

412 豆灰蝶

Plebejus argus (Linnaeus, 1758)

识别特征： 斑纹黑褐色，圈纹白色；翅正面雄蝶青蓝色；外缘带黑褐色；雌蝶棕褐色；反面灰白色至棕灰色；两翅反面端缘有眼斑列，瞳点黑色，覆有蓝色鳞粉，眼斑外侧环白色，内侧环橙色；亚外缘斑列黑色；中域斑列前翅较直，后翅近“C”形排列；中室端斑呈半月形。后翅反面基部覆有淡蓝色鳞粉，基横斑列由4个圆斑组成。

分布： 榆阳区（芹河镇）；陕西、黑龙江、吉林、辽宁、河北、山西、河南、甘肃、青海、新疆、山东、湖南、四川。

413 红珠灰蝶

Plebejus argyrognomon (Bergsträsser, 1779)

识别特征：斑纹黑褐色，圈纹白色；正面雄蝶蓝紫色，外缘黑带窄；雌蝶黑褐色，后翅外缘黑带与亚外缘斑列愈合，其内侧伴有橙色新月形斑纹；翅反面棕灰色或驼红色。两翅反面端缘有眼斑列，瞳点黑色（后翅的瞳点覆有蓝色鳞粉），眼斑外侧环白色，内侧环橙色；亚缘斑列黑色；外横斑列前翅微弧形，较直，后翅近“C”形，斑列在顶角处呈角度弯曲；中室端斑呈半月形。后翅反面基部覆有淡蓝色鳞粉，基横斑列由4个圆斑组成。

分布：榆阳区（鱼河峁镇、青云镇、大河塔镇、金鸡滩镇、小纪汗镇、岔河则乡）；陕西、黑龙江、吉林、辽宁、河北、山西、河南、甘肃、青海、新疆、山东、四川。

414 多眼灰蝶

Polyommatus eros (Ochsenheimer, 1808)

识别特征： 斑纹多黑色，圈纹白色；两翅反面端缘有橙白两色的眼斑列，中室端斑呈新月形。翅正面雄蝶紫蓝色，前翅外缘带黑褐色；后翅外缘斑列斑纹为圆形，模糊；雌蝶暗褐色；两翅亚外缘斑列橙色；后翅外缘斑列黑色；反面驼色或灰白色；外横斑列前翅弱弧形，后翅近“V”形；基横斑列由3个点斑组成。

分布： 榆阳区（鱼河峁镇、古塔镇、大河塔镇、小纪汗镇）；全国大部分地区。

415 白斑新灰蝶

Neolycaena tengstroemi (Erschoff, 1874)

识别特征： 翅展26.0～28.0mm。翅正面黑褐色，外缘斑列不明显。翅反面浅黄褐色，前、后翅中室端斑均白色；前翅亚外缘斑列黑色，不明显，内侧具波曲白色斑列；后翅端半部散布白色斑点，亚外缘有2列黑斑，中间具浅橙黄色带。

分布： 榆阳区（青云镇）；陕西、宁夏、四川。

蛱蝶科 Nymphalidae

体多中型至大型，少数为小型。

色彩鲜艳，斑纹相当复杂。少数种类有性二型现象，有的呈明显季节型。前足严重退化，短小无爪。

世界记录6100种；中国记录770余种。

416 老豹蛱蝶

Argynnis laodice (Pallas, 1771)

识别特征： 翅正面橙黄色，反面色稍淡。两翅正面端部有3排黑色斑列。前翅中域斑列近"Z"形；反面中域各有1条白色斑列；前翅顶角及后翅基半部绿色；斑纹豹纹形，中室有4条曲波横纹。后翅波浪形，外缘波形；基横带细，红褐色。

分布： 榆阳区（金鸡滩镇）；陕西、黑龙江、吉林、辽宁、北京、河北、山西、河南、甘肃、青海、新疆、山东、江苏、安徽、浙江、湖北、江西、湖南、福建、台湾、海南、广西、四川、云南、贵州、西藏。

417 | 孔雀蛱蝶
Aglais io (Linnaeus, 1758)

识别特征： 翅正面朱红色；反面黑褐色，密布黑色和灰白色波状细线。两翅外缘灰褐色；上半部黑色；顶角区有孔雀翎形眼斑，中间或环外侧散布有青蓝色鳞片。前翅前缘基半部有密集的白色横线纹；中部有1个淡黄色斑纹；后翅正面基部棕褐色；反面隐约可见正面透过来的孔雀翎形眼斑。

分布： 榆阳区（鱼河峁镇）；陕西、黑龙江、辽宁、山西、宁夏、甘肃、青海、新疆、云南。

418 | 牧女珍眼蝶
Coenonympha amaryllis (Stoll, 1782)

识别特征： 翅橙黄色；外缘线两色，浅灰褐色和银灰色；亚外缘带黄褐色；亚缘眼斑列黑色，此眼斑列在翅正面时有模糊或消失的情况，反面其两侧伴有灰白色带纹，内侧带纹有叉状突起。后翅反面基半部密布棕灰色鳞片。

分布： 榆阳区（鱼河镇、金鸡滩镇、马合镇、小纪汗镇）；陕西、黑龙江、吉林、辽宁、内蒙古、山西、山东、北京、河南、甘肃、青海、新疆、浙江、四川。

419 | 蛇眼蝶

Minois dryas (Scopoli, 1763)

识别特征： 中型到大型，前翅长28～36mm，黑褐色，前翅有2个黑色眼状纹，纹的中心为青白色，后翅近臀角有1个同样的眼状纹，但较小，翅缘齿状。翅反面色较淡，前翅的眼状纹有暗黄色边环，后翅多细的波状纹错综排列，近外缘有暗色带，其内侧有1条灰白色波状带，前后翅眼状斑同正面。

分布： 榆阳区（古塔镇）；陕西、黑龙江、吉林、辽宁、河北、北京、山西、河南、甘肃、宁夏、新疆；朝鲜、日本、俄罗斯。

尺蛾科 Geometridae

体多为中小型，鳞毛较少；体一般细长。

头部有1对毛隆，无单眼；喙发达。足细长，具毛和鳞。翅大而薄，常有细波纹，静止时四翅平铺。有的雌蛾无翅或翅退化。前翅M_2脉基部居中，偶尔接近M_1脉或与M_1脉共柄。腹部细长，基部具听器。

幼虫寄主植物广泛，但通常取食树木和灌木的叶片。

世界记录25000余种；中国记录3000余种。

420 丝棉木金星尺蛾

Abraxas suspecta Warren, 1894

识别特征： 翅展37～43mm，翅银白色，具暗灰色斑，前翅翅基、前后翅臀角处锈黄色，前翅端室附近的灰黑色斑中隐约可见圆形的不完整的黑褐色斑。具近缘种，从外形上较难区分。

生活习性： 幼虫取食丝棉木、木槿、卫矛、大叶黄杨、女贞、七里香、扶芳藤、杨、柳、榆、槐等多种植物叶片，1年可发生3代，以蛹在土中越冬。

分布： 榆阳区（青云镇）；陕西、北京、甘肃、河北、山西、山东、上海、江苏、江西、湖南、湖北、台湾、四川。

421 榛金星尺蛾

Abraxas sylvata (Scopoli, 1763)

识别特征： 前翅长17.0～19.0mm。个体较丝棉木金星尺蛾小，翅面斑纹近似，区别点在本种中室末端有1块灰斑伸至前缘，外线靠近边缘的斑在外缘中部形成1块大斑。

分布： 榆阳区（小纪汗镇）；陕西、河北、山西、甘肃、江苏、浙江、海南，东北。

422 斑雅尺蛾

Apocolotois arnoldiaria (Oberthür, 1912)

识别特征：雌雄异型。雌蛾无翅，体长15～18mm，棕褐色（被黑、棕两种颜色鳞片），胸部颜色较深。雄蛾前翅长25mm，触角长，双带齿状，前翅外带宽，中部具2个白点，外缘端部呈杏黄色，前后翅中室上各有1个暗点。

生活习性：幼虫取食水蜡、山杏、榆等。

分布：榆阳区（鱼河峁镇）；陕西、北京、青海、内蒙古、辽宁、吉林、黑龙江。

423 大造桥虫

Ascotis selenaria (Denis & Schiffermüller, 1775)

识别特征：翅展24～50mm，体色变异较大，常见浅黑褐色，翅上的横线和斑纹均为黑色或暗褐色，中室端具1浅褐色斑，围以黑色；前翅亚基线和外横线呈锯齿状，其间为灰黄色，有的个体可见中横线及亚缘线。触角双栉齿状，但分支较短。

生活习性：幼虫取食苹果、棉、梨、草莓、豆类等多种植物的叶片和嫩枝，1年发生多代，在土中越冬，具趋光性。

分布：榆阳区（市区）；全国广泛分布；日本、朝鲜、印度、斯里兰卡、俄罗斯，欧洲、非洲。

424 山枝子尺蛾
Aspitates geholaria Oberthür, 1887

识别特征： 翅展34～37mm，体背及翅为白色，具黑褐色条纹；腹部各节具横纹，前翅前缘散布深褐色碎斑，具3条黑横纹，中室端具黑斑；后翅纹较细，中室端具1块黑斑。

生活习性： 幼虫取食山枝子、草苜蓿、刺槐等。

分布： 榆阳区（市区、青云镇）；陕西、北京、内蒙古、吉林、辽宁、河北、山西、山东。

425 榆津尺蛾
Astegania honesta (Prout, 1908)

识别特征： 翅展24～29mm，雄触角双带状，雌触角线状；体背及翅为黄褐色、淡褐色或橙灰色，前翅前缘具2个明显黑斑；中线和外线呈浅黄褐色，外线先斜伸向外，后折向内侧；后翅仅具1条不明显的中横线。

生活习性： 幼虫取食榆叶。

分布： 榆阳区（市区、青云镇）；陕西、北京、内蒙古、河北、天津、山东。

426 桦尺蛾

Biston betularia (Linnaeus, 1758)

识别特征：翅展38～54mm；体翅颜色变化较多，常见灰褐色，布满黑色小点；前翅具2条明显黑色横线，内线近于“M”形，外线前端近1/3处明显角形外突，内横线内侧和外侧具不明显的横线；后翅具2条横线，其中外线在中部角形外突。污染（煤尘）严重地区，蛾会黑化，适于伪装。

生活习性：幼虫取食桦、杨、榆、栎、槐、柳、苹果、落叶松等多种植物的叶子。

分布：榆阳区（市区、青云镇）；陕西、北京、甘肃、青海、内蒙古、河北、云南、四川、西藏；日本、朝鲜、印度、俄罗斯，欧洲、北美洲。

427 尘尺蛾

Hypomecis punctinalis (Scopoli, 1763)

识别特征：前翅长22～25mm。翅面灰褐色，内线、中线、外线黑色，外线外侧颜色较深。前翅内线弧形；中线模糊；中点扁圆形，黑色中空；外线锯齿形，中室端外侧向外凸出，之后向内斜行；亚缘线为灰白色，模糊，内侧具1条锯齿形黑线；缘线在各脉间呈黑色短条状；缘毛灰褐色。后翅中线黑色，近平直，中点较前翅小，其他同前翅。

分布：榆阳区（巴拉素镇）；全国广泛分布。

428 沙灰尺蛾

Isturgia arenacearia (Denis & Schiffermüller, 1775)

识别特征：体长约11mm，前翅长18～20mm。头部黄褐色，下唇须短小上翘；触角雌丝状，雄双栉状；近基部栉齿短小。胸背灰褐色，颈片黄褐色，腹背灰褐色，翅面灰褐色略棕，密布暗褐色鳞点。前翅外线由顶角内侧伸至臀角内侧，前端窄尖，后端较宽，中段微内凹，线的外侧酱褐色，内侧衬平行的黄白色线，较宽；内线仅中室下段较明显，内暗外淡；横脉斑黑褐色明显；外缘脉端有黑褐点，或不清晰，缘毛灰褐色。后翅较淡，外线窄细，下段较明显，中室端黑点明显，缘毛灰褐色。翅反面灰白色，密布灰褐色细点；脉纹黄褐色，横脉暗色点斑显著；外线模糊，外线至外缘间色较暗。

分布：榆阳区（古塔镇、小纪汗镇）；陕西、北京、河北、内蒙古。

429 灰蝶尺蛾

Narraga fasciolaria (Hufnagel, 1767)

识别特征：翅展16.0～21.0mm。体翅黄白色或黄褐色，有4条褐色横带，外缘有褐边，缘毛上有褐斑列。后翅有2～3条褐带。雄蛾色暗，翅褐色，有或多或少不等的黄色斑纹。

分布：榆阳区（青云镇、小纪汗镇、红石桥乡）；陕西、河北、北京、辽宁、甘肃；欧洲。

430 桑尺蛾

Phthonandria atrilineata (Butler, 1881)

识别特征： 前翅长19～22mm，触角双带状，通体黄褐色，翅上密布黑褐色细横短纹，色斑变化大，但前翅均可见2条黑色横线，其中外线在顶角下外凸；后翅仅1条横线，较直。

生活习性： 幼虫取食桑叶。

分布： 榆阳区（市区）；陕西、北京、河北、河南、山东、江苏、浙江、安徽、江西、台湾、湖北、广东、四川、贵州；日本、朝鲜。

431 锯线烟尺蛾

Phthonosema serratilinearia (Leech, 1897)

识别特征： 雄蛾前翅长25～31mm，雌蛾前翅长38mm；雄蛾触角双形，端部无齿部分长，约为总长的1/3；前翅灰色，中线可辨，在后缘处稍接近外线，外线深锯齿状，齿尖尖锐；前翅内线内侧和外线外侧黄褐色明显，并常在外线外侧近后缘处形成1个鲜明的黄褐斑，缘线为1列黑点，有时会消失。

分布： 榆阳区（市区）；陕西、北京、甘肃、山东、江苏、浙江、湖北、湖南、四川、贵州。

432 萝藦艳青尺蛾

Agathia carissima Butler, 1878

识别特征： 翅展27～34mm；体黄褐色，具翠绿色斑纹；翅翠绿色，前翅基部褐色，前缘灰白色，中线灰褐色，外缘约1/4紫褐色，顶角处具翠绿色斑，后翅外缘亦为紫褐色宽带，散有小绿斑，中部具小尾突。

生活习性： 幼虫取食萝藦。

分布： 榆阳区（市区、青云镇）；陕西、北京、甘肃、内蒙古、河北、山西、浙江、四川，东北；日本、朝鲜、俄罗斯、印度。

433 遗仿锈腰青尺蛾

Chlorissa obliterata (Walker, 1863)

识别特征： 前翅长10.0～12.0mm。头顶绿色，前半白色。腹部第2～4节有粉红色斑块。翅黄绿色，外缘光滑，后翅外缘中部不突出，后缘延长。前翅前缘黄褐色；内线、外线白色，内线弧形，外线较直，中点不清，无缘线，缘毛基部与翅同色；端部黄白色。

分布： 榆阳区（青云镇、小纪汗镇）；陕西、黑龙江、北京、河北、山西、山东、河南、甘肃、上海、江苏、浙江、湖南、福建、四川；俄罗斯东南部、日本、朝鲜。

434 净无缰青尺蛾

Hemistola chrysoprasaria (Esper, 1795)

识别特征： 翅展25.0～30.0mm。头顶前半部黄白色，后半部蓝绿色；触角双带形，绿褐色；胸部背面蓝绿色；翅蓝绿色，外线白色；前翅前缘略呈黄褐色；腹部浅蓝绿色。

分布： 榆阳区（青云镇）；陕西、宁夏、北京、内蒙古、新疆；蒙古、俄罗斯、哈萨克斯坦、吉尔吉斯斯坦、乌兹别克斯坦，欧洲。

435 横滨溢尺蛾

Catarhoe yokohamae (Butler, 1881)

识别特征： 前翅长13.0mm左右。翅面白色部分略带乳黄色调，前翅基部和外线上端内侧斑块为黑色或黑褐色，端部顶角以下黑褐色。前后翅均有深色中点，后翅端部的深色带及亚缘线较清晰。

分布： 榆阳区（市区）；陕西、河北、北京、黑龙江、青海；日本、朝鲜、俄罗斯。

436 葎草洲尺蛾

Epirrhoe supergressa albigressa (Prout, 1938)

识别特征： 前翅长12～14mm。前翅白色；亚基线深褐色，内侧有深褐色斑；内线黑褐色；中带深褐色，内有黑褐色条纹，中点黑色，中带外缘在前缘下有1小外凸，在中段外凸成粗大齿状；中带内外两侧的白带清晰完整，其上各有1条波状线，亚缘线白色波状，内侧在前缘及下方有1块黑褐色斑；缘线褐色点状；顶角有1块三角形浅色斑，其下方有1块三角形褐斑伸达亚缘线内侧；后翅白色，中室下缘至后缘有3条灰褐线。

分布： 榆阳区（市区）；陕西、河北、北京、内蒙古、黑龙江、吉林、甘肃、青海、山东；俄罗斯。

437 北花波尺蛾

Eupithecia bohatschi Staudinger, 1897

识别特征： 翅展18mm，头褐色，胸部前端黑褐色，胸其余部分及腹末节白色；前翅灰褐色，中室及前缘白色连成一片，中室端具明显黑点；后翅黑，可见5条平行的白色横线。

分布： 榆阳区（市区、青云镇）；陕西、北京、甘肃、青海、内蒙古、黑龙江、河北、山西、四川、云南、西藏；朝鲜、俄罗斯、蒙古。

438 石带庶尺蛾
Digrammia rippertaria (Duponchel, 1830)

识别特征： 翅展23.0～25.0mm。头、胸部灰色，杂灰褐色；前翅灰色，内缘带和外缘带黑褐色，均不达前缘；后翅灰色，杂褐色鳞片；有些个体翅面色深，呈深褐色；腹部灰褐色。

分布： 榆阳区（巴拉素镇、小纪汗镇）；陕西、宁夏；俄罗斯、土耳其、意大利，中亚地区。

439 双波红旋尺蛾
Rhodostrophia jacularia (Hübner, 1813)

识别特征： 翅展24.0mm。头顶白色；颜面和下唇须褐色；触角白色，雌性线状，雄性带状分支黄褐色；胸部及前翅黄褐色；前翅内横带和外横带褐色，内斜，波状；中点褐色，后翅黄白色，外线浅褐色，波曲状；腹部黄褐色。

分布： 榆阳区（小纪汗镇）；陕西、宁夏、内蒙古；蒙古、俄罗斯。

440 小红姬尺蛾

Idaea muricata (Hufnagel, 1767)

识别特征： 前翅长9mm，体背桃红色，头额部、触角及足黄白色；翅桃红色，外缘及缘毛黄色，前翅基部及后翅中部各具黄色大斑，前翅中部具2个黄斑，近外缘具暗褐色横线，有时不明显。

分布： 榆阳区（市区）；陕西、北京、辽宁、河北、山东、湖南；日本、朝鲜、俄罗斯。

441 霞边紫线尺蛾

Timandra recompta (Prout, 1930)

识别特征： 翅展24.0mm。头顶前端白色，头顶后端及颜面深褐色。胸部浅黄褐色。翅浅黄褐色，外缘红褐色；前翅前缘黄褐色，中点红褐色，外线灰褐色，自顶角斜至臀角前缘；有1条红褐色斜带自顶角斜至后缘中部；后翅有与前翅带纹相连的带纹。腹部黄褐色，有杂黑色鳞片。

分布： 榆阳区（鱼河峁镇）；陕西、宁夏、北京、河北、黑龙江、山东、河南、湖北、湖南；日本、俄罗斯。

舟蛾科 Notodontidae

体小型至大型。体翅多褐色或暗灰色，少数洁白或鲜艳。

头部具毛簇，口器不发达，喙脆弱或退化，无下颚须，下唇须中等大；雄蛾触角多样，大多为双带、带齿、锯齿、线形或毛丛形，雌蛾常为线形；胸背部常有纵行的冠形毛簇，少数（如掌舟蛾属）有较短横行毛簇；前足胫节无距，但常具发达的叶突；中足胫节1对距，后足2对；前翅的后缘中央常有1齿形毛簇或呈月牙形的缺刻，缺刻两侧具齿形毛簇或梳形毛簇，静止时两翅后褶呈屋脊形，毛簇竖起如角。

世界记录3500余种；中国记录580余种。

442 杨二尾舟蛾
Cerura menciana Moore, 1877

又名： 柳二尾舟蛾。

识别特征： 翅展54～76mm，触角双带状（但雌蛾枝短），胸背具6个黑点，翅基片具2个黑点，腹部1～6节背面黑色，中央具灰白色纵带，前翅基部具众多黑点，内线近后缘具2个“V”字纹。

分布： 榆阳区（市区）；中国广泛分布（除新疆、贵州、广西）。

443 燕尾舟蛾
Furcula furcula (Moore, 1877)

识别特征： 翅展33～41mm，胸部具4条黑带，间有黄色毛；前翅近中部具1条宽大的黑色横带，边缘具黄色点，外横带内侧具2条波浪形横纹。

分布： 榆阳区（青云镇、巴拉素镇）；陕西、北京、甘肃、新疆、河北、内蒙古、黑龙江、吉林、江苏、浙江、四川、云南；日本、朝鲜、俄罗斯。

444 槐羽舟蛾

Pterostoma sinicum Moore, 1877

识别特征： 翅展56～80mm，下唇须浅灰黄色，很长，长度与胸部相近；胸部的冠状毛簇大部呈黑褐色，前端浅灰黄色；前翅浅灰黄色，可见波形横带。

生活习性： 幼虫取食槐、多花紫藤、朝鲜槐等。

分布： 榆阳区（小纪汗镇）；陕西、北京、甘肃、河北、辽宁、山西、上海、江苏、浙江、安徽、湖南、广西、云南；日本、朝鲜、俄罗斯。

445 杨扇舟蛾

Clostera anachoreta (Denis & Schiffermüller, 1775)

识别特征： 翅展26～43mm，前翅灰褐色至褐色，具3条灰白色横线，外线和横线之间尚有1条横线，但不达前缘，顶角处具大型暗褐色斑，外线穿过此斑，外衬锈红色斑。

生活习性： 幼虫取食杨、柳。

分布： 榆阳区（红石桥乡）；全国广泛分布（除广东、广西、海南和贵州）；日本、朝鲜、越南、印度尼西亚、印度、斯里兰卡，欧洲。

446 杨小舟蛾

Micromelalopha sieversi (Staudinger, 1892)

识别特征： 翅展22～26mm，体色多变，有黄色、黄褐色、红褐色或暗褐色等，前翅具3条灰白色细横线，其中中间1条在后半部呈屋脊状分岔，外岔不如内岔清晰。

生活习性： 幼虫取食杨、柳。

分布： 榆阳区（市区）；陕西、山西、北京、黑龙江、吉林、山东、江苏、浙江、安徽、江西、湖北、湖南、四川、云南、西藏；日本、朝鲜、俄罗斯。

447 姹羽舟蛾

Pterotes eugenia (Staudinger, 1896)

识别特征： 喙退化；下唇须短，向前伸刚过额；触角长双栉形分枝到末端；复眼无毛；胸部密披绒毛，后足胫节只有1对距；前翅前缘略弯曲，翅尖钝，外缘斜曲度不大，微波浪形，后缘中央有1块大月牙形缺刻，缺刻两侧具齿形毛簇。

分布： 榆阳区（青云镇）；陕西、青海、内蒙古。

裳蛾科 Erebidae

体小型到大型，翅展6～127mm。体色多样，从灰色、黑色到彩色。前后翅的翅脉通常为四叉型。夜间活动，有趋光性；部分种类有迁飞习性。

分布于除南北极以外的全球，热带和亚热带种类最为丰富。

448 黑鹿蛾

Amata ganssuensis (Grum-Grshimailo, 1891)

识别特征： 翅展26～36mm。体黑色，带有蓝绿或紫色光泽；触角尖端黑色；胸具2块黄色侧斑；腹部第1节及第5节上有橙黄带，翅黑色，带蓝紫或红色光泽；前翅具6个白斑，后翅具2个白斑，翅斑大小差异较大。

分布： 榆阳区（青云镇）；陕西、黑龙江、内蒙古、青海、甘肃、河北、山西、山东。

449 白雪灯蛾

Chionarctia nivea (Ménétriès, 1859)

识别特征： 翅展55～80mm，黄白色，前足基节红色具黑斑，各足腿节上方红色（前足具黑纹）；腹部除基节和端部外两侧具红斑，中央及侧面各具黑斑；触角白色，但带齿黑色；翅狭长，正面无斑，背面中室端具黑斑。

生活习性： 幼虫取食大豆、高粱、小麦、桑、车前、蒲公英等。

分布： 榆阳区（市区、青云镇）；陕西、北京、内蒙古、辽宁、吉林、黑龙江、河北、河南、山东、浙江、福建、江西、湖北、湖南、广西、四川、贵州、云南。

450 头橙荷苔蛾

Ghoria gigantea (Oberthür, 1879)

识别特征： 翅展30～43mm，头、颈板土黄至橙黄色；胸及前翅灰褐色；前翅前缘具黄色带，至翅顶渐尖；前缘基部具褐色边。

生活习性： 幼虫取食地衣。

分布： 榆阳区（市区、鱼河峁镇、青云镇、小纪汗镇）；陕西、北京、甘肃、辽宁、吉林、黑龙江、河北、山西、河南、浙江。

451 亚麻篱灯蛾
Phragmatobia fuliginosa (Linnaeus, 1758)

识别特征：翅展30～40mm；头、胸暗红褐色，触角干白色，足黑色，被红褐色毛，腿节上方红色；腹背红色，中央及两侧各有1列黑点；前翅红褐色，中室端具2个黑点。

寄主：幼虫食性较广，取食亚麻、酸模、蒲公英等多种植物。

分布：榆阳区（青云镇）；陕西、北京、甘肃、青海、宁夏、新疆、内蒙古、黑龙江、吉林、辽宁、河北、山西、四川；日本、加拿大、美国，西亚、欧洲。

452 明痣苔蛾
Stigmatophora micans (Bremer et Grey, 1852)

识别特征：翅展32～42mm，足胫节与跗节具黑带，前翅淡黄白色，前缘及外缘橙黄色，除翅基有1个黑点外，外侧也具3列黑点，有时部分斑点会变小或消失。

分布：榆阳区（市区、镇川镇、青云镇、大河塔镇）；陕西、北京、甘肃、黑龙江、吉林、辽宁、内蒙古、河北、山西、河南、山东、江苏、湖北、四川。

453 玫痣苔蛾

Stigmatophora rhodophila (Walker, 1865)

识别特征： 翅展22～28mm，前翅黄色染有红色，尤以前缘和外缘为明显，或橙红色；前翅基部具2个黑点，内线处具4或5条黑褐色短带，翅中部以外具许多横带，其中中室处的横带不相连。

分布： 榆阳区（市区、青云镇）；陕西、北京、黑龙江、吉林、河北、山西、河南、山东、浙江、江西、福建、湖北、湖南、广西、四川、云南；日本、朝鲜。

454 平夜蛾

Paragona multisignata (Christoph, 1881)

识别特征： 翅展14～16mm，体暗褐色，后胸具1个斑；腹部具4对左右分布的斑，斑周缘黑色，中间具彩虹反光；前翅前缘暗褐色，后缘红褐色，内、中、外横线黑色，不连续，后翅的颜色、斑纹与前翅接近。

分布： 榆阳区（市区）；陕西、北京、辽宁。

455 柳裳夜蛾

Catocala electa (Vieweg, 1790)

识别特征： 翅展67.0～71.0mm。前翅褐灰色，臀褶基部具1条黑纹；亚基线、内线、外线黑色，内线锯齿形；肾纹内缘黑色，外缘锯齿形，中有褐环，前方具1条黑褐纹，后方具1块模糊浅色斑；外线锯齿形，在中褶前后为2尖齿；亚缘线灰白色锯齿形；缘线为1列黑色衬白色的点。后翅红色，中带黑色弯曲，端带黑色。

分布： 榆阳区（市区、鱼河峁镇）；陕西、河北、黑龙江、新疆、山东、河南、湖北；朝鲜、日本。

456 楔斑恭夜蛾

Euclidia fortalitum (Tauscher, 1809)

识别特征： 翅展30.0～34.0mm。头、胸部灰白色或黄褐色，杂黑褐色。前翅灰色，前缘和外缘灰褐色；翅面具2个褐斑，两斑外侧饰白色，基斑楔形，其外侧弧凹；端斑自前缘达后缘，外侧偏下半部呈三角形凹入；亚端线黄白色。后翅褐色，外线和亚端线处各具1条黄褐色宽带。腹部背面黄褐色，腹部正面灰白色。

分布： 榆阳区（青云镇）；陕西、宁夏、青海、新疆；俄罗斯、中亚地区、亚洲西部。

457 平影夜蛾
Lygephila lubrica (Freyer, 1846)

识别特征： 成虫体长16mm左右，翅展43mm左右。头部及颈部板黑色，下唇须灰色；胸部灰色，掺杂少量黑色；腹部淡褐灰色，基部黄白色，端部黄褐色；前翅灰色，密布黑色细纹，外线外部呈褐色，内线黑褐色，前粗后细，稍外斜，肾纹褐色，边缘为一些黑点，中线模糊，褐色，外线不明显，约呈外曲弧形，亚端线灰色，中段稍外弯，前段内侧色暗，外缘具1列黑点；后翅黄褐色，端区黑褐色，缘毛黄色。

分布： 榆阳区（市区、青云镇）；陕西、河北、新疆、辽宁、吉林、内蒙古、山西；俄罗斯、蒙古。

458 暗翅长须夜蛾

Polypogon gryphalis (Herrich-Schäffer, 1851)

识别特征：翅展29～31mm。雌蛾触角线形，雄蛾双栉形，翅面淡棕褐色，线纹棕褐色。前翅亚基线仅在前缘基部现1小点，内线明显，弧形外曲；中线不明显，仅现深色暗影带；环纹不明显，肾纹为棕褐色近月牙形斑；外线中部圆弧弯曲至臀褶再折向后缘，亚缘线边缘模糊，外缘线为棕色细线。后翅与前翅同色，亚缘线整体宽大，边界较模糊。

分布：榆阳区（牛家梁镇）；陕西、河北、辽宁、山东；俄罗斯、日本，朝鲜半岛、欧洲。

459 镰须夜蛾

Zanclognatha lunalis (Scopoli, 1763)

识别特征：体长13mm左右，翅展32mm左右。头部褐色，腹部褐色。前翅棕褐色带紫，基线黑棕色外弯，内线黑棕色外弯，中线模糊；肾纹黑棕色弧形；外线黑棕色外弯，至亚中褶折向后，亚端线白色衬黑棕色，直线内斜，端线黑色。后翅褐色，中线隐约可见，亚端线白色衬黑棕色，前段不显。

分布：榆阳区（市区）；陕西、辽宁、黑龙江、新疆，华东、华中；日本，欧洲。

460 残夜蛾

Colobochyla salicalis (Denis & Schiffermüller, 1775)

识别特征： 体长10mm，翅展约24mm。头、胸部灰色微带褐色，腹部灰色稍带黄色。下唇须灰褐色，外侧棕色，斜向前伸，第三节短且钝；触角棕色，背面具灰，足褐色。前翅灰褐色，有3条平行的暗褐色斜线，外缘有黑点列，缘毛灰褐色。后翅灰褐色，外部色稍深，后缘近臀角处有1短褐纹，外缘有暗褐色细线段，缘毛淡褐色。

分布： 榆阳区（鱼河镇）；陕西、贵州。

461 杨雪毒蛾

Leucoma candida (Staudinger, 1892)

识别特征： 雌蛾体长18～23mm，翅展45～60mm；雄蛾体长14～18mm，翅展32～38mm。头白色，全身被白绒毛，复眼黑色，下唇须黑色，向前伸。雌蛾触角节齿状，雄蛾羽状，触角主干黑色，有白或灰白色环节，栉齿黑褐色。前后翅白色，有光泽，鳞片宽，排列紧密，不透明。胸腹部白色，足黑色，胫节、跗节具有白色环纹。

分布： 榆阳区（市区、大河塔镇、马合镇、小纪汗镇）；陕西、四川、云南、西藏；土耳其。

462 灰斑台毒蛾
Teia ericae (Germar, 1818)

识别特征： 雄性前翅长9～14mm。雄性前翅赭褐色，有两条明显的褐色线；横脉纹为新月形，围紫灰色边；在中部前缘有1个近三角形的紫灰色斑；近臀角处有1个灰白色斑。本种雄性体色变化很大。雌性无翅。

分布： 榆阳区（小纪汗镇）；陕西、黑龙江、辽宁、河北、宁夏、甘肃、青海；欧洲。

463 点眉夜蛾
Pangrapta vasava (Butler, 1881)

识别特征： 体长9mm，翅展23～28mm。体色褐色杂灰色。前翅褐色，基半部色深，基线与内线淡褐色，环纹与肾纹黄褐色，不显，外线淡褐色，前端外方具1灰褐色三角形斑，其前缘具3个小白点。后翅基半部棕褐色，端半部色淡，中室端部具4个小白点。以蛹越冬。成虫7～9月份出现，具趋光性。

生活习性： 幼虫取食榆树的叶片。

分布： 榆阳区（市区）；陕西、辽宁、吉林、黑龙江、山东、河南、安徽、江苏、浙江、湖北、湖南、江西、贵州、甘肃；朝鲜、日本、俄罗斯。

464 筱客来夜蛾
Chrysorithrum flavomaculata (Bremer, 1861)

识别特征： 体长20～22mm，翅展50～53mm。全体暗褐色，腹背带有灰色。前翅基部、中区及端区带有灰色，基线灰色，外弯、内横线大波浪形外斜，后端折向内前方，达A脉再内斜，两线之间棕黑色，环纹小，黑色灰边，中横线黑色，微曲外斜，外横线及亚缘线曲度似客来夜蛾，两线之间棕黑色，形成近"Y"形，其内臂前端为1块三角形黑斑，翅外缘有1列黑点。后翅暗褐色，中部有1块橙黄大斑，似肾形。

分布： 榆阳区（市区、青云镇）；陕西、黑龙江、河北；日本。

尾夜蛾科 Euteliidae

喙发达，少数种类退化，下唇须向上伸，第2节一般较长，额光滑，上方常有毛簇；复眼大，无毛；雄性触角基半多为栉形，少数种类线形；胸部被毛或鳞片，腹部两侧常有毛簇，臀毛簇多发达。前翅近三角形，少数极狭长。雌蛾翅缰单根。成虫栖息时腹部常举起。幼虫体表光滑，吐丝器细长，端部宽，刚毛不着生于毛突上。

世界记录29属520余种；中国记录36种。

465 钩尾夜蛾
Eutelia hamulatrix (Draudt, 1950)

识别特征： 体长11～12mm，翅展31～33mm。头部及胸部黑色杂灰白色，前胸背面有褐色，腹部亮褐色。前翅灰白色，基线黑色外弯至中室，内线双线黑色，微外弯；环纹白色黑边；肾纹白色黑边，中有褐纹；外线双线黑色；亚端线双线白色，内有1线大波浪形外斜，内侧3～5脉间为1个新月形黑斑，外线微波浪形外斜至4脉端部，内侧6脉处有1个黑斑，端线为1列新月形黑点，均围以白色。后翅淡褐色，向端区渐暗，外线、亚端线微白。

分布： 榆阳区（鱼河峁镇）；陕西、四川、浙江。

466 漆尾夜蛾

Eutelia geyeri (Felder & Rogenhofer, 1874)

识别特征： 翅展35mm左右。1白线横越翅基片及胸背。前翅褐色带枯黄色；亚基线、内线双线白色；肾纹白色，前半1褐斑；外线双线黑色，前半波曲，后半波浪形内斜，内一线后端1黑斑，内侧中褶处有双黑纹，后半段至后缘1红棕带；亚缘线白色，中段间断并衬黑色；缘线为1列衬白的黑点，后半段的黑点合成1斜斑。后翅白色微褐色，亚端区1暗褐宽带。

分布： 榆阳区（市区）；陕西、河北、江苏、浙江、福建、江西、湖南、四川、云南、西藏。

瘤蛾科 Nolidae

成虫形态差异很大，体微型至大型。

喙有的退化，有的发达；额有的平滑，有的突起；胸部被毛和鳞，有的有毛簇；腹部有的基部几节有毛簇。

世界记录186属1738种。

467 粉缘钻夜蛾

Earias pudicana Staudinger, 1887

识别特征： 翅展20～21mm。头部和触角淡黄绿色至粉绿色。胸部黄绿色，部分个体掺杂淡粉红色。腹部黄绿色。前翅黄绿色；基线1粉白色条纹或不显；肾纹褐色至黑色不规则圆形斑，部分个体圆斑淡化或消失；内横线、中横线、外横线和亚缘线均不显；外缘线为1深黄绿色或浅棕色细线；饰毛明显，褐色至黑色，掺杂黄绿色。后翅亮白色，或略带浅黄色；新月纹不显；外缘区和前缘区黄色；饰毛黄白色至黄色。

分布： 榆阳区（市区）；陕西、江西、黑龙江、吉林、辽宁、河北、山东、山西、宁夏、湖南、山东、江苏、浙江、湖北、湖南；朝鲜、韩国、日本、俄罗斯。

468 锈点瘤蛾
Nola aerugula (Hübner, 1793)

识别特征： 翅展16～18mm。体色白色。前翅前缘基部褐色，前缘中部散布褐色小点，中室近基部、中部及端部各具1簇褐色竖鳞，内线及外线褐色，亚缘线褐色，不规则。后翅白色，横脉纹色暗。

分布： 榆阳区（市区）；陕西、辽宁、黑龙江、北京；日本、朝鲜、俄罗斯。

夜蛾科 Noctuidae

体中型至大型，部分小型。体色一般较灰暗，热带和亚热带地区常有色泽鲜艳的种类。

下唇须通常发达，向前或向上伸，少数种类向上弯至后胸；极少数种类有下颚须；喙多发达；多数有单眼，复眼大，半球形，少数种类复眼椭圆形；额圆，有的具不同形状的凸起；触角线形、锯齿形或栉齿形，后足胫节有2对距，有时具刺。

幼虫植食性，有时肉食性，少数粪食性。

世界记录1089属11772种。

469 桃剑纹夜蛾
Acronicta intermedia (Warren, 1909)

识别特征： 翅展40～48mm；体背及前翅灰色；中室内的环纹椭圆形，黑边，肾形纹大，带黑褐色边，此2纹接近，有黑鳞相连或相接；外缘的剑形纹较长，接近或伸达外缘。

寄主： 幼虫取食桃、苹果、梅、梨、李、樱桃、杏、柳等。

分布： 榆阳区（青云镇）；陕西、北京、甘肃、青海、宁夏、东北、河北、山西、河南、山东、江苏、安徽、福建、广西、四川、云南；日本、朝鲜、俄罗斯、越南。

470 三齿剑纹夜蛾

Acronicta tridens (Denis & Schiffermüller, 1775)

识别特征： 翅展40mm。头、胸、腹及前翅灰色带浅褐色，颈板、翅基片有黑纹，前翅基剑纹树枝形，端剑纹黑色，基线、内线双线黑色波浪形，外线黑色衬白色，环纹斜圆形，肾纹短宽。后翅白色。雄蛾抱钩三叉形，腹一支粗壮，伸出瓣腹缘。

分布： 榆阳区（镇川镇）；陕西、新疆、甘肃、黑龙江。

471 暗杂夜蛾

Amphipyra erebina Butler, 1878

识别特征： 翅展41～46mm。头胸褐色至黑褐色，触角基部有白环，前相浅褐色至褐色，基大部深色，有时黑褐色，环纹为1白斑，有时内有1小黑点，肾纹不显，外线黑棕色，锯齿形，中部稍后外突明显；亚端线微白，内侧暗褐色，前端色更浓，端线具1列白点或为1列衬白的黑条。

分布： 榆阳区（市区）；陕西、北京、黑龙江、河北、湖北、湖南；日本、朝鲜、俄罗斯。

472 褐纹冬夜蛾

Cucullia amota Alphéraky, 1877

识别特征： 翅展40～41mm。头胸灰色，头顶具1簇毛丛；前翅灰褐色，内横线双线，呈深锯齿状，翅中部近前缘具土黄色纵线1条。

分布： 榆阳区（市区）；陕西、北京、内蒙古、辽宁、吉林、黑龙江、西藏；俄罗斯、蒙古。

473 嗜蒿冬夜蛾

Cucullia artemisiae (Hufngel, 1766)

识别特征： 翅展37～42mm。头顶具1簇毛丛，似鸡冠，冠丛两侧基部黑色，向上具不同颜色的层带。前翅灰褐色，翅脉黑褐色；肾纹大，褐色，黑边。后翅淡黄褐色，端区较暗。

寄主： 幼虫取食菊科艾属（如艾、荒野蒿、中亚苦蒿）、母菊属和菊蒿。

分布： 榆阳区（市区）；陕西、北京、新疆、黑龙江、吉林、河北；日本、朝鲜、俄罗斯、蒙古，中亚至欧洲。

474 挠划冬夜蛾

Cucullia naruenensis Staudinger, 1879

识别特征： 翅展33～37mm。头、胸部灰白色，杂黑褐色，颈板具2条黑褐色横线。前翅灰白色，前缘局部中脉区及后缘区带黑褐色，翅脉黑褐色；亚中褶具1黑纵纹；中室具1黑纵纹；基线和内线黑色，锯齿状；肾纹黄白色，杂黄褐色；端区翅脉间具黑褐色宽纹，端线为1列黑斑。后翅灰白色，主要翅脉灰褐色，端半部灰褐色。腹部背面浅黄褐色，杂黑褐色鳞片，基部4节具黑褐色中纵线。腹面白色，杂黑褐色鳞片。

分布： 榆阳区（小纪汗镇）；陕西、宁夏、内蒙古、新疆；蒙古、俄罗斯。

475 贯冬夜蛾

Cucullia perforata Bremer, 1861

识别特征： 翅展40mm。头部褐色，额灰色，有2条黑色横纹；颈片发达，前伸如角，灰棕色，前半部灰色，中间各有1黑色横纹及褐色横纹；肩片褐色，外缘深褐色，端部白色。胸部背面黑紫色，杂有黑褐色。腹部黄褐色，背脊前端有黑紫色纹。前翅淡紫色；基线黑色，仅在中室前可见2黑点；亚中褶基部有1黑色纵线；内线不清晰；中线黑色，外线双线黑色，线间白色；亚缘区M脉前有几条黑色纵纹；外缘线由新月形黑点组成；缘毛灰、褐色相间；环纹黑紫色，圆形；肾纹暗褐色，椭圆形，中间有1新月形褐色纹；环纹与肾纹间有2个长圆形褐纹，内1个白边，外1个仅下端白边。后翅黄褐色；缘毛白色。

分布： 榆阳区（青云镇）；陕西、黑龙江、河北、山东；日本、朝鲜。

476 三线绮夜蛾

Autoba trilinea (Joannis, 1909)

识别特征： 翅展13～14mm。前翅棕褐色，有时带紫色，内线较直，线外侧褐色；中、外线在近前缘处曲折，线内褐色，顶角下具黑褐斑，下方具1列小黑点或仅剩痕迹；翅外缘中部外突。后翅灰白色，后缘色较深，具中、外横线。

分布： 榆阳区（青云镇）；陕西、北京、上海；日本、朝鲜。

477 甜菜夜蛾
Spodoptera exigua (Hübner, 1808)

识别特征：翅展19～29mm；体、翅灰褐色，前翅近前缘中部具1环纹，圆形，粉黄色，黑边；其外侧具1肾形纹，粉黄色，中央褐色，黑边。幼虫体色多变，体侧气门下方具1浅色纵线，不伸达最后1对腹足。

生活习性：幼虫寄主植物多达100多种，如芦笋、甜菜、棉花、玉米等，是重要的农林害虫；4龄后幼虫白天躲在草丛、土中等阴暗处，晚上出来取食，具明显的假死性。成虫具趋光性。

分布：榆阳区（鱼河峁镇）；陕西、北京、河北、河南、山东、湖北、湖南、云南；日本、缅甸、印度，亚洲西部至欧洲、非洲、大洋洲。

478 焰实夜蛾

Heliocheilus fervens (Butler, 1881)

识别特征： 头部、胸部黄褐色。前翅红褐色，中室及其前方各有长椭圆形半透明斑，其边缘隆起；外线与亚端线间为带黑色的宽带；缘毛灰色。后翅基部淡黄色，横脉纹宽，黑色端区1黑色宽带。

分布： 榆阳区（市区、青云镇）；陕西、宁夏、河北、黑龙江、江西、湖北、湖南、西藏、甘肃；日本。

479 苇实夜蛾

Heliothis maritima Graslin, 1855

识别特征： 翅展25～38mm。前翅霉灰色，内线黑色锯齿形，环纹由3黑点组成，三角形，肾纹黑棕色，后端越出中室，外围黑色三角形点；中带红褐色；外线黑色锯齿形；亚缘线在各翅脉间现黑点，线内侧带褐色，前端似三角形。后翅赭黄色，前缘区、后缘区及臀褶内半黑色，横脉纹巨大，端带黑色。

分布： 榆阳区（小纪汗镇）；陕西、河北，东北；俄罗斯、蒙古、日本，朝鲜半岛、中亚、南亚、欧洲。

480 宽胫夜蛾

Protoschinia scutosa (Denis & Schiffermüller, 1775)

识别特征： 头部及胸部灰黑色。前翅灰白色；基线黑色，细，伸达亚中褶；内线黑色波浪形环纹，肾纹黑褐色，亚端线黑色，锯齿形；外线与亚端线间灰褐色；端线为1列黑点。后翅黄白色，翅脉及横脉纹黑褐色，外线黑褐色，端区有1黑褐色宽带，中脉端部有2黄白斑；缘毛黑色。

分布： 榆阳区（小纪汗镇）；陕西、宁夏、内蒙古、甘肃、青海、河北、江苏、山东；日本、朝鲜、印度、美国，亚洲中部、欧洲。

481 小地老虎

Agrotis ipsilon (Hufnagel, 1766)

识别特征： 翅展44～48mm。体背及前翅褐色至黑褐色。前翅环形纹小，扁圆形，黑边；肾纹黑边，其外侧具1黑色楔形纹，指向外缘，而亚缘线上具2个黑色楔形纹，指向内侧，有时楔形纹不明显，仅留痕迹。后翅白色，前缘、顶角、端线和翅脉褐色。

分布： 榆阳区（金鸡滩镇）；全国广泛分布；世界性分布。

482 黄地老虎

Agrotis segetum (Denis & Schiffermüller, 1775)

识别特征： 翅展31～43mm。雌蛾触角丝状，雄蛾双栉状，端部1/3丝状。前翅黄褐色，翅面散布小黑点，各横线均为双曲线，但多不明显；肾纹、环纹和剑纹明显，围以黑边，或稍模糊。后翅灰白色，外缘稍暗。

生活习性： 幼虫地下生活，出土取食多种植物的幼苗，如玉米、小麦、马铃薯、棉花、瓜类及蔬菜。

分布： 榆阳区（青云镇、补浪河乡）；全国广泛分布；亚洲、欧洲、非洲。

483 朽木夜蛾

Axylia putris (Linnaeus, 1761)

识别特征： 翅展28～30mm。头黄白色，领片黄棕色，胸部棕褐色，前胸前缘常具黑带。前翅浅黄色，前缘区大部带黑色，基线、内线及外线均双线黑色，通常不甚清楚，环纹与肾纹中央黑色，外线外侧具2列黑点，端线具1列黑点。

生活习性： 幼虫取食繁缕属、车前属植物。

分布： 榆阳区（市区、青云镇）；陕西、北京、新疆、甘肃、青海、宁夏、黑龙江、吉林、河北、山西、安徽、江苏、上海、浙江、福建、四川。

484 美纹孤夜蛾

Elaphria venustula (Hübner, 1790)

识别特征： 体长8～9mm，翅展18～20mm。体浅灰褐色。前翅银灰色，带褐斑，中区后半部及端区棕褐色；基线浅褐色，后半段色深；内横线褐色双线波浪形；中横线色浅，后端色深，波浪形；外横线双线褐色，线间白色；亚外缘线白色间断，内侧有1列色斑，前端伸入顶角，近臀角有1白斑；肾纹暗褐色，内侧有1黑斑，外侧有2黑点。后翅淡褐色，外缘色略深。

分布： 榆阳区（市区）；陕西、辽宁、黑龙江、新疆。

485 白线缓夜蛾

Eremobia decipiens (Alphéraky, 1895)

识别特征： 体长18mm左右，翅展41mm左右。头黑褐色，头顶杂灰色有白纹，颈板褐色，中部白色有黑线；胸部褐色杂白色，有黑点；腹部褐色有灰褐色毛。前翅灰褐色，基线白色，内侧衬黑色，在中室处明显外凸，内线白色锯齿形，环纹斜窄，白边；肾纹白边，外线白色细锯齿形，内侧衬黑色；亚端线白色，内侧衬黑色；端线为1列黑点，缘毛具1列白点。后翅淡褐色，外线暗褐色，亚端线粗，暗褐色，外侧、内侧衬白色。

分布： 榆阳区（市区）；陕西、内蒙古、黑龙江、青海。

486 桦安夜蛾

Lacanobia contigua (Denis & Schiffermüller, 1775)

识别特征： 成虫体长13～15mm，翅展33～36mm。头部及胸部灰色杂黑灰色，额有黑条，颈板中部有1黑横线，足有白斑；腹部褐色。前翅灰色带褐色，亚中褶基部有1黑纵纹，前缘基部有1白斑，基线黑色，内线双线黑色波浪形，剑纹黑边，其后缘有1黑纵纹伸至外线，环纹灰白色，斜圆形，后方有1灰白斑斜至外线，肾纹褐色黑边，外线双线黑色锯齿形，外一线弱，齿尖为黑点，外侧各翅脉黑色，亚端线白色，在3、4脉成大锯齿形外缘，内侧有1列黑尖形纹，端线为1列黑点。后翅淡褐色。

分布： 榆阳区（青云镇）；陕西、河北、黑龙江、辽宁、山东、内蒙古、新疆。

487 海安夜蛾

Lacanobia contrastata (Bryk, 1942)

识别特征： 翅展37～42mm。前翅内线外侧的黑线与环纹的黑边相接，亚缘线灰白色，近后缘2个外突的大齿。

生活习性： 幼虫取食多种植物，如桦、柳、藜、芸薹属、覆盆子、豌豆等。

分布： 榆阳区（市区）；陕西、北京、新疆、内蒙古、黑龙江。

488 粘夜蛾

Leucania comma (Linnaeus, 1761)

识别特征： 前翅长17.5mm。头、胸部灰色，混杂少量黄褐色鳞毛。前翅前缘区白色，散布黑点；翅面中部伸出1长黑纹；中室后缘具1白色长纹；翅端部脉纹灰白色；缘毛暗灰色。后翅灰黑色，端区色深。

分布： 榆阳区（巴拉素镇）；陕西、宁夏、黑龙江、甘肃、青海；欧洲。

489 苍秘夜蛾

Mythimna pallens (Linnaeus, 1758)

识别特征： 翅展33mm。头、胸、腹及前翅浅赭黄色。前翅翅脉黄白衬以浅褐色，各脉间有浅褐纹，中室下角1黑点，外线不显或在5脉现1黑点；雄蛾抱钩与背突较短，冠较长。

分布： 榆阳区（小纪汗镇）；陕西、黑龙江、宁夏、青海、新疆、浙江；蒙古，欧洲、美洲。

490 黏虫

Mythimna separata (Walker, 1865)

识别特征： 体长15～17mm，翅展36～40mm。头胸部灰褐色。前翅灰黄褐色至橙黄色，散布小褐点斑纹，肾纹褐黄色，界线不明显，有时此2纹不清楚，端线为1列黑点，或不清楚。

生活习性： 为历史上重大害虫，具迁飞习性，有时大量迁飞来产卵，幼虫众多而成大爆发。幼虫多取食禾本科植物，如麦、玉米、高粱等及一些杂草。

分布： 榆阳区（金鸡滩镇）；全国广布（除新疆、西藏）。

491 绒秘夜蛾

Mythimna velutina (Eversmann, 1846)

识别特征： 体长20mm，翅展42mm。前翅淡灰褐色，翅脉白色，除前缘区外各脉间具黑褐纹，亚端区常具黑褐色剑形纹，指向内侧。

分布： 榆阳区（市区）；陕西、北京、青海、甘肃、新疆、内蒙古、黑龙江、河北。

492 围连环夜蛾

Perigrapha circumducta (Lederer, 1855)

识别特征：翅展48～54mm。颈板后缘及胸背中毛簇具白边。前翅环纹与大剑纹相连（有时不连），呈蘑菇状，并与肾纹相靠，外线灰白色，弧形。

生活习性：幼虫取食绣线菊。

分布：榆阳区（金鸡滩镇、巴拉素镇）；陕西、北京、甘肃、新疆、黑龙江、河北、山西、河南、山东。

493 织网夜蛾

Sideridis kitti (Schawerda, 1914)

识别特征：翅展32～37mm。头胸部褐色，杂有黑色及灰色毛。前翅暗褐色，翅脉白色呈网纹状，肾纹和剑纹明显。

生活习性：幼虫取食麦瓶草、萹蓄、蓼等植物。

分布：榆阳区（鱼河峁镇）；陕西、北京、新疆、甘肃、内蒙古、河北、山西。

494 白点美冬夜蛾
Xanthia ocellaris (Borkhausen, 1792)

识别特征： 体长16mm左右，翅展35mm左右。头部与胸部褐黄色；触角基部白色。腹部灰黄色。前翅褐黄色带暗灰褐色，尤其中横线与亚缘线间色暗，基线、内横线及外横线均双线褐色，线间黄色，基线直，自前缘达A脉，内横线波浪形外斜，中横线弯至中室折向后垂，肾纹与环纹黄色褐边，肾纹后半中央1个白点，围以黑点，外横线细波浪形外弯，亚缘线黄色，内侧衬褐色，中段稍外弯，缘毛赤褐色。后翅黄白色。

分布： 榆阳区（鱼河峁镇）；陕西、新疆。

495 齿美冬夜蛾
Xanthia tunicata Graeser, 1889

识别特征： 翅展40～42mm。体背及前翅金黄至淡黄，胸部具竖立毛簇，常具深色带，基线、内线和外线双线，波浪状，黄褐色；中线单线，黄褐色，较粗；环纹和肾纹大，黄褐边，其中肾纹的上方具白心黑褐边纹，基线和内线之间的前缘具黑褐斑；中线和亚端线之间常具大片黑褐色。

生活习性： 幼虫取食柳树。

分布： 榆阳区（市区、鱼河峁镇）；陕西、北京、宁夏、甘肃、青海、内蒙古、黑龙江、河北。

496 八字地老虎

Xestia c-nigrum (Linnaeus, 1758)

识别特征： 翅展29～36mm。头胸褐色，颈板杂有灰白色。前翅中室除基部外黑色，中室下方颜色较深，环纹浅褐色，宽“V”字形，肾纹窄，黑边，内有深褐圈，基线和内线双线黑色，外线不明显，呈双线锯齿形；亚端线淡，在顶角处呈1黑斜条。

食性： 幼虫取食多种植物的幼苗，大龄幼虫夜间取食，咬断地表的嫩茎。

分布： 榆阳区（鱼河峁镇、巴拉素镇）；全国广泛分布。

497 大三角鲁夜蛾

Xestia kollari (Lederer, 1853)

识别特征： 翅展47～52mm。胸部灰色杂褐色，颈板近端部有1白横线。前翅基线黑色，外侧衬白，后端外侧有1黑纹，内线双线黑色，线间白色，环纹斜圆，前端开放，肾纹褐色，灰边，中室在内线以外黑色，外线双线黑色，锯齿形，近顶角处具1黑斑。后翅污褐色。

分布： 榆阳区（市区）；陕西、北京、新疆、黑龙江、河北、浙江、江西、湖南、云南。

498 满丫纹夜蛾

Autographa mandarina (Freyer, 1845)

识别特征： 翅展40～42mm。前翅棕色杂紫灰色；亚基线、内线银色，在中室后两侧棕色；环纹棕色银边，后方有1弯“Y”形银纹；肾纹棕色银边；外线双线棕色波浪形，线间银色；亚缘线棕色，不规则锯齿形；缘线棕色，内方有1列棕色斑块。后翅淡黄色带棕色，翅脉暗棕色。

分布： 榆阳区（鱼河峁镇）；陕西、河北、黑龙江、吉林；俄罗斯、日本。

499 碧金翅夜蛾

Diachrysia nadeja (Oberthür, 1880)

识别特征： 翅展37～40mm。头淡黄褐色，胸部黄褐色，具褐色毛簇。前翅紫褐灰色，内外区各具1黄金色宽带，并在中部以宽带相连（带的长度不及宽度）。

寄主： 幼虫取食蓼科的虎杖、菊科的刺儿菜等。

分布： 榆阳区（市区）；陕西、北京、甘肃、青海、内蒙古、黑龙江、吉林、河北；日本。

500 瘦银锭夜蛾
Macdunnoughia confusa (Stephens, 1850)

识别特征： 翅展31～34mm。胸部具“V”字形毛簇。前翅棕黄色，闪金光，内线前半部不明显，后半部银色内斜，前端连接1锭形银斑，似有2斑相连或分离，或仅有1斑。

寄主： 幼虫取食大豆、母菊、牛蒡、甘蓝、胡萝卜、蒲公英等。

分布： 榆阳区（市区、鱼河峁镇、镇川镇、巴拉素镇）；陕西、北京、新疆、河北、山东；俄罗斯、蒙古、朝鲜半岛、日本，西亚、欧洲、非洲。

膜翅目 Hymenoptera

因前后翅均为膜质而得名，包括蜜蜂（bees）、胡蜂（wasps）、姬蜂（ichneumons）、小蜂（chalcids）、叶蜂（sawflies）、蚂蚁（ants）等，简称蜂或蚁。是昆虫总纲第2个种类和数量最多的目。起源于237.0Ma前的中生代三叠纪中早期。

体微小到大型，体长0.2～50mm。

下口式、口器咀嚼式或嚼吸式；复眼1对；触角形状多样。一般有2对膜翅。前翅大，后翅小，飞行时前后翅以翅钩列连接，多数种类翅脉复杂，少数种类翅脉极度退化；跗节通常5节。有的腹基部不缢缩；有的腹基部常缢缩，第一腹节常与后胸合并成并胸腹节；雌虫产卵器锯状、刺状或针状。

完全变态。植食性幼虫为多足型的伪蠋式或寡足型；寄生性的多为原足型。蛹多为裸蛹，常有茧保护。很多种类1年1代，有些1年2代或多代。

食性复杂。植食性的取食花蜜或花粉；大部分是肉食性的，又分寄生和捕食两类。

成虫大多白天活动，少数夜间活动，有趋光性。习性复杂，有独栖和群栖之分。植食性及寄生性种类一般独栖生活，蜜蜂和蚂蚁的一些种类常群栖生活，即有一定社会性。社会性的进化，是膜翅目的重要特性。

在生态系统中扮演重要角色：传粉者和寄生者。一些植食性种类幼虫为农林害虫。

世界性分布。世界已知约15万种；中国已知约1.2万种。

叶蜂科 Tenthredinidae

体小型至中型。

头部短，横宽。上颚中等发达；触角窝下位，触角通常9节，丝状或棒状，少数属种少至7节或多达30节。前胸背板中部狭窄，侧叶发达；中胸小盾片具发达附片；胸部腹面无沟。前翅、后翅具臀室，有时开放。腹部第1背板常具中缝。产卵器短小，常稍伸出腹端。

多数成虫有访花习性，偶有捕食小型昆虫和蜘蛛的行为；幼虫多足形，腹部具6～8对足，潜叶和蛀干种类有时部分退化；幼虫常在寄主体表自由取食，少数类群在寄主内部取食，包括蛀芽、蛀茎、潜叶和做瘿4类。

世界记录430属7500种；中国记录300属2000种。

501 柳蜷叶蜂

Amauronematus saliciphagus Wu, 2009

识别特征： 体长4.5～5.5mm，黑色，但头部、触角、口器的部分黄褐色，前胸背板后侧角黄褐色；足除基节黑色、腿基节部2/3黑色或褐黑色、后足跗节深褐色外，其余均黄褐色；翅透明，翅痣浅黄褐色。

分布： 榆阳区（上盐湾镇、芹河镇、补浪河乡）；陕西、北京、甘肃。

姬蜂科 Ichneumonidae

体微小型至大型，体形多变，体长2～35mm(不包括产卵管)；体多细弱。

触角丝状，13节以上，通常超过16节。翅一般大型，偶有无翅或短翅；前翅C脉与Sc脉愈合，无前缘室，具翅痣，第1肘室与第1盘室合并成盘肘室，具第2回脉。并胸腹节大型，常有划纹、隆脊或隆脊形成的分区。腹部多细长，圆筒形、侧扁或扁平。雌性产卵管长或短，有鞘。

世界记录25000种；中国记录320属1300种。

502 沟姬蜂

Gelis sp.

识别特征： 雌性触角长，约占身体的2/3，复眼大，头顶有三单眼。胸部黑色，翅透明，腹部背面有1明显的白色斑纹，腹末的产卵管明显。

分布： 榆阳区（市区）；陕西。

503 地蚕大铗姬蜂
Eutanyacra picta (Schrank, 1776)

识别特征： 体长14～16mm，体黑色，小盾片、翅基片及翅基下脊白色，触角基半部赤黄色，足大部分黄赤色，基节、转节、后足腿节端半部和后足胫节端部黑色，腹部第2背板除后缘横带（有时无）、第3背板除前缘及后缘横带赤黄色，第5～8或第6～8节后缘淡蓝白色；雄蜂头的脸眶白色，后足腿节仅端部黑色。

分布： 榆阳区（鱼河峁镇、青云镇）；陕西、北京、宁夏、甘肃、新疆、内蒙古、河北、山西、江苏、湖北、广西、四川、贵州、云南，东北。

504 地老虎细颚姬蜂
Enicospilus tournieri (Vollenhoven, 1879)

识别特征： 雌蜂前翅长9.5～13mm。体黄褐色，眼眶黄色，翅痣淡黄色，上颚长，基部强烈变细，端部两侧平行；盘亚缘室端骨片不与基骨片相连，中骨片弱，有时仅留痕迹。

生活习性： 幼虫寄生小地老虎、棉铃虫(幼虫)。

分布： 榆阳区（鱼河峁镇）；陕西、北京、宁夏、甘肃、新疆、内蒙古、河北、山西，东北；俄罗斯，中亚至欧洲。

茧蜂科 Braconidae

体小型至中型，体形多变，体长2～12mm居多，少数雌虫产卵器长度与体长相等或长数倍。

触角丝状，18节。翅脉一般明显，前翅具翅痣；第1肘室和第2盘室分开，缘室端部开放。腹部第2、第3节背板愈合。并胸腹节大，常有刻纹或分区；腹部圆筒形或卵圆形，基部有柄、近于无柄或无柄。雌性产卵管长度不等，有鞘。

寄主均为昆虫，以全变态昆虫为主。

世界记录1000属17000种；中国记录170属1000种。

505 黑足簇毛茧蜂
Vipio sareptanus Kawall, 1865

识别特征： 体长7～11mm。体黄褐色。触角、复眼、单眼三角区、产卵鞘黑色，中胸中叶前部、侧叶中胸腹板具黑斑。翅黄褐色，翅痣黑褐色，基部具淡色斑。后足腿节腹侧中部具黑色条带；前足端跗节，中足跗节，后足基节、胫节及跗节均为黑色。触角与前翅长度相近，产卵鞘约为体长的1.5倍。

分布： 榆阳区（巴拉素镇）；陕西、内蒙古、青海、宁夏、新疆；伊朗、哈萨克斯坦、朝鲜、拉脱维亚、蒙古、俄罗斯、乌克兰。

506 三齿愈腹茧蜂
Phanerotoma tridentati Ji & Chen, 2003

识别特征： 体长5mm。体黄白色，触角端部几节黑褐色，中胸盾片至后胸背片黑褐色，小盾片及中胸盾片向前伸出，齿形斑黄褐色，并胸腹节除基部外黑褐色；腹部背板第1节黄褐色，两后侧角黑褐色，第2、第3节黑褐色，第2节中部具1近圆形黄褐色斑，第3节两基侧角黄褐色。并胸腹节具网状皱。腹部长椭圆形，表面具纵皱。

分布： 榆阳区（市区）；陕西、宁夏、吉林、福建。

507 愈腹茧蜂
Phanerotoma sp.

识别特征： 体长4～5mm。体黄褐色，复眼和单眼黑色，触角黄褐色，末端几节色深。跗节、后足胫节中部淡黄色，爪黑色。翅透明，部分翅脉黑色。

生活习性： 寄生小蛾类。成虫具趋光性。

分布： 榆阳区（市区）；陕西。

508 双色刺足茧蜂
Zombrus bicolor (Enderlein, 1912)

识别特征： 体长雌蜂6～14mm，雄蜂4.3～11.8mm。体橙红色，有时腹基部黑色或黑褐色，复眼、单眼区、足、翅黑色；体表被长而密的毛；头横向，单眼区三角形，基边长于侧边；后足基节背方具1大1小2枚刺。

分布： 榆阳区（大河塔镇）；陕西、北京、宁夏、甘肃、新疆、内蒙古、辽宁、吉林、黑龙江、河北、山西、河南、山东、江苏、安徽、浙江、福建、台湾、湖北、湖南、广东、广西、海南、四川、贵州。

广肩小蜂科 Eurytomidae

体小型，粗壮或长形；多黑色，有时具黄斑，无光泽。
头、胸部布脐状刻点或褶皱。头部横宽；触角11～13节。
前胸背板近矩形，两侧近直角；中胸盾纵沟深而完整。前翅缘脉通常长于痣脉。
世界记录71属1555种；中国记录16属63种。

509 种子广肩小蜂

Bruchophagus sp.

识别特征： 雌虫体长1.8～2.6mm。体黑色，足关节、胫节末端及跗节黄色。头具短毛，密布点刻。触角着生于颜面中部，略呈棒状；柄节赤褐色。复眼红褐色，卵圆形。胸相当短，背面驼状膨起，具短毛，密布点刻。前胸弧形，背面观横形；中胸盾片弧形；小盾片弧形膨起，末端圆形。翅脉淡黄褐色。腹柄横形，腹部圆形光滑，产卵管鞘明显突出。

生活习性： 寄主植物紫穗槐。

分布： 榆阳区（芹河镇）；陕西。

510 广肩小蜂 *Eurytoma* sp.

识别特征： 雌蜂体长约3mm。体黑色，无金属光泽。触角柄节长，黄褐色，其余部分黑色，具白毛。足黄褐色，腿节、胫节端部白色。前胸背板横长方形，宽度与中胸盾片相近。并胸腹节梯形，倾斜。

分布： 榆阳区（古塔镇）；陕西。

褶翅蜂科 Gasteruptiidae

体黑色或红褐色，具白色或黄色斑。触角着生在两复眼中间。

雌虫触角14节；雄虫13节，偶有14节。头半球形。上颚短粗，闭合时相互重叠。复眼大，卵圆形。后头脊常发达。前胸向前延伸成颈头。中胸背板前端常圆形凸起。盾纵沟明显。翅常透明。前、中足胫节常有白色斑。后足基节常具横皱。后足胫节棒状膨大，在端部肿胀，基部常有白斑。腹部第1节细长，背板几乎包裹腹板。雌虫产卵管短至长，伸出腹末。

该科昆虫的前翅纵褶折叠，故名褶翅蜂科。

世界记录6属；中国记录1属28种。

511 褶翅蜂

Gasteruption sp.

识别特征： 体黑色，翅稍带烟色，翅痣和翅脉黑色。后足胫节棒状。

生活习性： 盗寄生性，雌蜂钻入寄主巢穴，在每个巢室内产1枚卵，幼虫一般在独栖性蜜蜂的巢穴内先取食寄主的卵或幼虫，后以寄主贮存的蜂粮发育。

分布： 榆阳区（市区）；陕西。

青蜂科 Chrysididae

体小型至中型，体长2～18mm；蓝色或绿色，具金属光泽；体壁骨化，具粗刻点或褶皱。

头与胸等宽；触角短，12～13节。胸部大；前胸背板不达翅基片；小盾片发达。前翅4～6闭室；后翅小，有臀叶，无闭室。并胸腹节侧缘常有锋锐隆脊或尖刺；腹部可见背板2～4节，偶5节。足细。产卵器管状，粗大或针状，能收缩。

均为寄生性。

世界记录80属3000种；中国记录13属84种。

512 上海青蜂

Praestochrysis shanghaiensis (Smith, 1874)

识别特征：体长9～11mm；体具绿色、蓝色、紫色金属光泽，腹面具金色闪光；触角13节，鞭形，基部3节具绿色金属闪光；体背具粗大刻点；足除跗节黄褐色外，均具金属闪光（有时其跗节也具闪光）；翅基片黑色；腹部第3背板后缘具5个小齿。

分布：榆阳区（镇川镇）；陕西、北京、辽宁、山西、河南、山东、江苏、上海、浙江、江西、台湾、湖北、湖南、四川；日本、朝鲜、印度、泰国、美国。

胡蜂科 Vespidae

上颚闭合时横形，相互搭叠，但不交叉；雌虫（后蜂及工蜂）触角12节，雄虫13节；复眼内缘中部凹入。

前胸背板伸达翅基片。中足基节相互接触，中足胫节2端距。翅停歇时纵褶覆于体背；前翅第1盘室显著长于亚中室；后翅一般无臀叶。腹部第1背板和腹板部分愈合，背板搭叠在腹板上；腹部第1、第2腹板间缢缩。

社会性行为的昆虫类群，生活习性较复杂，亲代个体间不但共同生活在一起，还有合作关系。

世界记录6000种；中国记录100余种。

513 角马蜂

Polistes chinensis antennalis Perez, 1905

识别特征： 体长12～25mm，体黑色具黄斑。触角柄节和梗节背面黑色，腹面黄棕色，鞭节锈红色；3对足基节、转节及腿节基部黑色，其余棕色；腹部第1节背板沿边缘及两侧黄色，第2节背板两侧各有1黄斑，沿端部边缘有1黄色横带，第2～5节端部边缘有1黄色横带，第6节背腹基部黑色、端部黄色。成虫可捕食多种鳞翅目幼虫。

分布： 榆阳区（镇川镇、红石桥乡）；陕西、北京、新疆、甘肃、内蒙古、吉林、河北、山西、山东、江苏、安徽、浙江、福建、湖南；欧洲、北非。

514 马蜂

Polistes rothneyi Cameron, 1900

识别特征： 体长21～25mm；中胸背板黑色，中央具1细隆线，两侧具1黄色纵条，通常较细短；腹部斑纹有变化。

生活习性： 捕食多种鳞翅目昆虫。

分布： 榆阳区（鱼河峁镇）；陕西、北京、河北、山东、江苏、浙江、安徽、福建、湖北、广东、海南、四川，东北；日本、朝鲜。

515 细黄胡蜂

Vespula flaviceps (Smith, 1870)

识别特征： 体长11～18mm，体黑色具黄（或黄白）斑，颜面两触角窝之间具倒梯形斑，复眼内缘及下方具黄斑，腹眼后缘具黄斑，唇基黄白色，中央具1纵黑斑（有时两侧各有1小斑）；小盾片和后小盾片前缘两侧各具1黄斑，有时后1对斑可消失；腹第1节背板前缘两侧各具黄色横斑（雄蜂无），各节后缘具黄色窄带。

生活习性： 捕食多种昆虫，有时会上灯捕食昆虫，秋季常见，可取食水果。

分布： 榆阳区（市区、鱼河峁镇）；陕西、北京、黑龙江、辽宁、河北、山西、江苏、浙江、福建、台湾、广东、香港、云南、西藏；日本、俄罗斯，欧洲。

516 德国黄胡蜂

Vespula germanica (Fabricius, 1793)

识别特征：体长16～17mm；体黄黑相间，头额中具1蝶形黄斑，唇基（内具3黑点或1黑点）及复眼内缘呈黄色，触角黑色，中胸背板两侧、小盾片两侧、后小盾片中央两侧、前胸腹节两侧具有黄斑；体被较长的毛，常常在黄色区域被黄毛，黑色区被黑毛。

分布：榆阳区（市区、镇川镇、古塔镇、芹河镇、小纪汗镇、孟家湾乡）；陕西、北京、甘肃、新疆、内蒙古、黑龙江、吉林、河北、河南、江苏；亚洲、非洲、大洋洲、欧洲、北美洲。

517 普通黄胡蜂

Vespula vulgaris (Linnaeus, 1758)

识别特征：雌蜂体长为30～35mm。职蜂较小。头部与胸部等宽。头棕色，头顶部隆起。复眼肾状，黑褐色，其上有黑色斑点。单眼3个，呈三角形排列，在中单眼周围有1丛环状深棕色毛。后头凹陷，在后头缘上有2～3排深棕色长毛，颜顶光滑，颊部宽有稀疏刻点。唇基棕色，似海星状，其上有粗刻点，前端有金黄色长毛。前胸部背板两侧，中胸背板之前方，有2块褐色斑块；小盾片和后小盾片发达凸起，小盾片横长方形，中间有深的陷沟；后小盾片三角形，向下延伸至并胸腹节中部。翅褐色，前翅径室较长，有3个肘室，第1肘室最长。

分布：榆阳区（市区、古塔镇、小纪汗镇、孟家湾乡）；陕西、四川、云南、台湾、西藏；蒙古、俄罗斯、朝鲜、韩国、日本、印度，中亚、欧洲、大洋洲。

蛛蜂科 Pompilidae

体小型至大型，细长。

触角丝状，12节或13节，弯曲。前胸背板伸达翅基片；中胸侧板1斜缝将其分制。翅脉不达外缘；前翅常3亚缘室；后翅臀叶发达。足多刺；后足腿节常超过腹部末端。

世界记录174属5000种；中国记录160种。

518 | 黑蛛蜂 *Anoplius* sp.

识别特征： 体长15～20mm，前翅长10～12mm，黑色有光泽，头黑色，较胸宽，额平坦，前单眼前有浅沟；复眼黑褐色长肾形，单眼褐色；触角黑褐色，12节，第1节粗壮，第2节最短，第3节最长，向端部渐细弯曲。前胸背宽阔，前缘平直，后缘微凹，后侧角圆钝，具丝绒状光泽；中胸背板平坦，后端两侧有纵凹沟，小盾片长舌状，侧板有1横缝，将其分为上、下两部分；后胸背板较宽长，具丝绒状光泽。并胸腹板下斜，翅黑褐色微透明，脉纹黑褐或黑色，不达外缘。足黑褐色细长，中后足胫端距1对；跗节5个，第1跗节最长，稍短于2～5节长之和；后足腿节后半段黄褐色，端部黑色。腹背黑色，光泽较强，第1节到第3节的黄褐色宽带，中央有黑细线伸达前缘，外侧不达侧缘；第3节前缘两侧有近半圆形橘红斑；腹端较锐，腹面胸腹部均为黑色。

分布： 榆阳区（鱼河镇、小纪汗镇）；陕西。

519 普通蛛蜂
Pompilus cinereus (Fabricius, 1775)

识别特征： 雌虫体长6～13mm。体黑色，被黑褐色、蓝灰色或银灰色毛。颊区、前胸背板及前足基节被浓密白软毛；中后胸背板被黑色直毛。头部额区相对较窄；头顶不明显隆起或呈拱形；单眼区呈独立平面；唇基窄，复眼内缘略凹陷。单眼呈正三角形排列。唇基窄，长宽比大于2.5；上唇几乎不外露，中间微呈齿状。前胸背板后缘呈角度。盾侧沟不平行。小盾片中凸。后背板窄，无侧缘突起。并胸腹节略中凸，后斜面短，不明显与前半部成角度。第2径中横脉明显倾斜；第2亚缘室宽于第3亚缘室1.5倍以上。端跗节端刺短于第2跗节的1/2；前中足爪对称。

雄虫体长3.5～6mm。体黑色，体被黑褐色、蓝灰色或银灰色毛。颊区、前胸背板及前足基节被浓密白软毛；中后胸背板被黑色直毛。额区相对较宽；唇基窄，复眼内缘不明显凹陷。复眼内缘下部宽，上部收窄。前胸背板后缘呈角度。盾侧沟不平行。小盾片中凸。后背板窄，无侧缘突起。并胸腹节拱圆，具明显或不明显的中纵沟。足端跗节端刺超过第2跗节的1/2；足爪具齿或二叉状，内爪不弯曲。前中后足爪对称。腹部腹板从第2节开始至末端腹板被显著浓密黑色长毛，毛几乎垂直于腹板表面，有时雄性外生殖器外露。

分布： 榆阳区（岔河则乡）；陕西、内蒙古、台湾、云南；世界广布。

臀钩土蜂科 Tiphiidae

成虫一般为中小型，体黑色，多有光泽。

雌虫触角12节，短而弯曲，雄虫触角13节，长而直，腹端露出短的臀钩。翅一般半透明，烟褐色。

520 钩土蜂

Tiphia sp.

识别特征：体长约15mm；体黑色，翅暗色，半透明；头顶具原生刻点，较稀，但后头较密；前胸背板前半具刻点及白毛，后半光滑，无刻点和毛。

寄主：寄生金龟，成虫产卵于蛴螬体表，幼虫孵化后在蛴螬体表寄食。

分布：榆阳区（小纪汗镇）；陕西。

蚁科 Formicidae

体小型，光滑或被毛。

触角膝状，柄节很长，后蚁和工蚁10～12节，雄蚁10～13节。腹部第1节，或第1、第2节结节状或鳞片状。具翅或无，若具翅则翅脉简单，仅1～2亚缘室和盘室。前足胫节端距发达。腹末具螯针，有刺螯功能（猛蚁亚科和家蚁亚科），或螯针退化无刺螯功能，而代之以臭腺防御（臭蚁亚科），或形成能喷射蚁酸的喷射构造（蚁亚科）。

多态型社会昆虫。真社会性生活的膜翅目类群，具3种品级：工蚁、后蚁及雄蚁，少数社会性寄生的种类无工蚁。

世界记录482属14063种；中国记录117属995种。

521 日本弓背蚁

Camponotus japonicus Mayr, 1866

识别特征： 小工蚁体长6～10mm，有时可见个体大一号的大工蚁，体长11～13mm。体黑色，个别个体颊前部、唇基、上颚和足褐红色；腹节后缘浅黄色；毛被浅黄色或黄色。头胸部毛稀疏，腹部毛密且平卧，足长。

分布： 榆阳区广泛分布；国内广泛分布；日本、朝鲜、缅甸。

522 掘穴蚁

Formica cunicularia Latreille, 1798

识别特征：工蚁体长4～6.5mm；体二色，头及腹部颜色常较深，体被柔毛；头两侧及后头缘近于平直，不内凹；唇基前缘圆形，中脊明显；下颚须端节与第5节长度相近；前胸背板通常无立毛；结节上缘完整，无毛。

分布：榆阳区（市区、鱼河镇、上盐湾镇、镇川镇、古塔镇、青云镇、麻黄梁镇、金鸡滩镇、牛家梁镇、马合镇、巴拉素镇、芹河镇、小纪汗镇、小壕兔乡、岔河则乡、补浪河乡、红石桥乡）；陕西、北京、河北、河南、安徽、湖北、湖南、四川、云南；俄罗斯，中亚、欧洲、北非、美洲。

523 红林蚁
Formica sinae Emery, 1925

识别特征： 工蚁体长4.5～8.3mm。体橘红色至深红色，后腹部黑色，头顶有部分黑褐色，并腹胸和腹柄结色浅于头部。腹胸的立毛粗硬。

分布： 榆阳区（鱼河镇、上盐湾镇）；陕西、北京、天津、河北、山东、河南、新疆、山西、甘肃、宁夏、青海、安徽。

524 玉米毛蚁
Lasius alienus (Foerster, 1850)

识别特征： 工蚁体长3.8～4mm。体黄褐色，头顶颜色较深，上额褐红色。后头缘平。上颚有7～9枚齿，第4～5枚齿常愈合。唇基前缘宽圆。触角粗壮，柄节超过后头缘。前胸和中胸形成双凸；中一并胸腹节缝深凹。腹柄结薄，鳞片状。后腹部宽，背面凸，悬覆于腹柄结之上，前面具凹陷。头及体具密集网状刻纹。立毛丰富，细茸毛密集。

分布： 榆阳区（市区、鱼河峁镇、牛家梁镇、岔河则乡）；陕西、北京、河北、吉林、辽宁、黑龙江、河南、内蒙古、新疆、山西、甘肃、宁夏、云南、四川、浙江、湖北、江西、湖南、广西；亚洲东部、北美洲。

525 黑毛蚁

Lasius niger (Linnaeus, 1758)

又名：多用黑毛蚁。

识别特征：工蚁体长3～5mm；体浅褐色、栗褐色至黑褐色；上颚具八九个齿；体表具稀疏黄色的直立毛和浓密倒伏的细毛；腹柄节片状。无翅蚁后体长约8.5mm；体表具细毛和刻点，直立刚毛以腹三四节为多。

分布：榆阳区（红石桥乡）；中国广泛分布；亚洲、欧洲、非洲、北美洲。

526 满斜结蚁

Plagiolepis manczshurica Ruzsky, 1905

识别特征：工蚁体长1.5～2.2mm；褐黄色到亮黑色，上颚、触角、足的全部或胫节、跗节黄色，全身光亮，立毛很少；后头缘微凹；唇基凸，中脊不明显；前胸背板十分凸；中胸背板后方分离出的后胸背板短于中胸背板；后胸背板与并胸腹节基面等高，缢缩不明显，腹柄节低，前倾。

分布：榆阳区（麻黄梁镇）；陕西、北京、宁夏、新疆、内蒙古、河北、山西、河南、山东、安徽；俄罗斯。

527 | 铺道蚁

Tetramorium caespitum (Linnaeus, 1758)

识别特征：工蚁体长2.5～3.7mm；体红褐色至黑褐色；头呈方形，长大于宽，头背面具平行纵刻纹，其间具细刻点，前胸刻纹稍粗；并胸腹节具1对刺（或仅突起状）。

分布：榆阳区（市区、镇川镇、古塔镇、青云镇、大河塔镇、金鸡滩镇、马合镇）；全国广泛分布；亚洲、欧洲、北非、北美。

泥蜂科 Sphecidae

体中型，细长，通常黑色，具黄红色斑。

触角12节或13节。前翅常具3亚缘室。前足具耙状构造或无；中足胫节2端距。腹部由第1腹板围合成腹柄。

世界记录19属724种；中国记录11属40余种。

528 沙泥蜂

Ammophila sp.

识别特征： 体长约25mm。通体以黑色为主，头部宽于胸部，密布绒毛，触角细短。胸背面为黑色，略隆起。前翅为狭三角形，呈烟色，具光泽，基部色彩较浅。足细长，前足端部具较长而稀疏的纤毛。腹部呈纺锤形，前1/2为橘红色，其余为黑色，前部纤细如管状，中后部膨大。

分布： 榆阳区（大河塔镇）；陕西。

方头泥蜂科 Crabronidae

体小型至中型，黑色，具斑纹。

头近方形。中胸无盾纵沟或很短。前翅仅1亚缘室。前足跗节具耙状构造或无；中足胫节0或1端距。无腹柄，若有则由背板或背板和腹板围合成。

世界记录245属8774种。

529 | 斑沙蜂 *Bembix* sp.

识别特征： 体小型，体被较短的浓密白色绒毛。头部黑色，复眼大且明显。胸部黑色，翅透明，足有明显的白色斑纹，腹部背面具黑白斑纹。

分布： 榆阳区（岔河则乡）；陕西。

蜜蜂科 Apidae

体小型至大型，体长2～39mm，黑色，体多数被绒毛或由绒毛组成的毛带，少数光滑，或具金属光泽；中胸背板的毛分枝或羽状。

上唇宽大于长；下颚外颚叶须后部长，须前部短；亚颏“V”形；下唇须第1节长扁，至少与第2节等长；中唇舌细长，具唇瓣。雌虫触角12节，雄虫触角13节；无亚触角区，亚触角缝指向触角窝内缘。前胸背板短，后侧方具叶突，不伸达翅基片；后胸背板发达。翅发达，前后翅均有多个闭室；后翅具臀叶，常有轭叶。腹部可见节，雌虫6节，雄虫7节。前足基跗节具净角器，多数雌虫后足胫节和基跗节具花粉篮和花粉梳，一些种转节及腿节具毛刷。

世界记录5700种；中国记录15属241种。

530 | 密林熊蜂

Bombus patagiatus Nylander, 1848

识别特征： 雌蜂体长17mm，雄蜂12～14mm，工蜂8～13mm。体黑色，颜面被土黄色绒毛，边缘混有黑褐色长毛，胸背淡黄色或灰白色，中间具黑带，腹部背板前2节黄色或淡黄色，腹背板第3节黑色，后面白色；雄蜂腹背板第3、第4节黑色，此两节的后半杂有黄毛，腹背板第5节后被黄褐毛。

分布： 榆阳区（古塔镇）；陕西、北京、青海、甘肃、新疆、内蒙古、辽宁、吉林、黑龙江、河北、山西、浙江、福建、湖北、湖南、广西、四川、贵州、西藏；朝鲜、俄罗斯，欧洲。

531 | 西方蜜蜂

Apis mellifera Linnaeus, 1758

识别特征：体小型，一般体长12～14mm。体色变化大，深灰褐色至黄或黄褐色。后翅中脉不分叉。唇基黑色，不具黄或黄褐色斑。

生活习性：分布于森林、耕地、植物园、公园及与人类相关的其他生境中，主要以花粉花蜜为生，是重要的传粉昆虫。真社会性昆虫，群体生活。蜂群可划分为工蜂（雌性）、雄蜂和蜂王（蜂后）。

分布：榆阳区（市区、鱼河镇、鱼河峁镇、大河塔镇、芹河镇、小纪汗镇）；全国所有省（区）；世界各地。

参考文献

彩万志, 崔建新, 刘国卿, 等. 河南昆虫志 (半翅目异翅亚目) [M]. 北京: 科学出版社, 2017.

蔡振声, 史先鹏, 徐培河. 青海经济昆虫志[M]. 西宁: 青海人民出版社, 1994.

车晋滇, 杨建国. 北方习见蝗虫彩色图谱[M]. 北京: 中国农业出版社, 2005.

陈明, 罗进仓. 甘肃农林经济昆虫名录[M]. 北京: 中国农业出版社, 2007.

陈萍萍, 凌作培. 四川省跳蝽科昆虫[J]. 四川动物, 1987, 1(4): 14–17.

陈一心, 马文珍. 中国动物志: 昆虫纲 (第35卷: 革翅目) [M]. 北京: 科学出版社, 2004.

崔明哲, 赵文武, 徐继峰. 红足壮异蝽的生物学特性与防治措施[J]. 吉林林业科技, 2015, 44(5):61–62.

邸济民. 河北昆虫生态图鉴(上、下卷)[M]. 北京: 科学出版社, 2021.

冯继梅. 榆阳区大扁杏主要病虫害及其防治技术[J]. 安徽农学通报, 2016, 22(6):90–91.

韩国生. 林木有害生物识别与防治图鉴[M]. 辽宁: 辽宁科学技术出版社, 2011.

韩国生. 森林昆虫生态原色图册[M]. 沈阳: 辽宁科学技术出版社, 2015.

韩英, 吴则东. 东北区发生的3种甜菜害虫的特征特性与防治[J]. 中国糖料, 2012 (2):66–68.

何祝清. 中国针蟋亚科和蛉蟋亚科系统分类研究(直翅目, 蟋蟀科)[D]. 上海: 华东师范大学, 2010.

蓝超跃, 吴伟坚, 梁广文. 微刺盲蝽的生物学特性研究概述(半翅目, 盲蝽科)[J]. 昆虫天敌, 2002(4):185–188.

李法圣. 中国啮目志[M]. 北京: 科学出版社, 2002.

李刚, 阎雄飞, 刘永华, 等. 毛乌素沙地东南缘林木钻蛀性害虫名录[J]. 中国农学通报, 2016, 32(14):75–78.

李后魂, 尤万学. 哈巴湖昆虫[M]. 北京: 科学出版社, 2021.

李巧芝, 柴俊霞. 大豆病虫害原色图谱[M]. 郑州: 河南科学技术出版社, 2017.

李杨. 中国茧蜂亚科的分类研究[D]. 杭州: 浙江大学, 2017.

李长安. 红足壮异蝽的生物学研究[J] . 山西大学学报(自然科学版), 1990 (2): 214–216.

梁铬球, 郑哲民. 中国动物志: 昆虫纲(第12卷: 直翅目, 蚱总科)[M]. 北京: 科学出版社, 1998.

刘伯文, 隋敏智. 东北螽斯图说[M]. 哈尔滨: 黑龙江科学技术出版社, 2008.

刘国卿, 卜文俊. 河北动物志(半翅目异翅亚目)[M]. 北京: 中国农业科学技术出版社, 2009.

柳培华, 姚东华, 潘鹏, 等. 陕北地区仁用杏主要虫害防治技术[J]. 陕西林业科技, 2010(4):88–91.

马丽滨, 许升全, 竹田真木生. 中国蝼蛄属研究及一新种记述(直翅目, 蝼蛄科)[J]. 动物分类学报, 2008, 33(1): 14–17.

马丽滨. 中国蟋蟀科系统学研究(直翅目, 蟋蟀总科)[D]. 咸阳: 西北农林科技大学, 2011.

能乃扎布, 李俊兰. 内蒙古长蝽科昆虫及中国新记录属种记述[J]. 内蒙古师范大学学报(自然科学汉文版), 2005 (1): 84–92.

牛春花. 阿拉善地区昆虫[M]. 银川: 阳光出版社, 2018.

邱强. 中国果树病虫原色图鉴[M]. 郑州: 河南科学技术出版社, 2019.

任柄忠. 东北蝗虫志[M]. 吉林: 吉林科学技术出版社, 2001.

商鸿生, 王凤葵. 小杂粮病虫害及其防治[M]. 北京: 金盾出版社, 2014.

申效诚. 世界昆虫地理[M]. 郑州: 河南科技学技术出版社, 2021.
孙鹏举, 骆有庆, 姚东华, 等. 沙柳木蠹蛾幼虫危害特性及空间格局研究[J]. 中国农学通报, 2015, 31(10):182-186.
唐周怀, 杨美霞. 秦岭昆虫志 (12. 陕西昆虫名录) [M]. 西安: 世界图书出版西安有限公司, 2018.
铁强, 李奕松, 邢广宏. 枣树无公害栽培技术问答[M]. 北京: 中国农业大学出版社, 2007.
王焯, 周佩珍, 于保文, 等. 枣疯病媒介昆虫——中华拟菱纹叶蝉生物学和防治的研究[J]. 植物保护学报, 1984(4):247-252.
王佛生, 张成. 陇东昆虫资源[M]. 西北农林科技大学出版社, 2016.
王建义, 武三安, 唐桦, 等. 宁夏蚧虫及其天敌[M]. 北京: 科学出版社, 2009.
王坤, 韩文兵. 松针小卷蛾的危害特点及防治技术[J]. 现代农业科技, 2021(17):114-115.
王心丽, 詹庆斌, 王爱芹. 中国动物志 · 昆虫纲 (第68卷: 脉翅目, 蚁蛉总科) [M]. 北京: 科学出版社, 2018.
魏筱. 四种毡蚧的形态学研究(同翅目, 蚧总科)[D]. 北京: 北京林业大学, 2004.
吴时英, 徐颖. 城市森林病虫害图鉴[M]. 2版. 上海: 上海科学技术出版社, 2019.
夏凯龄, 毕道英, 金杏宝, 等. 中国动物志 · 昆虫纲 (第4卷: 直翅目, 蝗总科、癞蝗科、瘤锥蝗科、锥头蝗科) [M]. 北京: 科学出版社, 1994.
萧采瑜, 任树芝, 郑乐怡, 等. 中国蝽类昆虫鉴定手册(半翅目异翅亚目) (第二册)[M]. 北京: 科学出版社, 1981.
萧采瑜. 中国蝽类昆虫鉴定手册(半翅目异翅亚目) (第一册) [M]. 北京: 科学出版社, 1977.
萧刚柔. 中国森林昆虫[M]. 2版. 北京: 中国林业出版社, 1992.
杨定, 李卫海, 祝芳. 中国动物志 · 昆虫纲 (第58卷: 襀翅目, 叉襀总科) [M]. 北京: 科学出版社, 2015.
杨贵军, 王继飞. 贺兰山林业昆虫生态图谱[M]. 宁夏: 阳光出版社, 2019.
杨星科, 杨集昆, 李文柱. 中国动物志 · 昆虫纲 (第39卷: 脉翅目, 草蛉科) [M]. 北京: 科学出版社, 2005.
杨星科. 秦岭昆虫志 (2. 半翅目异翅亚目) [M]. 北京: 世界图书出版公司, 2018.
殷海生, 刘宪伟. 中国蟋蟀总科和蝼蛄总科分类概要[M]. 上海: 上海科学技术出版社, 1995.
印象初, 夏凯龄, 郑哲民, 等. 中国动物志 · 昆虫纲 (第32卷: 直翅目, 蝗总科、槌角蝗科、剑角蝗科) [M]. 北京: 科学出版社, 2003.
虞国跃, 王合, 冯术快. 王家园昆虫: 一个北京乡村的1062种昆虫图集[M]. 北京: 科学出版社, 2016.
虞国跃, 王合. 北京林业昆虫图谱 (I) [M]. 北京: 科学出版社, 2018.
虞国跃, 王合. 北京林业昆虫图谱 (II) [M]. 北京: 科学出版社, 2021.
虞国跃, 王合. 北京林业昆虫图谱 (III) [M]. 北京: 科学出版社, 2023.
虞国跃. 北京访花昆虫图谱[M]. 北京: 电子工业出版社, 2019.
虞国跃. 北京甲虫生态图谱[M]. 北京: 科学出版社, 2020.
袁锋, 张雅林, 冯纪年, 等. 昆虫分类学[M]. 2版. 北京: 中国农业出版社, 2006.
袁锋. 昆虫分类学[M]. 北京: 中国农业出版社, 1996.
袁锋. 中国动物志 · 昆虫纲 (第28卷: 同翅目, 角蝉总科、犁胸蝉科、角蝉科) [M]. 北京: 科学出版社, 2002.
袁浩. 榆阳区玉米病虫害综合防治浅析[J]. 农业与技术, 2020, 40(15):84-85.
岳颖, 汪阗. 北京蜻蜓生态鉴别手册[M]. 武汉: 武汉大学出版社, 2013.
张斌. 内蒙古叶蝉[M]. 赤峰: 内蒙古科学技术出版社, 2014.
张炳炎. 中国枣树病虫草害及其防控原色图谱[M]. 兰州: 甘肃文化出版社, 2016.
张浩淼. 常见蜻蜓野外识别手册[M]. 重庆: 重庆大学出版社, 2020.

张浩森. 中国蜻蜓大图鉴[M]. 重庆: 重庆大学出版社, 2019.
张龙. 中国百种蝗虫原色图鉴[M]. 北京: 中国农业大学出版社, 2019.
张培毅. 高黎贡山昆虫生态图鉴[M]. 哈尔滨: 东北林业大学出版社, 2011.
张蓉, 魏淑花, 高立原, 等. 宁夏草原昆虫原色图鉴[M]. 北京: 中国农业科学技术出版社, 2014.
张巍巍. 昆虫家谱: 世界昆虫410科野外鉴别指南(便携版)[M]. 重庆: 重庆大学出版社, 2018.
张雅林, 车艳丽, 孟瑞, 等. 中国动物志 · 昆虫纲 (第70卷: 半翅目, 杯瓢蜡蝉科、瓢蜡蝉科) [M]. 北京: 科学出版社, 2020.
张雅林. 秦岭昆虫志 (3.半翅目, 同翅亚目) [M]. 西安: 世界图书出版西安有限公司, 2017.
章士美. 中国经济昆虫志[第五十册 半翅目(二)][M]. 北京: 科学出版社, 1995.
赵昆, 张欣杨, 尹学伟, 等. 北京地区常见蝗虫原色图谱[M]. 北京: 中国农业大学出版社, 2011.
赵旸. 中国脉翅目褐蛉科的系统分类研究[D]. 北京: 中国农业大学, 2016.
郑乐怡, 归鸿. 昆虫分类(上、下)[M]. 南京: 南京师范大学出版社, 1999.
郑乐怡, 吕楠, 刘国卿, 等. 中国动物志 · 昆虫纲 (第33卷: 半翅目, 盲蝽科盲蝽亚科) [M]. 北京: 科学出版社, 2004.
郑哲民, 夏凯龄, 毕道英, 等. 中国动物志 · 昆虫纲(第10卷: 直翅目, 蝗总科、斑翅蝗科、网翅蝗科) [M]. 北京: 科学出版社, 1998.
郑哲民. 中国西部蚱总科志[M]. 北京: 科学出版社, 2005.
朱笑愚, 吴超, 袁勤. 中国螳螂[M]. 北京: 西苑出版社, 2012.
诸立新. 安徽蝴蝶志[M].安徽: 中国科学技术大学出版社, 2017.
Cigliano M M, Braun H, Eades D C, et al. Orthoptera Species File. Version 5.0/5.0[EB/OL]. [2023-06-12] http://Orthoptera.SpeciesFile.org.
Gillott C. Entomology (Third edition)[M]. Dordrecht: Springer, 2005.
Gullan P J, Cranston P S. The insects: an outline of entomology (Fifth edition)[M]. Chichester: John Wiley & Sons, Ltd., 2014.
Iowa State University. BugGuide[EB/OL]. (2021-12-21). [2023-06-12] https://bugguide.net.
Klymko J, Marshall S A. Systematics of New World Curtonotum Macquart (Diptera: Curtonotidae)[J]. Zootaxa, 2011, 3079(1).
Otte D, Spearman L, Stiewe M B D. Mantodea SpeciesFile Online. Version 5.0/5.0[EB/OL]. [2023-06-12] http://Mantodea.SpeciesFile.org.

中文名索引

J

K

L

M

N

P

Q

拉丁名索引

C

D

E

F

G

H

I

L

M

N

O

P

R

S

T

U

V

W

X

Z